“十四五”高等学校新工科计算机类专业系列教材

算法设计与分析

杨红云　钟　表◎主　编
孙爱珍　熊焕亮　易文龙◎副主编

内 容 简 介

本书为"十四五"高等学校新工科计算机类专业系列教材之一，根据高等学校计算机科学与技术专业核心课程体系中"算法设计与分析"课程的教学大纲编写。本书采用通俗易懂的语言和经典实例对常用基础算法进行了介绍。全书共八章，包括绪论、蛮力法、分治法、动态规划、贪心法、回溯法、分支限界法和线性规划等。针对各个算法中的经典实例，以问题描述、问题分析、算法设计、算法实现、算法分析为技术路线对问题实例进行了算法分析，并对部分问题实例进行了算法优化。书中部分经典实例以C语言编码实现，以帮助读者提高计算机算法设计与分析的实践能力。

本书适合作为普通高等学校计算机科学与技术专业、软件工程专业或电子信息类等专业教材，也可作为计算机算法爱好者和从事算法设计与分析工作者的参考书。

图书在版编目(CIP)数据

算法设计与分析/杨红云，钟表主编. —北京：中国铁道出版社有限公司，2024. 8

"十四五"高等学校新工科计算机类专业系列教材

ISBN 978-7-113-31294-7

Ⅰ. ①算… Ⅱ. ①杨… ②钟… Ⅲ. ①算法设计-高等学校-教材②算法分析-高等学校-教材 Ⅳ. ①TP301. 6

中国国家版本馆CIP数据核字(2024)第108851号

书　　名：算法设计与分析
作　　者：杨红云　钟　表

策　　划：曹莉群　　　　**编辑部电话：**(010)63549501
责任编辑：曹莉群
封面设计：崔丽芳
责任校对：安海燕
责任印制：樊启鹏

出版发行：中国铁道出版社有限公司(100054，北京市西城区右安门西街8号)
网　　址：https://www.tdpress.com/5leds/
印　　刷：三河市国英印务有限公司
版　　次：2024年8月第1版　2024年8月第1次印刷
开　　本：787 mm×1 092 mm 1/16　**印张：**14.5　**字数：**400千
书　　号：ISBN 978-7-113-31294-7
定　　价：45.00元

前　言

党的二十大报告提出“加快建设高质量教育体系”“全面提高人才自主培养质量”“着力造就拔尖创新人才”，这为高等学校全面提高人才自主培养质量赋予了新的时代使命。高等学校“信息科技”类课程主要包含数据、算法、网络、信息处理、信息安全、人工智能六大内容，其中，算法是数学的重要分支，是人工智能的底层核心，算法设计与分析能力是信息科技拔尖人才量化评价的关键指标。“算法设计与分析”是高等学校计算机科学与技术专业的核心课程，是学习计算机类专业课的基础，对于培养学生的计算思维和解决问题的能力具有重要意义。面对各个领域的大量实际问题，最重要的是分析问题的性质、建立问题的数学模型并选择高效的解决方法。在当今复杂、海量信息的大数据处理中，一个好的算法往往起着至关重要的作用。

本书根据高等学校计算机科学与技术专业核心课程体系中“算法设计与分析”课程的教学大纲，并结合编者多年的教学经验以及指导“蓝桥杯”“ACM-ICPC”等算法类竞赛的实践经验编写。本书主要阐述了算法的基础知识、常用基础算法设计技术与分析方法，以帮助读者掌握算法设计与分析的基本技能。

全书分为8章，具体内容如下：第1章主要介绍算法基础知识，包括算法的基本概念、算法的描述方法、算法的设计过程、算法的效率分析及NP问题简介。第2~7章主要介绍蛮力法、分治法、动态规划、贪心法、回溯法和分支限界法等算法设计技术，重点介绍这些算法的基本思想、基本要素、分析方法、伪代码框架等，给出了典型实例问题的算法分析过程以及C语言代码实现，主要包括0-1背包问题、全排列问题、串匹配问题、快速排序算法、大整数乘法、平面内最近点问题、第k小元素选择问题、最长公共子序列、最大字段和问题、活动安排问题、村村通最小成本问题、单源最短路径问题、迷宫问题、饲料投喂问题等问题；第8章介绍线性规划、单纯形法和整数线性规划等问题的基本理论方法。每章最后提供了习题，并在附录A中给出了每章习题的参考答案，以帮助学生巩固所学知识。

本书编写特点如下：

(1)注重实用性。为了解决计算机算法的逻辑性强和编码实现困难等难点，让算法初学者感受算法的独特魅力，本书强调算法设计与分析在解决实际问题中的应用，选取具有典型性和实用性的实例，以着重培养学生的问题解决能力和创新精神。每个实例以“问题描述、问题分析、算法设计、算法实现、算法分析”为技术路线，对每个实例问题的算法逻辑进行分析。书中每个算法思路都采用伪代码描述算法框架，部分经典实例给出了 C 语言程序代码。

(2)融入课程思政。为落实立德树人根本任务，本书注重课程思政元素的融入，培养学生的爱国主义精神、职业道德和社会责任感，帮助学生树立正确的世界观、人生观、价值观。

(3)配套资源丰富。为了方便教师教学和学生自学，本书配套了微视频、PPT、源代码、习题答案（见附录 A）等丰富的立体化资源，读者可至中国铁道出版社有限公司教育资源数字化平台下载（https://www.tdpress.com/51eds/）。

本书由杨红云和钟表担任主编，孙爱珍、熊焕亮、易文龙担任副主编。具体编写分工如下：第 1 章由杨红云编写，第 2、4 章由钟表、杨红云共同编写，第 3、8 章由钟表、熊焕亮共同编写，第 5、6、7 章由杨红云、孙爱珍和易文龙共同编写。杨红云、钟表负责制定编写大纲，编写习题以及习题答案。全书由杨红云统稿。

江西农业大学软件学院多名教师参与了本书的部分编写和指导工作。除此之外，学院 130 多名在校生参与了本书的试读工作，他们站在初学者的角度对本书提出了许多宝贵的修改意见，在此一并表示衷心的感谢。

由于编写时间仓促、编者水平有限，书中不足之处在所难免，欢迎读者给予宝贵意见，以便不断改进和完善本书内容。建议意见反馈邮箱：jxauyhy@jxau.edu.cn。

编　者
2024 年 4 月

目　录

第1章　绪论 …… 1
1.1　算法的基本概念 …… 1
1.2　算法的描述方法 …… 5
1.3　算法的设计过程 …… 7
1.4　算法的效率分析 …… 13
1.4.1　算法时间复杂度分析 …… 14
1.4.2　算法的渐进时间复杂度分析 …… 16
1.4.3　非递归算法的时间复杂度分析 …… 19
1.4.4　递归算法的时间复杂度分析 …… 21
1.4.5　算法空间复杂度分析 …… 24
1.5　关于NP问题 …… 26
小结 …… 26
习题 …… 27

第2章　蛮力法 …… 29
2.1　蛮力法概述 …… 29
2.2　蛮力法的设计思想 …… 30
2.3　蛮力法的典型实例 …… 31
2.3.1　0-1背包问题 …… 31
2.3.2　全排列问题 …… 33
2.3.3　串匹配问题 …… 37
2.3.4　图搜索问题 …… 43
小结 …… 46
习题 …… 46

第3章　分治法 …… 47
3.1　分治法的基本思想 …… 47
3.2　分治法的特点和基本框架 …… 49
3.3　分治法的时间复杂度分析 …… 50

3.4 分治法的典型实例 …… 51
3.4.1 快速排序算法 …… 51
3.4.2 大整数乘法 …… 54
3.4.3 平面内最近点问题 …… 56
3.4.4 第 k 小元素选择问题 …… 60
小结 …… 65
习题 …… 65

第4章 动态规划 …… 66
4.1 动态规划的提出 …… 66
4.2 动态规划的基本概念 …… 67
4.3 动态规划的基本思想与优化原则 …… 69
4.4 动态规划的典型实例 …… 70
4.4.1 背包问题 …… 70
4.4.2 最长公共子序列 …… 75
4.4.3 最大子段和问题 …… 80
小结 …… 85
习题 …… 86

第5章 贪心法 …… 88
5.1 贪心法的基本思想 …… 88
5.1.1 部分背包问题 …… 88
5.1.2 贪心法的基本要素 …… 90
5.1.3 贪心法求解问题的基本步骤和效率分析 …… 91
5.2 贪心法的典型实例 …… 92
5.2.1 活动安排问题 …… 92
5.2.2 村村通最小成本问题 …… 94
5.2.3 单源最短路径问题 …… 102
5.2.4 糖果均分问题 …… 105
小结 …… 107
习题 …… 107

第6章 回溯法 …… 109
6.1 深度优先搜索策略 …… 109
6.1.1 深度优先搜索算法基本思想 …… 110
6.1.2 图的深度优先遍历问题 …… 111

6.1.3 迷宫问题 …… 113
6.2 回溯法基本思想 …… 116
6.2.1 解空间树 …… 116
6.2.2 回溯法框架 …… 118
6.3 回溯法的典型实例 …… 120
6.3.1 饲料投喂问题 …… 120
6.3.2 n 皇后问题 …… 125
6.3.3 花草种植问题 …… 128
6.3.4 路线选择问题 …… 131
小结 …… 133
习题 …… 134

第7章 分支限界法 …… 137
7.1 广度优先搜索策略 …… 137
7.1.1 广度优先搜索算法思想 …… 138
7.1.2 关系网络问题 …… 139
7.1.3 迷宫问题 …… 141
7.2 分支限界法基本思想 …… 144
7.2.1 分支限界方式 …… 144
7.2.2 分支限界法与回溯法的区别 …… 145
7.2.3 剪枝函数 …… 146
7.2.4 分支限界法基本步骤 …… 146
7.3 分支限界法的典型实例 …… 147
7.3.1 装载问题 …… 147
7.3.2 单源最短路径问题 …… 153
7.3.3 八数码问题 …… 161
小结 …… 170
习题 …… 170

第8章 线性规划 …… 172
8.1 线性规划模型 …… 172
8.1.1 模型举例 …… 172
8.1.2 图解法 …… 174
8.2 线性规划标准型 …… 176
8.2.1 标准型的基本概念 …… 176
8.2.2 标准型的可行解的概念和性质 …… 178

8.3 单纯形法 …… 180
8.3.1 初始的基可行解的确定 …… 180
8.3.2 最优性检验与解的判别 …… 180
8.3.3 基变换 …… 181
8.3.4 单纯形表 …… 182
8.4 人工变量和两阶段法 …… 184
8.5 退化和循环 …… 186
8.6 线性规划的对偶理论 …… 186
8.6.1 对偶问题的提出 …… 186
8.6.2 对偶理论 …… 187
8.6.3 对偶单纯形法 …… 190
8.7 整数线性规划 …… 192
小结 …… 193
习题 …… 194

附录 A 习题参考答案 …… 196

参考文献 …… 224

第 1 章 绪论

学习目标

◇ 了解计算机算法的定义、特征。
◇ 了解计算机算法的描述方法,掌握计算机算法的伪代码描述方法。
◇ 理解计算机算法设计的一般过程。
◇ 掌握计算机算法分析的基本技巧,掌握计算机算法的渐进时间复杂度分析基本理论。
◇ 了解复杂性计算理论中的 NP 完全性问题概念。
◇ 提升抽象建模和问题求解能力,培养问题分析和解决问题能力。

在中国古代,算法被称为"术",最早出现在《周髀算经》《九章算术》中。特别是《九章算术》,全书采用问题集的形式,收有 246 个与生产、生活实践有联系的应用问题,其中每道题有问(题目)、答(答案)、术(解题的步骤,但没有证明),有的是一题一术,有的是多题一术或一题多术。在数学领域,算法是解决某一类问题的公式和思想。计算机算法设计的主要任务是设计和实现用于解决各种问题的归纳推理、搜索、排序、匹配、压缩、加密、解密和数据挖掘等基本方法。简单来说,算法就是一组规则或指令,是给出解决具体问题的形式化、具体化的操作步骤,告诉计算机需要完成哪些任务,每个任务执行哪些步骤。算法尽管没有给出问题的答案,但它是经过准确定义以获得答案的过程步骤。

1.1 算法的基本概念

什么是计算机算法? 常见的回答是,完成一个任务所需要的一系列操作步骤。在日常生活中经常会遇到算法。比如小明想到同学家去玩:

方案一:小明拿出手机,打开地图软件 App,输入同学家目的地,选择公交出行,根据软件 App 给出的公交出行方案,走出家门,走到公交起点,等候公交车,上公交车,投币,找空座位,等公交达到目的站点,下车,走到同学家。

方案二:小明直接出门,走到路边,搭乘出租车,告诉司机目的地,搭乘出租车到达同学家附近,付车费,下车,走到同学家。

如果小明会自己开车,还可以有方案三:自己开车出行到达同学家。如果距离较近,还可以走路去、骑车去等。不同方案出行,结果都是一样,只是达成结果的过程不一样。当然我们更为关心的是运行在计算机上的算法,比如高德地图采用北斗卫星导航路线推荐系统寻找到达目的地的最优路径算法,在网络购物时系统根据浏览记录给用户推荐商品的推荐算法以及购买商品后物流自动化分拣算法,大学录取过程中的最佳匹配算法等。计算机上的算法与日常生活中的算法有什么不同呢？当粗略地描述一个算法时,我们可能能够容忍它的非精确性,但计算机不能。

所以,计算机算法是解决问题所需要的一系列步骤,每个步骤必须是足够精确的、计算机上能够运行的。严格地讲,计算机算法是解决特定问题的一系列有序指令或步骤,它以计算机程序的形式实现和运行,包括数据输入、处理和输出。计算机算法必须具备以下五大特征：

(1)输入:一个算法有0个或多个输入,以便对运算对象进行处理,所谓0个输入是指算法本身确定了初始条件。

(2)输出:算法必须产生一个或多个输出,以反映对输入数据处理后的结果,没有输出的算法毫无意义。

(3)有限性:算法必须在有限的时间内完成,即使输入的数据量很大也必须能在执行有限个步骤之后终止,也称有穷性。

(4)确定性:算法中的每一个步骤或指令都必须有确切的定义且无歧义,并且相同的输入重复运行必须生成相同的输出。

(5)可行性:算法中的每一个步骤或指令都可以通过基本操作执行有限次来实现,并且使用的所有操作都可以在计算机中有效地执行,也称为有效性。

微视频

例1.1

例1.1 求任意两个正整数的最大公约数。

方法一 利用素因数分解法求解最大公约数,其具体步骤描述如下：

(1)选择需要求解最大公约数的两个正整数 a 和 b。

(2)将 a 和 b 分别进行素因数分解,得到它们的所有素因数的乘积形式。

(3)找到 a 和 b 中相同的所有素因数,并将它们的乘积计算出来,得到的结果即为 a 和 b 的最大公约数。若 a 或 b 无素因数(除1和该数本身外),则最大公约数为1。

以具体计算为例,假设需要求解的两个整数为42和28。$42 = 2 \times 3 \times 7$,$28 = 2 \times 2 \times 7$,因此,42和28的最大公约数为 $2 \times 7 = 14$。

方法一 可以在较短时间内求出两个整数的最大公约数,但方法一的描述过程不能称为一个真正意义上的算法,因为第(2)步没有明确如何将正整数 a 和 b 进行素因数分解,且素因数分解是一个NP类问题,目前尚未找到有效的解决方法。第(3)步也没有明确定义在两个素因数序列中如何找到相同的素因数元素。因此方法一的描述过程不满足算法的确定性和可行性。

方法二 利用蛮力法求解最大公约数,具体步骤描述如下：

(1)选择需要求解最大公约数的两个正整数 a 和 b,即输入 a 和 b。

(2)将 a 和 b 中的较小者赋值给 r。

(3)若 a 除以 r 余数等于0且 b 除以 r 余数也等于0,转(5),否则往下执行(4)。

(4)执行 $r = r - 1$,转(3)。

(5)输出 r,执行结束。

以具体计算为例,设 $a = 42$ 和 $b = 28$,则计算过程为

$r = 28$

$42\%28 = 14, 28\%28 = 0, r = 28 - 1 = 27$

$42\%27 = 15, 28\%27 = 1, r = 27 - 1 = 26$

$42\%26 = 16, 28\%26 = 2, r = 26 - 1 = 25$

$42\%25 = 17, 28\%25 = 3, r = 25 - 1 = 24$

$42\%24 = 18, 28\%24 = 4, r = 24 - 1 = 23$

42% 23 = 19,28% 23 = 5,r = 23 - 1 = 22

42% 22 = 20,28% 22 = 6,r = 22 - 1 = 21

42% 21 = 0,28% 21 = 7,r = 21 - 1 = 20

42% 20 = 2,28% 20 = 8,r = 20 - 1 = 19

42% 19 = 4,28% 19 = 9,r = 19 - 1 = 18

42% 18 = 6,28% 18 = 10,r = 18 - 1 = 17

42% 17 = 8,28% 17 = 11,r = 17 - 1 = 16

42% 16 = 10,28% 16 = 12,r = 16 - 1 = 15

42% 15 = 12,28% 15 = 13,r = 15 - 1 = 14

42% 14 = 0,28% 14 = 0

输出 r,结果为 14。

在 $a = 42, b = 28$ 的情况下,穷举法运行了 15 步才计算出结果。方法二穷举法非常简单,计算过程易于理解,但穷举法的效率非常低。若 $a > b$ 且 a 和 b 互为素因数,则运行步骤次数为 b,所以穷举法的运行步骤次数不会超过 b,其中 b 为两个数中较小的数。

C 语言算法实现代码如下:

```
#include <stdio.h>
int main(){
    int a,b,r;
    scanf("%d%d",&a,&b);
    r=a;
    if(a>b)r=b;
    while(a%r||b%r){
        r=r-1;
    }
    printf("最大公约数为:%d\n",r);
    return 0;
}
```

方法三 利用辗转相除法(也称欧几里得算法)求解最大公约数,具体步骤描述如下:

(1)选择需要求解最大公约数的两个正整数 a 和 b,即输入 a 和 b。

(2)若 $a < b$,则将 a,b 的值互换,以保持 a 是两个整数中较大者,b 为较小者。

(3)将 a 除以 b 的余数赋值给 r,若余数 r 等于 0,则执行(5),否则往下执行(4)。

(4)将 b 的值赋值给 a,将余数 r 赋值给 b,转(3)执行。

(5)输出 b,执行结束。

以具体计算为例,设 $a = 42$ 和 $b = 28$,则计算过程为

(1)r = 42% 28 = 14;

(2)$a = 28$,$b = 14$,r = 28% 14 = 0;

(3)输出 b,结果为 14。

在 $a = 42, b = 28$ 的情况下,辗转相除法只运行了 2 步就计算出结果,虽然计算很快了,但也不能就说明辗转相除法效率高于穷举法,毕竟这只是举了一个例子。而实际上也不能穷尽所有的数据实例来证明"辗转相除法效率高于穷举法"这一结论。

辗转相除法的运行效率主要取决于求模运算的次数。根据欧几里得算法的原理:

$r=a\%b$，r 的值在 $[0,b-1]$ 之间，如果 $b>a/2$，则 $r=a\%b=a-b<a-a/2=a/2$ 成立（因 $b>a/2$，故 a/b 的商为 1 且余数为 $a-b$）。如果 $b<a/2$，则 $r<a/2$ 成立。

由上述可知，经过第一次迭代后，$a=b$，$b=r$。则第二次迭代后余数 r 必定小于 $b/2$。由此之后每次迭代余数 r 都不超过上一次余数的一半，因此总共进行的求模运算次数不会超过 $\log_2 b$。由此可知辗转相除法效率是远高于穷举法的。

C 语言算法实现代码如下：

```
#include <stdio.h>
int main(){
    int a,b,r;
    scanf("%d%d",&a,&b);
    if(a<b){r=a;a=b;b=r;}
    r=a%b;
    while(r!=0){
        a=b;
        b=r;
        r=a%b;
    }
    printf("最大公约数为:%d\n",b);
    return 0;
}
```

一个好的算法首先应该具备算法的基本特征，此外还应该具备以下几个特点：

（1）正确性：算法能够产生正确的结果，符合问题的要求和定义的规范，且在任何情况下都保持不变。算法首先必须满足正确性才具有意义。

（2）可读性：算法应易于阅读、理解和实现，能够被他人轻松地理解和使用。设计算法的目的首先是便于个人阅读和交流，其次是为了编程实现。因此算法要易于理解、易于转换为程序。晦涩难懂的算法不便于程序的维护，甚至还可能存在不易发现的逻辑错误。

（3）健壮性：算法有较强的容错能力，对异常输入和计算环境的变化能够做出正确的响应。一个好的算法编写的程序应该不会因为用户错误的输入或操作产生错误的响应。

（4）高效性：算法效率主要包括时间效率和空间效率，时间效率表示算法程序运算的速度快慢，而空间效率表示程序运行时对内存的消耗。一个好的算法应该是在快速运行的情况尽可能占用较小内存开销。

（5）可扩展性：算法还应该能够应对未来可能的需求变化和扩展，支持模块化、可重用性、可维护性等。

一个好的算法应该在正确性、可读性、健壮性、高效性、可扩展性等方面全面考虑，以满足不同场景下的需求。

另外需要注意，算法和程序是两个相关但不完全相同的概念。它们之间的区别可以从以下几个方面来理解：

（1）定义和目的：算法是一系列解决问题或执行任务的明确步骤和规则。算法描述了解决问题的方法和过程，强调抽象和逻辑层面的思考。而程序是将算法转化为一种特定编程语言的具体实现，目的是让计算机能够按照算法的逻辑执行任务。有些特殊应用的程序可以出现死循环，这明显不满足算法的有限性特点。

（2）抽象程度：算法更偏向于概念上的描述，通常与特定编程语言无关。它强调解决问题的策略和逻辑思维。而程序是算法在计算机中的具体实现，是使用特定编程语言编写的代码，必须符合语法规则和语言约束。

(3)可移植性:算法是通用的、可移植的,可以用于不同的编程语言和计算机平台。而程序是依赖于具体的编程语言和平台,不同的编程语言和平台可能有不同的编程规范、库函数和运行环境等因素。

(4)易读性和可理解性:由于算法更加抽象和高层次,通常更易读和理解。算法的描述可以用自然语言、伪代码、流程图等形式来表达,更利于人们理解、学习和交流。而程序需要符合编程语言的语法规则,对非专业人士来说可能较难理解。

总之,算法是一种解决问题的思想和策略,强调逻辑和抽象;而程序则是算法的具体实现,使用特定编程语言编写的一段代码,用于让计算机按照算法的逻辑执行任务。算法和程序是密切相关的概念,但在概念层面上有所区别。

1.2 算法的描述方法

计算机算法是一种对问题解题思路完整准确的描述,将算法描述成一个易于理解、易于编程实现的方法可以有多种选择,常用的方法有自然语言、流程图、程序设计语言以及伪代码等。

1. 自然语言

在算法设计和描述中,自然语言描述是一种常用的方法。算法的自然语言描述方法是通过自然语言(例如中文、英文等)对算法进行文字描述,使用文字、句子、段落等语言形式,来详细地表述算法的思路、步骤和流程,以便让人们更易于理解和实现。使用自然语言描述算法时,要做到文字精简凝练,一句话一个执行步骤,保证句子的语义无歧义,避免冗长描述。自然语言描述优点在于易于理解和学习,可以适应各种学习水平和技术背景,在第一时间传达算法的主要思想,但也存在一些缺点。

(1)自然语言的语句一般较长,从而导致了用自然语言描述的算法过长。

(2)由于自然语言的歧义性和表述的不严谨性,容易导致算法执行的不确定性。

(3)由于自然语言表示是按照步骤的标号顺序执行的,因此难以清晰地表达复杂的逻辑和结构。

(4)自然语言表示的算法不便翻译成计算机程序设计语言。

(5)不同的人可能会对同一个算法有不同的理解和描述方式,导致交流困难。

因此,在实际编写代码前,一定要进行严谨的算法分析和测试,确保算法正确、有效和高效。

2. 流程图

程序流程图简称流程图,是一种使用图形化方式表示程序或算法的执行顺序、结构和逻辑的方法。它采用美国国家标准协会(ANSI)规定的一组图形符号直观地表示算法流程。表1.1给出了流程图的基本符号。

流程图描述的优点在于可以直观地表示算法的主要思路和流程,易于理解和学习。与自然语言描述相比,流程图避免了语言差异可能导致的歧义和误解,更容易检查、修改和优化算法。但缺点在于不能够详细地描述算法的具体实现细节,有时可能需要多张流程图配合才能完整地表达一个较复杂的算法。

3. 程序设计语言

用程序设计语言描述的算法能够被计算机直接执行,是所有算法描述方法中最精准的表达,程序设计语言实现算法描述的优点包括:

(1)可执行性好:通过使用程序设计语言,可以将算法描述转化为可执行的程序代码,并直接运行。

表 1.1　流程图的基本符号

图　形	名　称	意　义
（圆角矩形）	起止框	开始和结束
（平行四边形）	输入/输出框	数据的输入/输出
（矩形）	处理框	数据的处理/运算
（菱形）	判断框	根据框中条件选择执行路径
→ ↓	流程线	每一步骤之间的执行顺序、控制流程和传输数据关系
（圆圈）	连接点	流程图分页绘制时表示两图之间的连接

(2)易于调试:当程序出现错误或漏洞时,可以利用程序设计语言提供的调试工具进行跟踪和解决问题。

(3)程序效率高:程序设计语言通常提供了丰富的内置库和数据结构,可以大大提高程序的效率和稳定性。

(4)可维护性好:合理地使用程序设计语言的编码规范和注释技巧,可以使代码易于理解和修改。

(5)程序适应性强:如果需要在不同平台上运行同一组算法或实现相似的功能,只需要修改特定方面的代码,而不必重新设计整个算法。

然而,以编程语言实现算法描述也存在一些缺点:

(1)学习成本高:程序设计语言通常具有较多的语法规则和编码风格,需要花费大量时间和精力来学习和掌握。

(2)开发过程复杂:编写复杂算法所需的程序代码通常比较长,需要经过反复检查和测试,才能得到正确并且有效的结果。

(3)可读性较差:如果没有足够的编码规范和注释技巧,程序代码很可能变得难以理解和阅读。

(4)可移植性差:不同的程序设计语言在不同平台上的兼容性也会存在一定的问题,这会影响算法的可移植性。

以程序设计语言实现算法描述需要算法设计者掌握程序设计语言以及编程环境,使算法设计过于注重程序设计语言实现的具体细节,而忽略了算法逻辑设计的本质。

4. 伪代码

伪代码(pseudo-code)介于自然语言与程序设计语言之间,是一种类似于编程语言的文字描述方式,它使用简单、易懂的语句描述程序中的算法或操作流程,并不用关注具体的编码语言和细节实现。伪代码描述方法能够帮助人们更好地理解和设计算法。通常伪代码包含以下特点:

①简明易懂:伪代码采用简单自然的语言表达,没有编程语言代码的复杂性,可以被大多数人轻松理解。

②描述程序逻辑:伪代码主要描述程序的运行逻辑和流程,如数据输入、处理和输出等。

③不涉及具体实现:伪代码只需要描述程序的运行规则和步骤,而不需要考虑具体的编程语言细节和实现方式,可以准确地执行算法主要过程,也不产生歧义。

算法的伪代码常用描述语句如下：

起始语句:begin. . . end

赋值语句:←

分支语句:if. . . then. . . [else. . .]. . . end if

循环语句:while. . . do. . . end while,for. . . do. . . end for

转向语句:goto

返回语句:return

函数调用:直接写函数的名字,可以包括参数

注释语句://. . .

例1.2　用伪代码描述求最大公约数的辗转相除法算法。

```
算法:辗转相除法
输入:两正整数 a,b
输出:a 和 b 的最大公约数
begin
    if a<b then
      交换 a 和 b
    end if
    //mod 表示求余数运算符
    r←a mod b
    while r≠0 do
        a←b
        b←r
        r←a mod b
    end while
    print b
end
```

伪代码描述辗转相除法求最大公约数算法中,定义了算法的输入和输出,在算法执行步骤的描述部分,条件判断 if 语句块和循环 while 语句块有缩进和结束标记。也用“//”表示了注释,并且在执行交换 a 和 b 时没有给出交换过程实现细节。这些描述既贴近自然语言,也符合程序设计语言的一些规范。伪代码算法描述方法更关注算法本质,也便于书写阅读。

1.3　算法的设计过程

从一个问题的提出,到计算机可执行的、满足准确性和复杂性要求的程序算法的完成,可以看作“计算机问题求解”的一个周期。问题求解周期也称为算法设计的一般过程,一般包括以下几个步骤:

(1)理解和分析问题:在进行算法设计之前,首先需要弄明白求解的问题是什么,有哪些约束条件,需要哪些输入,问题的最终输出结果是什么,需要求解问题的精确解还是近似解等等,设计者要从这一过程中找到足够解题的已知条件和解题思路。

(2)问题抽象和数学建模:将实际问题抽象为一个数学问题,进行数学上的形式化描述,即建立数学模型的过程。将现实世界的问题抽象成数学模型,就可能发现问题的本质及其能否求解,甚至找到求解该问题的方法和算法。在这一过程中,需要掌握的课程一般有数学建模和离散数学等。

(3)算法选择与效率分析:根据问题的特点,设计出一种算法来解决问题。或者从常用的算法

思路,如蛮力法、贪心法、动态规划或分治法等选择适合解决问题的算法。在这个阶段需要思考,如何将问题转换为可以用已知算法解决或者进行简化,并对选择的算法进行时间和空间复杂度分析,最终确定相关的数据结构和算法策略。这一过程中,需要学习和掌握的课程一般有算法设计与分析和数据结构等。

(4)编写代码与测试:依据选定的算法思路,采用程序设计语言编写代码。并在计算机上进行调试和测试。调试和测试是确认程序正确性的重要步骤。需要对算法进行单元测试和集成测试,查看算法是否能够正确处理基本情况和边界情况。通过多组不同的输入数据对算法进行测试,对其效率与正确性进行评估。这一过程中主要掌握高级语言程序设计课程。

(5)进一步优化算法:针对算法复杂度高、速度慢等问题,可以尝试进一步优化预处理、减少计算量,并优化数据结构等方法提升算法效率。

(6)文档输出:需要对算法的功能、性能、应用场景、限制条件等进行文档记录,并撰写正式的源代码和文档。这些记录可以为算法使用者提供更清晰的使用说明,保证算法的正确性和可读性。这一过程需要学习掌握软件文档写作相关课程。

总体来说,算法设计是一个需要良好思维、编程和调试等多个方面技能协同工作的复杂过程,算法设计的一般过程以及涉及的主要课程如图 1.1 所示。

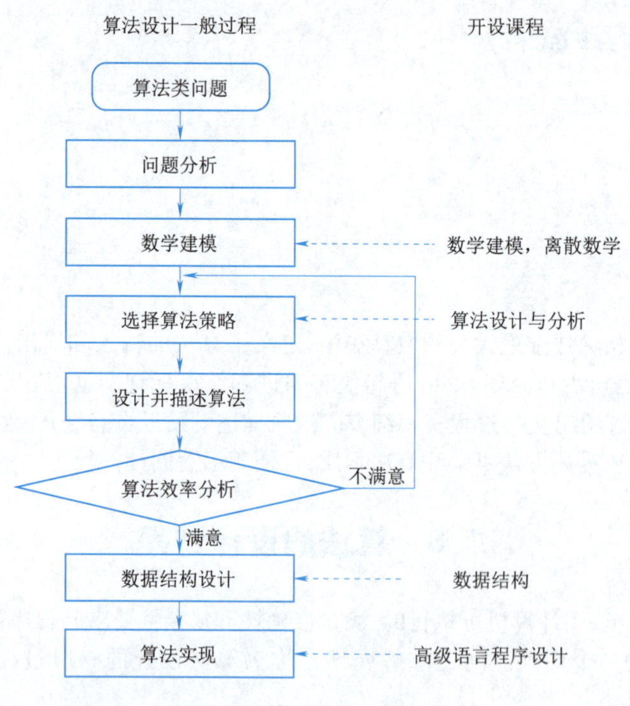

图 1.1　算法设计一般过程

下面通过一个实例对上述过程作进一步说明。

例 1.3　快递员路线安排问题:一个快递员从快递中心点出发到四个小区送快递,每个小区必须经过且只能经过一次,最后回到快递中心点。送快递到各小区的距离及各小区间的距离均已知,见表 1.2,问快递员应如何安排使派送路线较短?设图 1.2 中 A 点为快递中心点,四个小区分别为 B,C,D,E。图中数字表示距离,单位为千米。

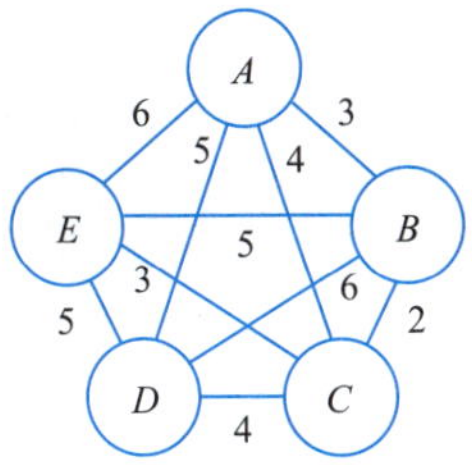

图 1.2　小区分布图

表 1.2　快递中心及各小区间的距离

起点	终点				
	A	*B*	*C*	*D*	*E*
A	0	3	4	5	6
B	3	0	2	6	5
C	4	2	0	4	3
D	5	6	4	0	5
E	6	5	3	5	0

问题分析与问题抽象：在快递员路线安排问题中，将小区抽象为图 1.2 的顶点，两个小区之间有路直达，则对应的两个顶点之间有边关联，边的权值为两个小区之间的距离。将快递员路线安排问题抽象为从顶点 A 出发经过图中其余顶点后回到顶点 A 的最短简单回路问题。

快递员路线安排问题是一个著名的 TSP 问题（traveling salesman problem，旅行商问题），旅行商问题即哈密尔顿图“周游世界”的最短路径问题，也称货郎担问题。TSP 问题是一个最有代表性的组合优化问题之一，在半导体制造（元器件之间的线路规划）、物流运输等行业有着广泛的应用。

数学建模：

输入：有穷个小区的集合 $V=\{v_1,v_2,\cdots,v_n\}$，任意两个小区 $v_i,v_j\in V$ 之间有距离 $d(v_i,v_j)$，且距离 $d(v_i,v_j)=d(v_j,v_i)\in \mathbf{Z}_+,1\leqslant i<j\leqslant n$。

输出：$1,2,\cdots,n$ 的排列 $k_1,k_2,\cdots,k_n$，使得：$\min\left\{\sum_{i=1}^{n-1} d(v_{k_i},v_{k_{i+1}})+d(v_{k_n},v_{k_1})\right\}$。

问题求解的基本思想：$1,2,\cdots,n$ 的全排列 K 构成的状态空间 Ω 上搜索使得 $\sum_{i=1}^{n-1} d(v_{k_i},v_{k_{i+1}})+d(v_{k_n},v_{k_1})$ 最小的排列 K_{opt}。

当数学建模完成后，就要设计算法的策略或者问题求解的策略。

方法一　蛮力法：逐一遍历所有路径，即列出每一条可供选择的路径，计算出每条路径的长度，最后选择出一条最短的路径。快递员路线安排问题所有路径的组合如图 1.3 所示，并计算每条组合路径的长度。

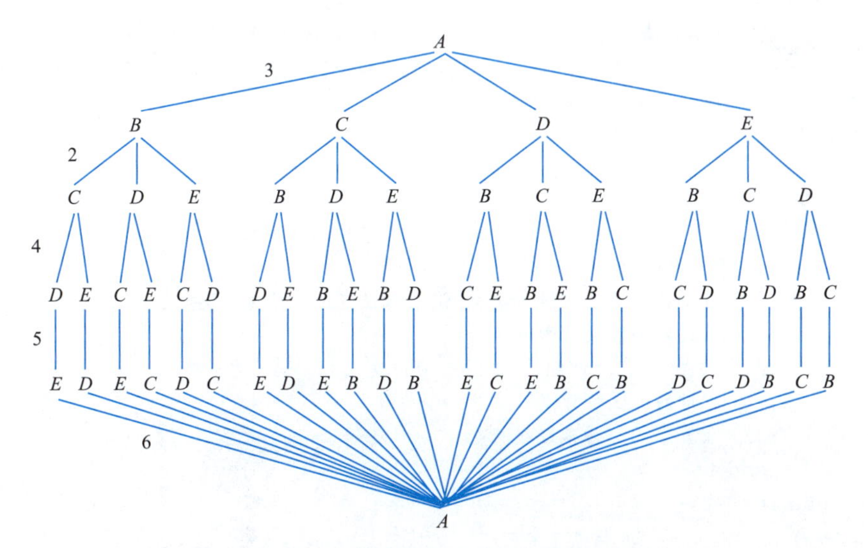

图 1.3　蛮力法快递员路线安排问题的路径组合

所有组合路径及路径总长度如下：

$A \to B \to C \to D \to E \to A$，长度为 20。

$A \to B \to C \to E \to D \to A$，长度为 18。

$A \to B \to D \to C \to E \to A$，长度为 22。

$A \to B \to D \to E \to C \to A$，长度为 21。

$A \to B \to E \to C \to D \to A$，长度为 20。

$A \to B \to E \to D \to C \to A$，长度为 21。

$A \to C \to B \to D \to E \to A$，长度为 23。

$A \to C \to B \to E \to D \to A$，长度为 21。

$A \to C \to D \to B \to E \to A$，长度为 25。

$A \to C \to D \to E \to B \to A$，长度为 21。

$A \to C \to E \to B \to D \to A$，长度为 23。

$A \to C \to E \to D \to B \to A$，长度为 21。

$A \to D \to B \to C \to E \to A$，长度为 22。

$A \to D \to B \to E \to C \to A$，长度为 23。

$A \to D \to C \to B \to E \to A$，长度为 22。

$A \to D \to C \to E \to B \to A$，长度为 20。

$A \to D \to E \to B \to C \to A$，长度为 21。

$A \to D \to E \to C \to B \to A$，长度为 18。

$A \to E \to B \to C \to D \to A$，长度为 22。

$A \to E \to B \to D \to C \to A$，长度为 25。

$A \to E \to C \to B \to D \to A$，长度为 22。

$A \to E \to C \to D \to B \to A$，长度为 22。

$A \to E \to D \to B \to C \to A$，长度为 23。

$A \to E \to D \to C \to B \to A$，长度为 20。

最短路程为：$A \to B \to C \to E \to D \to A$ 或者 $A \to D \to E \to C \to B \to A$，最短路径长度为 18。

算法伪代码描述：

```
算法：例 1.3 蛮力法求解算法
输入：小区的数据量 n，任意两个小区 vi，vj 之间的距离值 d[i,j]，出发小区编号 go_cit
输出：经过的小区编号 k，最短路径长度 min_l
DFS(index):
begin
     if 经过的小区数目 <n then
          for i←1 to n step 1 do
               if 没有经过小区 i then
                    置小区 i 为已经过标志，并记录路径经过小区 index
                    经过的小区数目增 1
                    DFS(i)  //回溯，以小区 i 为出发点
                    经过的小区数目减 1
                    重置小区 i 为未经过标志
               end if
          end for
     else
          输出路径记录的小区编号，计算当前路径的长度 route_l
```

```
            若 min_l 大于 route_l,则记 min_l←route_l
        end if
    end
```

算法效率分析: 使用蛮力法列举除出发点外所有小区的排列,然后选取路径最短的路线。$n-1$ 个小区的排列数为 $(n-1)!$,当 $n=20$ 时,遍历路线总数约为 1.216×10^{17},计算机以每秒 1 000 万条路线的检索速度计算,则约需要 386 年才能完成。故蛮力法的时间复杂度太高,并不适用。

方法二 贪心法: 每次在选择下一个小区时,仅从当前情况考虑,选择使得当前已经过的路径总长度最短,即在没有经过的小区中选择最近的一个,直到经过所有小区,最终回到出发小区。

贪心法求解过程如图 1.4 所示。从快递中心顶点 A 出发,下一个未经过顶点分别为 B、C、D 或 E,距离分别是 3、4、5、6,显然下一个未经过的顶点选择 B,如图 1.4(b)所示;接下来从顶点 B 出发,下一个未经过的顶点分别为 C、D 或 E,距离分别是 2、6、5,具有当前最短距离的下一个未经过的顶点选择 C,如图 1.4(c)所示;再接下来从顶点 C 出发,下一个未经过的顶点分别为 D 或 E,距离分别是 4、3,下一个未经过的顶点选择 E,如图 1.4(d)所示;那么接下来从顶点 E 出发,下一个未经过的顶点只有 D,距离为 5,如图 1.4(e)所示;最后由顶点 D 回到出发顶点 A,距离为 5,如图 1.4(f)所示,这样确定的路线 $A\to B\to C\to E\to D\to A$,总距离为 18。

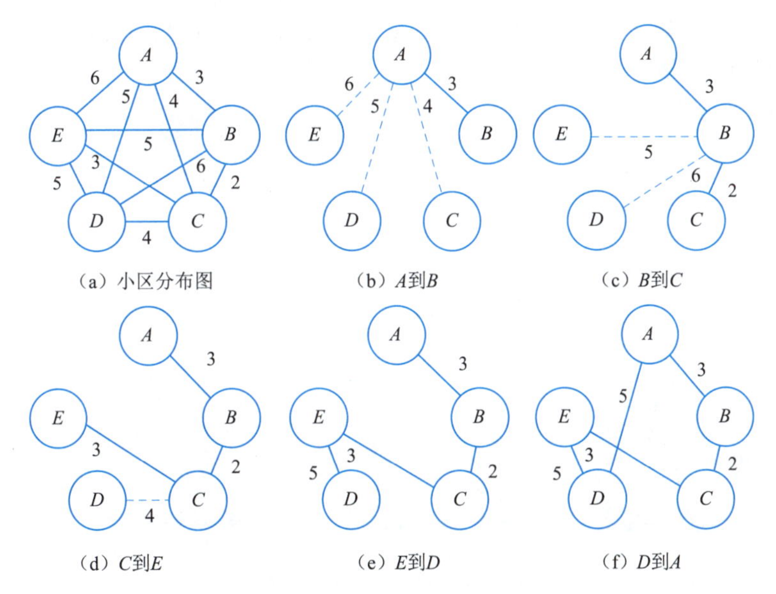

图 1.4 快递员路线安排问题的贪心法求解过程

算法伪代码描述:

```
算法:例 1.3 贪心法求解算法
输入:小区的数据量 n,邻接矩阵 e[i,j],顶点信息 v[i],出发小区编号 go_city
输出:最短路线上的顶点信息,最短路径长度 min_l
Greedy(index):
begin
    for i←1 to n step 1 do
        if i 不是出发顶点 go_city then
            for j←1 to n step 1 do
                if 没有经过小区 j then
                    筛选与当前出发点最短的顶点,并标记为 cur_j
                end if
```

```
            end for
            min_l←min_l+d[index,cur_j]
            index←cur_j //从出发点 cur_j,继续下一步求解
            并置 cur_j 顶点为经过标记
        end if
    end for
end
```

算法效率分析:贪心法求解快递员路线安排问题,共进行了 $n-1$ 次贪心选择,第 i 次选择需要比较 $n-i$ 次来查找满足条件的下一个顶点,总的比较次数约为 $n^2/2-n/2+1$,具有较高的时间性能。

算法正确性分析:贪心法求解快递员路线安排问题,实际上不一定能够得到问题的最优解。若本题中最后 D 到 A 的距离增大,则总路线长度也将增大,根本没有选择的余地。所以贪心法求解的结果不一定是最优的,但贪心法一般还是可以得到近似最优解。如果优先考虑算法时间性能,对近似最优解的近似解能够接受,可以选择贪心法。

数据结构设计:图是一个二元组 $G=(V,E)$,采用邻接矩阵存储带权全图的边关系。因为图 1.2 中顶点用字母表示,实际数据结构中使用编号,即 A,B,C,D,E 对应编号 0,1,2,3,4 表示。邻接矩阵表示顶点之间的权值信息,顶点数组记录顶点信息,顶点数组的下标对应顶点顺序编号。

算法 C 语言程序实现:

```
#include <stdio.h>
#define maxx10000  //设置的一个较大值
int n;//小区总数量,输入时 n=5
int e[5][5]={0};//邻接矩阵数组,记录小区之间的距离值
char v[5];//顶点信息数组
int go_city;//初始出发的小区编号
int visited[5]={0};//标记是否已经走过,visited[i]=1 为走过,visited[i]=0 为未走过
int min_l=0;//最小总路程
int greedy(int index){
    printf("路线为:\n");
    printf("% c→",v[index]);  //输出顶点信息
    for(int i=0;i<n;i++){
        int len=maxx;
        int j_j;
        //已经确定从第 go_city 号小区出发,所以只需要再确定 n-1 个小区
        if(go_city==i)continue;
        for(int j=0;j<n;j++){
            if(visited[j]==0){
                //筛选与当前小区距离最短的小区,并标记
                if(len>e[index][j]){
                    len=e[index][j];
                    j_j=j;
                }
            }
        }
        index=j_j;
        printf("% c→",v[index]);
        //标记 j_j 号小区已走过
        visited[j_j]=1;
```

```
            min_l + =len;
        }
        //加上最后一个小区到 go_city 小区的距离
        min_l + =e[index][go_city];
        printf("% c\n",v[go_city]);
        return 0;
    }
    int main(){
        memset(visited,0,sizeof(visited));
        printf("请输入小区数量:");
        scanf("% d",&n);
        for(int i =0;i <n;i + +)
            v[i] =getchar();
        for(int i =0;i <n;i + +){
            for(int j =i +1;j <n;j + +){
                printf("请输入% d号小区到% d号小区之间的距离:",i,j);
                scanf("% d",&e[i][j]);
                e[j][i] =e[i][j];
            }
        }
        printf("请输入您出发的小区是第几个小区:");
        scanf("% d",&go_city);
        visited[go_city] =1;
        greedy(go_city);
        printf("最短路径长度为:  ");
        printf("% d\n",min_l);
        return 0;
    }
```

1.4 算法的效率分析

问题求解过程中的算法策略选择决定着软件系统的性能。在选择算法策略时需要对算法进行复杂度分析,以帮助我们评估算法的效率和资源消耗,在算法设计、性能优化和算法选择等方面提供指导。算法的复杂性体现了算法运行时所需要消耗的计算机资源,消耗的资源越多,那么该算法的复杂性就越高,消耗的资源越少,该算法的复杂性就越低。算法运行需要的计算机资源主要考虑占用 CPU 的计算时间量和占用内存的存储空间量两个方面,需要占用的时间资源量称为时间复杂度,而需要占用的空间资源量称为空间复杂度。算法复杂度分析一般采用事前分析方式而是不事后统计法。事后统计法指的是算法实现后再做复杂度的统计分析,分析结果依赖硬件环境且结果不符合要求时,算法实现所做的工作就是一种浪费。

时间复杂度和空间复杂度是只依赖算法求解的问题规模和算法输入的函数,用 N、I 分别表示算法求解的问题规模和算法输入,则算法的时间复杂度 T 和空间复杂度 S 的函数形式可以分别表示为

$$T = T(N,I) \tag{1-1}$$

$$S = S(N,I) \tag{1-2}$$

在实际应用中,随着计算机硬件技术的快速发展和内存价格的下降,内存容量已经大大提高,相对而言计算机内存空间资源更加充足。同时,很多现代计算机系统都具有较强的处理能力,可以更好地处理更大规模的问题,并且时间性能成为主要关注点。因此,在设计和分析算法时,人们更倾向

于将重点放在优化时间效率上,而对空间复杂度的关注可能较少。这并不是说空间复杂度不重要或可以被忽视,而是因为在许多应用场景中,时间效率对用户体验和系统性能的影响更为明显。

•微视频

算法时间复杂度分析

1.4.1 算法时间复杂度分析

算法时间复杂度是一个以问题规模和算法输入为自变量的函数。例如插入排序问题,问题规模即参与排序的数据量,计算机执行的时间往往会随着参与排序数据量的增多而增多。在问题规模相同的情况下,计算机执行的时间也会因为输入实例数据的顺序不同,总体执行时间有所不同。比如,输入实例的数据在已有序的情况下,进行插入排序所用时间最短。在评估一个算法时间复杂度时,应尽量做到客观反映算法的本质特征和属性。比如,评估时应排除不同计算机硬件配置对算法的影响,不同硬件配置的计算机对指令执行速度不同,同一算法在不同硬件配置的计算机上运行所需要的时间是不同的。因此,在分析评估一个算法时间复杂度时,不应该使用特定计算机,求解某一个输入实例所需要的运行时间。也就是说时间复杂度不能用特定计算机的执行时间来直观定义。对算法做一般性的复杂度分析,应该要有一个不依赖于计算机硬件配置、问题规模和输入实例的抽象表示。

假设在一台抽象的计算机上提供了 k 种元运算 $O_1,O_2,\cdots,O_k$,每个元运算执行的时间分别为 $t_1,t_2,\cdots,t_k$。元运算通常指的是算法中最基本的操作步骤,一个元运算可以是基本的算术运算(如加法、减法、乘法、除法)、比较操作、赋值操作、数组访问或迭代循环等。$T(N,I)$ 表示算法在这台抽象计算机上运行所需要的时间,假设在算法中 O_i 元运算被调用的次数为 e_i,$e_i=e_i(N,I)$,则 $T(N,I)$ 一般化地表示为

$$T(N,I)=\sum_{i=1}^{k}t_ie_i(N,I) \tag{1-3}$$

为消除式(1-3)中 t_i 表示的元运算执行的具体时间,不妨假设所有的元运算都在一个单位时间内完成,或者将 t_i 抽象表示为一条执行语句或表达式,则计算 $T(N,I)$ 的工作就变为统计计算语句的频度,从而简化复杂度的求解。这种算法时间复杂度的表示完全消除了不同计算机硬件配置差异对时间复杂度分析的影响。

例1.4 插入排序问题的时间复杂度计算。

算法伪代码描述:

```
算法:插入排序(升序排序)
输入:数组元素 array,元素个数 n
输出:升序的数组元素 array
InsertSort(array,n):
begin
1        for i←1 to n-1 do
2             key←array[i]
3             j←i-1
4             while j>=0 and array[j]>key do
5                  array[j+1]←array[j]      //往后移动元素
6                  j←j-1
7             end while
8             array[j+1]←key
9        end for
end
```

当输入实例数据为1,2,3,4,5时,语句2、语句3和语句8三个赋值语句被执行4次,语句5和语句6被执行0次。如果输入实例数据为5,4,3,2,1时,语句2、语句3和语句8三个赋值语句的执行次数不变,还是4次,但语句5和语句6被执行的次数为1+2+3+4=10次。对同一个算法,运

行不同的输入实例时，算法语句执行的次数差异明显。实际上，在统计时间复杂度时，不可能对规模 N 的每一种合法输入都去统计各个算法语句执行的次数。这时就需要对输入实例做一个合理简化，将输入实例进行特化处理。

应用从一般到个例演绎逻辑，将输入实例进行特化。一般输入情况比较复杂，就考虑一些特殊的个例输入情况。算法时间复杂度分析通常考虑如下三种个例输入情况：

(1)最坏情况下的时间复杂度：

$$T_{\max}(N) = \max_{I \in I_N} T(N,I) = \max_{I \in I_N} \sum_{i=1}^{k} t_i e_i(N,I) = \sum_{i=1}^{k} t_i e_i(N,I^*) = T(N,I^*) \tag{1-4}$$

I_N是规模为 N 的合法输入集合，I^* 是 I_N 中使 $T(N,I)$ 达到 $T_{\max}(N)$ 的合法输入。最坏情况下的时间复杂度就是将所有的合法输入实例中最坏的那个输入实例 I^* 找出来，统计在输入实例 I^* 时算法语句执行的次数来评估算法时间复杂度。

(2)最好情况下的时间复杂度：

$$T_{\min}(N) = \min_{I \in I_N} T(N,I) = \min_{I \in I_N} \sum_{i=1}^{k} t_i e_i(N,I) = \sum_{i=1}^{k} t_i e_i(N,I') = T(N,I') \tag{1-5}$$

I'是 I_N 中使 $T(N,I)$ 达到 $T_{\min}(N)$ 的合法输入，与最坏情况下时间复杂度分析情况一样，将所有的合法输入实例中最好的那个输入实例 I'找出来，统计在输入实例 I'时算法语句执行的次数来评估算法时间复杂度。

(3)平均情况下的时间复杂度：

$$T_{\text{average}}(N) = \sum_{I \in I_N} P(I) T(N,I) = \sum_{I \in I_N} P(I) \sum_{i=1}^{k} t_i e_i(N,I) \tag{1-6}$$

$P(I)$是算法应用中出现输入实例 I 的概率，全部合法输入实例的概率总和为 1。平均时间复杂度是用每一个输入实例出现的概率，计算其数学期望。

三种不同的情况都有其应用的场景，在分析算法时间复杂度的时候，往往关注的是最坏情况下算法的时间复杂度。因为最好情况下的输入实例一般出现的概率较小，而平均情况下的需要知道每个输入实例出现的概率，这是一件很难实现的事情。通常情况下，最坏情况下的时间复杂度能够给出算法在任意输入情况下的一个上界。这对于算法设计者和分析者来说是非常重要的。因为他们可以根据最坏情况下的时间复杂度来预估算法的执行时间，并且确保算法在所有情况下都能够在可接受的时间范围内完成任务。另外，使用最坏情况下的时间复杂度还有一个好处是可以提供算法的稳定性和可预测性。假设一个算法在大多数情况下具有较低的时间复杂度，但在某些特殊情况下可能会出现较高的时间复杂度，那么使用最坏情况下的时间复杂度来描述算法可以更好地展现其在各种输入情况下的性能。总之，计算最坏情况下的时间复杂度可以提供对算法执行时间的保守评估和稳定性预测，这对于算法设计和效率分析非常有价值。

在例 1.4 中，计算最坏情况下的 $T(N)$，语句 2、3、8 三个语句被执行了 $N-1$ 次，内部循环 while 被执行次数为 $1+2+\cdots+N-1$，故 $T(N)$ 为

$$\begin{aligned} T(N) &= 3(N-1) + 1 + 2 + 3 + \cdots + (N-1) \\ &= 3(N-1) + (N-1)N/2 \\ &= \frac{1}{2}N^2 + \frac{5}{2}N - 3 \end{aligned}$$

这个计算结果还是比较复杂的，在算法复杂度分析中，通常会对函数进行简化，即忽略常数项和低阶项。这是因为在输入规模 N 足够大时，这些项的影响相对较小，可以被忽略不计。比如当 $N=10^{10}$，$N^2/2 >> 5N/2-3$，这时认为 $N^2/2$ 是 $T(N)$ 结果值的主要因素，$5N/2-3$ 是 $T(N)$ 结果值的次要因素，可以忽略不计。

渐进时间复杂度分析

1.4.2 算法的渐进时间复杂度分析

设 $T(N)$ 是算法 A 的时间复杂度函数，N 是问题规模，$N \geqslant 0$，且 $N \in \mathbf{Z}$。当 $N \to \infty$ 时，$T(N) \to \infty$。对于 $T(N)$，如果存在 $T'(N)$，使得当 $N \to \infty$ 时有

$$\lim_{N \to \infty} \frac{T(N) - T'(N)}{T(N)} = 0$$

那么，就说 $T'(N)$ 是算法 A 当 $N \to \infty$ 的渐进复杂度。在数学中，如果 $T'(N)$ 是 $T(N)$ 的渐进表达式，则表明 $T'(N)$ 是 $T(N)$ 中省略低阶项留下的主项，所以 $T'(N)$ 比 $T(N)$ 表达更为简单。当 $T(N) = N^2/2 + 5N/2 - 3$，则 $T(N)$ 的渐进项可表示为 $T'(N) = N^2/2$，因为有

$$\lim_{N \to \infty} \frac{T(N) - T'(N)}{T(N)} = \lim_{N \to \infty} \frac{\frac{5}{2}N - 3}{\frac{1}{2}N^2 + \frac{5}{2}N - 3} = 0$$

在例 1.4 的算法分析中，$T'(N)$ 可取 $N^2/2$，这一取值实际上是忽略了算法实现过程中的变量声明、初始化、输入和输出等几乎所有的算法实现都具有的语句。在比较两个算法复杂度时，这些不是主体的语句会相互抵消而被忽略。因此，比较算法之间的时间复杂度，只需要比较它们的渐进复杂度函数 $T'(N)$ 即可。如果两个算法的渐进复杂度函数的阶不同，只要比较各自的阶即可判断哪一个算法效率更高。在渐进复杂度函数 $T'(N)$ 中，阶与 $T'(N)$ 中的常数因子没有关系，所以 $T'(N)$ 可进一步简化，省略常数因子。因此，例 1.4 中的 $T'(N)$ 可取值 N^2。需要注意的是，函数简化并不是一种精确计算复杂度的方法，而是一种近似评估的方式。它能够提供对算法性能的大致估计，在理论分析和算法比较中具有一定的指导意义。在算法分析时，可以通过函数的渐进界对算法复杂度进行简化和推理，下面对渐进复杂度函数的界进行定义和推理。

定义 1.1 设 $f(N)$ 和 $g(N)$ 是正整数集上的函数。如果 $\exists c \geqslant 0$ 和自然数 N_0，使得当 $N \geqslant N_0$ 时有 $0 \leqslant f(N) \leqslant cg(N)$，则称函数 $f(N)$ 充分大时上有界，$g(N)$ 是 $f(N)$ 的一个上界，记为 $f(N) = O(g(N))$，即 $f(N)$ 的阶不高于 $g(N)$ 的阶，如图 1.5 所示。

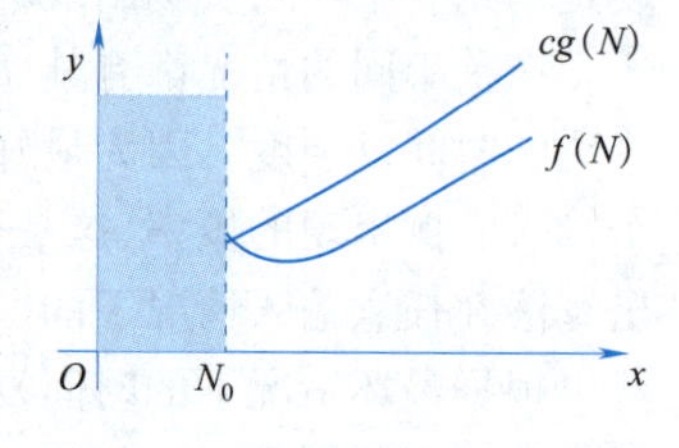

图 1.5 $f(N) = O(g(N))$

注意：不是直接比较 $f(N)$ 和 $g(N)$ 的数值大小，O 表示的只是一个充分大的上界，上界的阶越低则算法时间复杂度的评估越精确，结果值越有价值。例如，$T(N) = N^2$，当 $N \geqslant 1$ 时，$N \leqslant N^2$，则 $T(N) = O(N^2)$；当 $N \geqslant 1$ 时，$N^2 \leqslant N^3$，因此 $T(N) = O(N^3)$。$T(N) = O(N^2)$ 和 $T(N) = O(N^3)$ 都成立，但 $O(N^2)$ 为阶更小上界，因此 $T(N) = O(N^2)$ 评估更为精确。

例 1.5 求 $5n + 4$，$n^2 + n\log_2 n$，$2^n + n^2$，10 000 的上界。

解：

(1) 因 $n \geqslant 4$ 时，$5n + 4 \leqslant 6n$，则 $5n + 4 = O(n)$。

(2) 因 $n \geqslant 1$ 时，$n^2 + n\log_2 n \leqslant 2n^2$，则 $n^2 + n\log_2 n = O(n^2)$。

(3) 因 $n \geqslant 4$ 时，$2^n + n^2 \leqslant 2 \times 2^n$，则 $2^n + n^2 = O(2^n)$。

(4) 对于常整数 10 000，算法执行时间与问题规模无关，无论问题规模多大，算法都在固定时间内完成。因此无论是 10 000 还是其他任何常数输入，它的时间复杂度是一个常数级别的复杂度，即 $O(1)$。

例 1.6 给定多项式函数：$T(n) = a_m n^m + a_{m-1} n^{m-1} + \cdots + a_1 n + a_0$，$a_m > 0$，试证明 $T(n) = O(n^m)$。

证明：设 $n_0 = 1$，$c = |a_m| + |a_{m-1}| + \cdots + |a_1| + |a_0|$

对于任意的 n,若 $n \geqslant n_0 = 1$,则:

$$\begin{aligned} cn^m &= |a_m|n^m + |a_{m-1}|n^m + \cdots + |a_1|n^m + |a_0|n^m \\ &\geqslant |a_m|n^m + |a_{m-1}|n^{m-1} + \cdots + |a_1|n + |a_0| \\ &\geqslant a_m n^m + a_{m-1}n^{m-1} + \cdots + a_1 n + a_0 \\ &= T(n) \end{aligned}$$

存在 $c \geqslant 0$ 和自然数 $n_0 = 1$,使得当 $n \geqslant n_0$ 时有 $T(n) \leqslant cn^m$,故 $T(n) = O(n^m)$ 成立。

例1.7　给定多项式函数:$T(n) = a_m n^m$,试证明 $T(n) \neq O(n^{m-1})$。

反证法证明:假设 $T(n) = O(n^{m-1})$,则存在 n_0 和 c,对于任意 n,当 $n \geqslant n_0$ 满足 $T(n) \leqslant cn^{m-1}$,即 $a_m n^m \leqslant cn^{m-1}$ 两边除以 n^{m-1},可以得到 $a_m n \leqslant c$,即 $n \leqslant c/a_m$,与条件 $n \geqslant n_0$ 矛盾。

因此,假设 $T(n) = O(n^{m-1})$ 不成立,即 $T(n) \neq O(n^{m-1})$。

根据定义 1.1,有如下 $O(n)$ 的性质:

(1)$O(f) + O(g) = O(\max(f,g))$;算法最复杂的部分运行时间就是算法的时间复杂度。

(2)$O(f) + O(g) = O(f+g)$;算法中并行语句的时间复杂度等于各个语句运行时间之和。

(3)$O(f) \times O(g) = O(f \times g)$;循环的时间复杂度等于循环体运行时间与循环次数的乘积。

(4)$O(cf(n)) = O(f(n))$,$c \in \mathbf{Z}_+$;算法的时间复杂度是运行时间函数的数量级。

(5)如果 $g(n) = O(f(n))$,则 $O(f) + O(g) = O(f)$;算法的时间复杂度是运行时间函数的最高阶。

(6)$f = O(f)$。

下面给出性质(2)的证明。

例1.8　试证明 $O(f) + O(g) = O(f+g)$。

证明: 设 $f_1 = O(f)$,根据定义 1.1,存在 n_1 和 c_1,对于任意 n,当 $n \geqslant n_1$ 时满足 $f_1(n) \leqslant c_1 f(n)$。

设 $f_2 = O(g)$,根据定义 1.1,存在 n_2 和 c_2,对于任意 n,当 $n \geqslant n_2$ 时满足 $f_2(n) \leqslant c_2 g(n)$。

取 $n_3 = \max(n_1, n_2)$,$c_3 = \max(c_1, c_2)$,当 $n \geqslant n_3$ 时满足:

$$O(f) + O(g) = f_1(n) + f_2(n) \leqslant c_1 f(n) + c_2 g(n) \leqslant c_3 f(n) + c_3 g(n) = c_3(f(n) + g(n))$$

因此:$O(f) + O(g) = O(f+g)$。

定义 1.2　设 $f(N)$ 和 $g(N)$ 是正整数集上的函数。如果 $\exists c \geqslant 0$ 和自然数 N_0,使得当 $N \geqslant N_0$ 时有 $f(N) \geqslant cg(N)$,则称函数 $f(N)$ 当 N 充分大时有下界,且 $g(N)$ 是 $f(N)$ 的一个下界,记为 $f(N) = \Omega(g(N))$,即 $f(N)$ 的阶不低于 $g(N)$ 的阶,如图 1.6 所示。

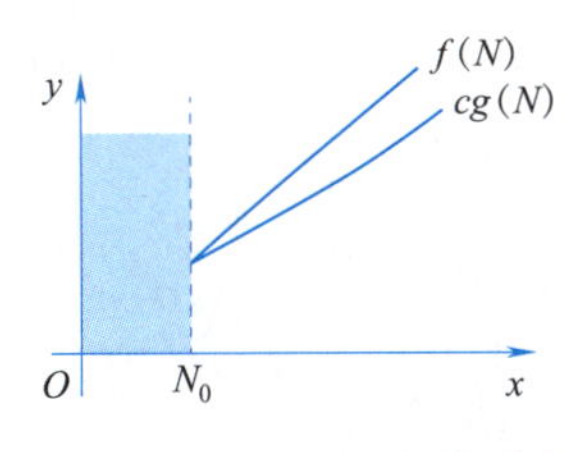

图 1.6　$f(N) = \Omega(g(N))$

例1.9　求 $5n+1$,$n^2 + n\log_2 n$ 的下界。

解:

(1)当 $n \geqslant 1$ 时,$5n+1 \geqslant 5n$,则 $5n+1 = \Omega(n)$。

(2)当 $n \geqslant 1$ 时,$n^2 + n\log_2 n \geqslant n^2$,则 $n^2 + n\log_2 n = \Omega(n^2)$;$n^2 + n\log_2 n \geqslant n\log_2 n$,则 $n^2 + n\log_2 n = \Omega(n\log_2 n)$,但 $n\log_2 n \neq \Omega(n^2)$。

根据定义 1.2 可知，$n^2+n\log_2 n=\Omega(n^2)$ 和 $n^2+n\log_2 n=\Omega(n\log_2 n)$ 都成立，算法时间复杂度一般取最大下界。下界的阶越高，评估越精确，结果越有价值，Ω 通常也表示求解问题的最好情况下的时间复杂度。

定义 1.3 设 $f(N)$ 和 $g(N)$ 是正整数集上的函数。如果 $\exists c_1\geqslant 0$、$\exists c_2\geqslant 0$ 和自然数 N_0，使得当 $N\geqslant N_0$ 时有 $0\leqslant c_1 g(N)\leqslant f(N)\leqslant c_2 g(N)$，则称 $g(N)$ 是 $f(N)$ 的紧确界。记为 $f(N)=\theta(g(N))$，如图 1.7 所示。若 $f(N)=\theta(g(N))$，则当且仅当 $f(n)=O(g(N))$ 且 $f(N)=\Omega(g(N))$，也称 $g(N)$ 和 $f(N)$ 同阶。

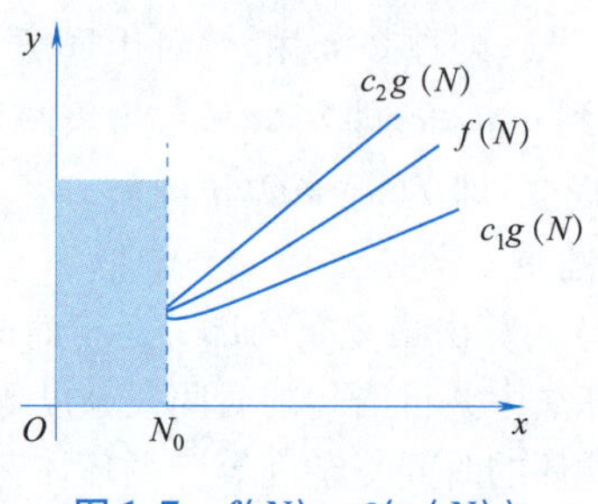

图 1.7 $f(N)=\theta(g(N))$

例 1.10 求 $n^2+n\log_2 n$ 的紧确界。

解 由例 1.5 和例 1.9 可知：$n^2+n\log_2 n=O(n^2)$，$n^2+n\log_2 n=\Omega(n^2)$，因此 $n^2+n\log_2 n=\theta(n^2)$。

定理 1.1 对于多项式函数 $T(n)=a_m n^m+a_{m-1}n^{m-1}+\cdots+a_1 n+a_0$，$a_m>0$，则有：$f(n)=O(n^m)$，$f(n)=\Omega(n^m)$，$f(n)=\theta(n^m)$。

由定理 1.1 可知，今后在算法复杂度分析中遇到时间函数是多项式函数时，可以判定函数的高阶项与该函数是同阶的，即时间复杂度的上界、下界和紧确界为函数最高阶项。

按 $O(f)$ 函数形式将时间复杂度分为如下两个基本类别：

(1) 多项式复杂度，形如 $O(n^c)$。

(2) 指数复杂度，形如 $O(c^n)$。

最常用的渐进时间复杂度类型的变化趋势如图 1.8 所示，纵坐标轴表示算法时间复杂度，横坐标轴表示算法问题规模，随着问题规模的增长，低阶多项式复杂度变化趋势相对较缓一些，指数函数变化趋势随问题规模的增长呈爆炸性增长。最常用的渐进时间复杂度类别按增长次数的升序排序为：$O(1)<O(\log_2 n)<O(n)<O(n\log_2 n)<\cdots<O(2^n)<O(n!)<O(n^n)$。

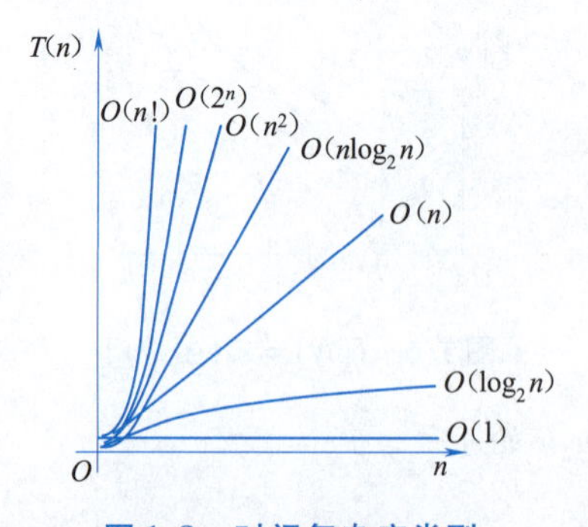

图 1.8 时间复杂度类型

需要说明的是，按算法的渐进时间复杂度类型进行分类没有考虑各项的常系数值。比如一个算法的运行时间是 n^2，时间复杂度为 $O(n^2)$，另一个算法的运行时间是 $10^8 n$，时间复杂度为 $O(n)$，但

除非 n 比 10^8 还大，否则，这个 $O(n)$ 复杂度的算法表现不如 $O(n^2)$ 的算法。在现实中，算法的各个常系数值通常不会相差那么大，对一般规模输入的渐进时间复杂度类型表现好的算法时间复杂度表现也更好。

算法的渐进时间复杂度分析法提供了算法分析的数学基础，但在实践中我们还需灵活应用。

1.4.3　非递归算法的时间复杂度分析

微视频 非递归算法的时间复杂度分析

在分析非递归算法时，主要遵循如下步骤：

(1)确定核心操作：比如算法中的赋值、比较、算术运算、逻辑运算、变量输入/输出等操作，一般当作基本操作，即元运算操作，约定这些运算时间为单位时间完成。也可以将内层循环的若干个基本操作构成的程序块整体当作一个稍大一点的基本操作，也看成在单位时间内完成，毕竟算法的渐进时间复杂度分析时常系数是被忽略的。

(2)计算核心操作总的执行次数：核心基本操作次数的计算以式(1-3)为思想核心，一般是多项式求和表达式形式。当然，如果核心基本操作的次数与问题的输入实例有关，可能还需要考虑算法时间复杂度的最好、最差和平均情况的分析。

(3)求解其渐进解：对核心操作总执行次数表达式进行计算化简，并用 $O(\cdot)$ 形式表示。

例1.11　计算 $1!+2!+\cdots+n!$，给出求解问题的算法并计算算法的时间复杂度。

算法一　先采用累乘法计算 n 的阶乘，再采用累积法计算各个阶乘之和得到问题的解，则伪代码描述如下：

```
    算法:例 1.11 实现算法一
    输入:n
    输出:求解问题的和 s
1   s←0
2   for i←1 to n do
3         t←1
4         for j←1 to i do
5               t←t* j
6         end for
7         s←s + t
8   end for
9   print s
```

在算法一描述中，语句3、语句5和语句7是核心操作，其中语句3和语句7的执行次数为 n 次，语句5执行的次数为 $1+2+3+\cdots+n=n(n+1)/2$，则核心操作语句总执行次数为 $n^2/2+5n/2$，即 $T(n)=n^2/2+5n/2=O(n^2)$。

算法二　采用累乘法计算 n 阶乘的同时用累加法计算各个阶乘之和得到问题的解，则伪代码描述如下：

```
    算法:例 1.11 实现算法 2
    输入:n
    输出:求解问题的和 s
1   s←0,t←1
2   for i←1 to n do
3         t←t* i
4         s←s + t
5   end for
6   print s
```

在算法二描述中，语句3和语句4为核心操作，执行的次数都是n次，则核心操作语句总执行次数为$2n$，即$T(n)=2n=O(n)$。

比较算法一描述和算法二描述，显然算法二的时间效率更好。

例1.12 顺序查找：查找元素t在数组a中第一次出现的位置，若查找失败返回-1。给出解决问题的算法并计算算法时间复杂度。

算法伪代码描述：

```
算法:顺序查找
输入:数组长度 n,数组元素,元素 t
输出:元素 t 在数组 a 中第一次出现的位置
1   locate(a,n,t):
2   begin
3         for i←0 to n-1 do
4              if a[i]=t then
5                   return i
6              end if
7         end for
8         return -1
9   end
```

本算法描述中的核心操作是语句4，判断t是否与数组中的元素相等，最好的情况下，i=0时a[0]=t，执行语句5结束算法函数，此时的时间复杂度为$T(n)=O(1)$。最坏的情况是整个循环语句3执行完毕结束算法函数，即语句4被执行n次而结束，此时$T(n)=O(n)$。

例1.13 二分查找：查找元素t在升序数组a中第一次出现的位置，若查找失败返回-1。给出解决问题的算法并计算算法时间复杂度。

算法伪代码描述：

```
算法:二分查找
输入:数组长度 n,数组元素,元素 t
输出:元素 t 在数组 a 中第一次出现的位置
1   BinarySearch(a,n,t):
2   begin
3        left←0,right←n-1
4        while left<=right do
5             mid←(left+right)/2
6             if t=a[mid] then   return mid      end if //找到返回 mid 位置
7             if t>a[mid] then   left←mid+1      end if
8             if t<a[mid] then   right←mid-1     end if
9        end while
10            return -1   //未找到返回 -1
11  end
```

本算法描述中核心操作是语句3～语句6，可以将语句3～语句6看成一个程序块，时间复杂度分析时只要统计该程序块的执行次数即可。本算法描述中的while语句，最好情况是进入while循环，执行语句4即查找成功结束算法函数，即$T(n)=O(1)$。最坏情况是每次进入while循环，搜索范围a[left]～a[right]减少一半，直到最后只剩下1个元素，比较最后一遍，查找成功返回位置或者返回-1结束算法函数。

不妨假设起始数组元素个数$n=2^m$，第1次执行程序块后，搜索数组范围少一半，即元素个数剩下2^{m-1}；第2次执行程序块后，搜索数组范围又少一半，即元素个数剩下2^{m-2}……直到第m次执行程序块后,搜索数组范围只剩1个元素而结束。即最坏情况下的程序块总执行次数为 m 次,此时算法时间复杂度为 $T(n)=m=\log_2 n=O(\log_2 n)$。

微视频
递归算法的时间复杂度分析

1.4.4 递归算法的时间复杂度分析

分析递归算法时间复杂度的主要步骤如下:

(1)确定算法的核心操作:确定每一逻辑块的时间复杂度,若是非递归的程序块,则用非递归方法分析程序块的时间复杂度;若是递归的程序块,则分析递归程序块的结构,根据其问题规模递推的形式表示复杂度。

(2)构造时间复杂度函数的递推方程:非递归程序块的时间加上递归程序块的时间。

(3)求解递归方程和渐进阶,并用 $O(\cdot)$ 表示算法时间复杂度。

例1.14 给出计算 $n!$ 问题的递归算法,并计算递归算法的时间复杂度。

解 算法模型如下:

$$f(n)=\begin{cases}1, & n=0\\ n\times f(n-1), & n>0\end{cases}$$

算法伪代码描述:

```
算法:n! 问题的递归算法
输入:n
输出:n!
FN(n):
begin
1       if n=0 then
2           return 1
3       else
4           return n* FN(n-1)
5       end if
end
```

本算法描述中的核心操作为 $n*FN(n-1)$,是一次乘法操作。依据算法模型和算法描述,每次递推,执行一次乘法操作,因此可以构建如下时间复杂度分析递推方程:

$$\begin{aligned}T(n)&=1+T(n-1)\\&=1+1+T(n-2)\\&=1+1+\cdots+1+T(1)\\&=1+1+\cdots+1=n\\&=O(n)\end{aligned}$$

求解问题 $n!$ 的算法时间复杂度 $T(n)=O(n)$。

例1.15 给出快速排序问题的递归算法,并计算递归算法的时间复杂度。

在一般情况下,每一步快速排序算法是用基准元素将 n 个元素的数组分割成三个部分,数组左边有 i 个元素($0\leqslant i\leqslant n-1$),中间为基准元素,数组右边有 $n-1-i$ 个元素,快速排序的每一步分割结果如图1.9所示。

假设数组元素是以等概率出现的,每一步分割的情况也是以相同概率出现,即 i 以相同的概率取区间 $[0,n-1]$ 中的每一个值,则算法的平均时间计算模型 $f(n)$ 为

图 1.9 快速排序的一步分割结果

$$f(n)=\begin{cases}n-1+\sum_{i=0}^{n-1}\frac{1}{n}[f(i)+f(n-1-i)], & n\geqslant 2\\0, & n=1,0\end{cases}$$

每一步分割成三个部分，需要的比较次数为 $n-1$ 次，$\sum_{i=0}^{n-1}\frac{1}{n}[f(i)+f(n-1-i)]$ 为左右两边递归排序所需要的时间。

算法伪代码描述：

```
算法:快速排序
输入:数组元素
输出:排序后的数组元素
quickSort(int arr[],int low,int high):
1   begin
2       if low >= high then return end
3       t←arr[low],i←low,j←high
4       while i<j do
5           while i<j and arr[j] >=t do
6               j--;
7           end while
8           if i<j then arr[i]与 arr[j]交换 end if
9           while i<j and arr[i] <=t do
10              i++;
11          end while
12          if i<j then arr[i]与 arr[j]交换 end if
13      end while
        //完成一次划分过程后,递归对左右子数组继续应用快速排序算法
14      quickSort(arr,low,i-1);//左子数组,元素范围个数(i-1-low)
15      quickSort(arr,i+1,high);//右子数组,元素范围个数(high-i-1)
    end
```

本算法描述的核心操作由非递归程序块（语句 5～语句 12）和递归函数语句 14、函数语句 15 两个部分组成。非递归程序块的执行次数为 $n-1$ 次，递归函数语句 14 和递归函数语句 15 的执行次数由参数规定的范围决定。

最坏的情况递归函数语句 14 每次范围为 0，则递归函数语句 15 的范围则是 $n-1$，则快速排序问题的时间复杂度：

$$\begin{aligned}T(n)&=n-1+T(n-1)\\&=(n-1)+(n-2)+T(n-2)\\&\cdots\\&=(n-1)+(n-2)+\cdots+1+T(1)\\&=(n-1)+(n-2)+\cdots+1\\&=n(n-1)/2\end{aligned}$$

所以最坏的情况快速排序问题的渐进时间复杂度为 $T(n)=O(n^2)$。

平均情况下，不妨设每次递归函数语句 14 和递归函数语句 15 的元素范围个数差不多各占一半

即 $n/2$，也不妨设 $n=2^m$，则快速排序问题的时间复杂度：

$$\begin{aligned}T(n) &= 2T(n/2)+n-1 = 2^1T(n/2^1)+n-2^0\\&= 2[2T(n/4)+n/2-1]+n-1 = 2^2T(n/2^2)+n-2^1+n-2^0\\&= 2\{2[2T(n/8)+n/4-1]+n/2-1\}+n-1 = 2^3T(n/8)+n-2^2+n-2^1+n-2^0\\&\cdots\\&= 2^mT(1)+n-2^{m-1}+n-2^{m-2}+\cdots+n-2^2+n-2^1+n-2^0\\&= mn-(2^{m-1}+2^{m-2}+\cdots+2^1+2^0)\\&= mn-2^m+1\\&= n\log_2 n-n+1\end{aligned}$$

因为 $T(1)$ 表示数组只有一个元素时，数组已有序，排序时间复杂度 $T(1)=0$，所以平均情况下的快速排序问题的渐进时间复杂度为 $T(n)=O(n\log_2 n)$。

下面介绍 Master Theorem 主定理，方便直接求解下列递推方程。

$$T(n)=\begin{cases}c, & n=1\\ aT(n/b)+cn^k, & n>1\end{cases} \tag{1-7}$$

定理 1.2 设 $T(n)$ 为非递减函数，且满足式(1-7)的递推式，其中 $a\geqslant 1, b>1$，且 a,b 为常数，则有如下结果：

$$T(n)=\begin{cases}O(n^{\log_b a}), & a>b^k\\ O(n^k\log_b n), & a=b^k\\ O(n^k), & a<b^k\end{cases} \tag{1-8}$$

证明 不妨假设 $n=b^m$，由式(1-7)可以进行如下推导：

$$\begin{aligned}T(n) &= aT\left(\frac{n}{b}\right)+cn^k\\&= a\left[aT\left(\frac{n}{b^2}\right)+c\left(\frac{n}{b}\right)^k\right]+cn^k\\&\cdots\\&= a^mT(1)+a^{m-1}c\left(\frac{n}{b^{m-1}}\right)^k+\cdots+ac\left(\frac{n}{b}\right)^k+cn^k\\&= c\sum_{i=0}^{m}a^{m-i}\left(\frac{n}{b^{m-i}}\right)^k\\&= c\sum_{i=0}^{m}a^{m-i}b^{ik}\\&= ca^m\sum_{i=0}^{m}\left(\frac{b^k}{a}\right)^i\end{aligned}$$

设 $x=b^k/a$，由于已假设 $n=b^m$，则 $m=\log_b n, a^m=a^{\log_b n}=n^{\log_b a}$。

（因为 $\log_b a^{\log_b n}=\log_b n\times\log_b a=\log_b a\times\log_b n=\log_b n^{\log_b a}$，所以 $a^{\log_b n}=n^{\log_b a}$），且有：

(1) $x<1, \sum_{i=0}^{m}x^i=\frac{1-x^{m+1}}{1-x}<\frac{1}{1-x}$，故 $T(n)=O\left(\frac{c}{1-x}a^m\right)=O(a^m)=O(n^{\log_b a})$。

(2) $x=1, \sum_{i=0}^{m}x^i=m+1=\log_b n+1$。

故 $T(n)=O(ca^m(\log_b n+1))=O(n^{\log_b a}\log_b n)$。

又因为 $x=1, a=b^k, k=\log_b a$，

所以 $T(n)=O(n^k\log_b n)$。

(3) $x>1$, $\sum_{i=0}^{m} x^i = \frac{1-x^{m+1}}{1-x} = \frac{x^{m+1}-1}{x-1} = O(x^m)$,故 $T(n) = O(ca^m x^m) = O(b^{km}) = O(n^k)$。

原题得证。

例1.16 求解递推方程 $T(n)=\begin{cases}0, & n=1\\ 4T(n/2)+3n, & n>1\end{cases}$。

解 $a=4,b=2,c=3,k=1$;$a=4>b^k=2$;由定理1.2第一种情况可知,$n^{\log_b a}=n^2$,$T(n)=O(n^2)$。

例1.17 求解二分查找递归方法求解的时间复杂度 $T(n)$。

解 二分查找时间复杂度的递推方程为

$T(n)=\begin{cases}1, & n=1\\ T(n/2)+1, & n>1\end{cases}$,$a=1,b=2,c=1,k=0,a=1=b^k=2^0=1$;根据定理1.2第二种情况可知 $T(n)=O(\log_2 n)$。

例1.18 求解递推方程 $T(n)=\begin{cases}1, & n=1\\ 4T(n/4)+n\log_2 n, & n>1\end{cases}$。

解 设 $n\log_2 n=n^k$,可知 $k>1$。且有 $a=4,b=4$,则 $a=4<b^k=4^k$,有定理1.2第三种情况可知:$T(n)=O(n^k)=O(n\log_2 n)$。

1.4.5 算法空间复杂度分析

设计好的算法在机器上实现并执行时,除了需要存储算法本身所需要的代码空间和输入/输出数据空间外,还需要存储一些算法数据进行操作过程中的临时辅助变量。其中输入/输出数据所占用的具体空间取决于问题本身,与算法无关。算法本身所占的存储空间虽然与算法有关,但其大小一般都是固定的。因此,我们所讨论的空间复杂度,只与该算法在实现时所需要的临时变量所占空间存储单元个数相关。算法空间复杂度是对一个算法在运行过程中临时占用的存储空间大小的量度。一般也作为问题规模 n 的函数,以数量级形式给出,记作 $S(n)=O(f(n))$,n 为问题规模,算法的空间复杂度与算法的时间复杂度分析方法类似。

例1.19 分析归并排序的空间复杂度。

解 归并排序是一种稳定的、分治的排序算法。它将待排序数组不断地划分成较小的子数组,然后对这些子数组进行合并操作,最终得到一个有序的数组。在归并排序的过程中,需要使用额外的空间来存储临时数组,用于合并操作。这个临时数组的长度与待排序数组的长度相同。在每次合并操作中,需要将两个有序子数组按照顺序合并到临时数组中。当所有的合并操作完成后,临时数组中的内容就是排好序的结果。因此,归并排序的空间复杂度为 $O(n)$,其中 n 是待排序数组的长度,即需要与待排序数组长度线性相关的额外空间。

需要注意的是,在某些实现中,可以通过递归和迭代结合的方式进行归并排序,而不需要创建额外的临时数组。这种实现称为"原地归并排序",其空间复杂度为 $O(1)$。但是大多数情况下,归并排序的实现会使用额外的数组,因此空间复杂度为 $O(n)$。

例1.20 分析计数排序问题的空间复杂度。

解 假设排序的元素都是正整数,计数排序的思想是利用数组的索引是有序的原理,通过将序列中元素作为另一个新数组索引,序列相同元素的个数放入新数组索引为该元素值的单元中,通过遍历新数组中不为0的元素反向改写序列的值,完成排序。主要步骤如下:

(1)设数组 a 的初始值为

5	5	3	4	3	4	2	5	1	3

(2)数组 a 中最大值 max 为 5,构建一个 max +1 个元素的新数组 b,初值为 0:

0	1	2	3	4	5	←索引下标
0	0	0	0	0	0	

并统计 a 数组每个元素的个数,存入 b 数组索引下标等于该元素的单元,结果为

0	1	2	3	4	5
0	1	1	3	2	3

(3)顺序遍历 b 数组,重复将 b 数组元素不为 0 的索引下标按顺序反写入 a 数组中,同时将 b 数组该元素值减去 1,直到该元素值为 0 后再顺序遍历 b 数组的下一个元素。数组 b 中所有元素都为 0,则改写后的 a 数组即有序。

如 b[1]≠0,则将索引下标 1 写入 a[0],同时 b[1]=b[1]-1=0;再顺序考察 b[2]≠0,则将索引下标 2 写入 a[1],同时 b[2]=b[2]-1=0;再顺序考察 b[3]≠0,则将索引下标 3 写入 a[2],同时 b[3]=b[3]-1=2,重复这一步,直到 b[2]=0,这时 a[3]=3,a[4]=3;再顺序考察 b[4]≠0,则将索引下标 4 写入 a[5],同时 b[4]=b[4]-1=1,重复这一步,直到 b[4]=0,这时 a[6]=5;再顺序考察 b[5]≠0,则将索引下标 5 写入 a[7],同时 b[5]=b[5]-1=2,重复这一步,直到 b[5]=0,这时 a[8]=5,a[9]=5;排序完毕,a 数组结果为

0	1	2	3	4	5	6	7	8	9	←索引下标
1	2	3	3	3	4	4	5	5	5	

计数排序算法的伪代码描述:

```
算法:计数排序算法
输入:数组 a,n
输出:数组 a
max←a[0]
for i ←1 to n do   //找 a 数组最大值
      if max <a[i] then
            max←a[i]
      end if
end for
for i←0 to max +1 do   //b 数组赋初值
      b[i]←0
end for
for i←1 to n do   //统计 a 数组相同元素个数
      b[a[i]] ++;//直接计数,将个数写入 b 数组
end for
j←0
for i←0 to max do   //顺序反向写入 a
      while b[i] >0  do//如元素 i 的个数大于 0
            a[j]←i   //将 i 顺序反写入 a 数组
            b[i]←b[i] -1   //元素 i 的个数 -1,重复这一步,直到 i 元素个数为 0
            j←j +1
      end while
end for
print a
```

从本算法描述中可知,算法增加的主要临时辅助存储空间就是数组 b,增加的空间个数与 a 数

组元素最大值有关。当 a 数组元素范围在$[0,k-1]$之间时,b 所需要的空间单元数为 k 个。当然若 a 数组元素最大值和其他元素相差很大,b 数组浪费存储空间就会较多。一般来说,b 数组所需要的空间数 k = a 数组最大值 - a 数组最小值 + 1,这时计数排序问题的空间复杂度为 $O(k)$。另外本算法描述中可知计数排序算法的核心操作语句为最后两个循环语句:一个是统计计数功能,所需时间为 $O(k)$;一个顺序反向写入功能,所需时间为 $O(n)$,因此计数排序问题的时间复杂度为 $O(n+k)$,在一定程度上牺牲部分空间复杂度来获得线性的时间复杂度,时间性能非常优秀。

1.5 关于 NP 问题

计算复杂性理论是较难理解的内容,具有高度的抽象性。NP 问题是指一类在多项式时间内可以验证解的问题。根据计算复杂性理论中的 P 与 NP 问题的定义,可以将问题分为以下三类:

(1)P 问题:能够在多项式时间内求解的问题。也就是说,存在一个多项式时间算法可以在合理时间内给出问题的正确答案。

(2)NP 问题:非确定性多项式时间可解问题。对于一个给定的解,可以在多项式时间内验证它是否满足问题的要求。虽然无法在多项式时间内求解 NP 问题的最优解,但可以在多项式时间内验证一个解是否正确。

(3)NP 完全问题:在 NP 问题中最困难的一类问题。如果一个问题是 NP 完全问题,并且任何一个 NP 完全问题可以在多项式时间内约化到该问题,那么这个问题就被称为 NP 完全问题。简言之,NP 完全问题是 NP 问题中一切困难程度相同的问题。

需要注意的是,虽然无法在多项式时间内求解 NP 完全问题的最优解,但并不代表不能找到有效的近似算法或者使用启发式方法来获得可接受的解决方案,用于在实际中处理 NP 问题。这些算法虽然不能保证找到最优解,但可以在实际应用中得到接近最优的解,从而在实践中具有很高的价值。此外,尽管存在许多 NP 完全问题,仍有一些特殊情况下的子类问题可以在多项式时间内求解,这些问题被归类为 P 问题或者 P 类问题。常见的 NP 完全问题包括旅行商问题(TSP)、背包问题、图着色问题等。这些问题在计算领域中具有重要的研究价值,对于理论研究和实际应用都有一定的意义。

此外,根据计算理论的 P 与 NP 问题的互相关系,如果某个 NP 完全问题可以在多项式时间内被解决,那么所有 NP 问题都可以在多项式时间内被解决。这将会对计算机科学和现代密码学等领域产生深远影响。但至今尚未找到 P = NP 的证明或反证,这仍是算法领域一个重要的研究方向。

小　　结

算法设计是计算机科学的核心,它涉及如何系统地、有效地解决问题或完成任务。一个优秀的算法不仅可以节省计算资源,如内存和时间,还能保证解决方案的准确性和可靠性。对于一个给定的生活中实际问题,算法设计的主要目标是设计出正确的、高效的问题求解算法。算法设计和分析的一般过程可以总结为以下几个步骤:

(1)理解和分析问题:首先要对问题进行深入理解,包括问题的输入、输出要求,以及问题的约束条件等。确保对问题有清晰的认识。

(2)问题抽象和建模:将现实生活中的问题抽象并构建数学模型,就可能发现问题的本质及其能否求解,甚至找到求解该问题的方法和算法。

(3)算法设计与分析:根据对问题的理解,选择设计出解决问题的算法并评估算法的复杂性和资源利用情况。常见的算法复杂性分析包括时间复杂度和空间复杂度:

①时间复杂度是衡量算法执行所需时间的度量。通常用大 O 符号表示,表示算法执行时间的上界。通过时间复杂度分析,可以评估算法在不同规模输入下的执行效率。

②空间复杂度是衡量算法执行所需内存空间的度量。同样用大 O 符号表示,表示算法所需空间的上界。通过空间复杂度分析,可以评估算法在不同规模输入下的内存消耗情况。

通过事前分析,可以预测算法在不同输入规模下的运行时间和空间需求,从而可以更好地优化算法设计,提高算法的性能。

(4)算法实现与验证:将设计好的算法转化为具体的程序代码。通过实验测试验证,以确保程序能够正确地实现所设计的算法逻辑。

(5)算法优化:根据分析结果,对算法进行优化,提高其效率和性能。可以通过改进算法设计、优化数据结构选择、减少不必要的计算等方式来优化算法。

(6)总结和反思:总结算法设计和分析的过程,并撰写软件文档,反思设计中的不足和改进空间,为以后的算法设计提供经验和借鉴。

通过以上步骤,可以有效地进行算法设计和分析,确保解决问题的方法正确、高效,并不断提升算法设计和分析的能力。

习　　题

一、选择题

1. 下列关于算法的描述,正确的是(　　)。

   A. 一个算法只能有一个输入

   B. 算法只能用流程图来表示

   C. 一个算法的执行步骤可以是无限的

   D. 一个完整的算法,不管用什么方法表示,都至少有一个输出结果

2. 下列说法正确的是(　　)。

   A. 算法＋数据结构＝程序　　B. 算法就是程序

   C. 数据结构就是程序　　D. 算法包括数据结构

3. 衡量一个算法优劣的标准是(　　)。

   A. 运行速度快　　B. 占用空间少

   C. 时间复杂度和空间复杂度低　　D. 代码短

4. 算法效率分析中,符号 O 表示(　　)。

   A. 渐进上界　　B. 渐进下界　　C. 紧确界　　D. 时间复杂度

5. 采用顺序查找法从一个长度为 N 的随机分布数组中查找数值为 x 的元素,以下描述正确的是(　　)。

   A. 最好、最差和平均情况下,顺序查找算法的渐进代价相同

   B. 最好情况的渐进代价要好于最差和平均情况的渐进代价

   C. 最好和平均情况的渐进代价要好于最差情况的渐进代价

   D. 最好情况的渐进代价要好于平均情况的渐进代价,平均情况的渐进代价要好于最差情况的渐进代价

二、填空题

1. 算法的性质包括输入、输出、________、________、有限性。

2. 计算机资源最重要的是 CPU 和内存资源,因而算法的复杂性有________和________之分。

3. 算法的复杂度依赖于三方面：________、________和算法本身。

4. 程序是________用程序设计语言的具体实现。

5. 通常考虑三种情况下的时间复杂度，即最好情况、最坏情况和平均情况下的时间复杂度，实践表明，可操作性最好且最具有实际价值的是________情况下的时间复杂度。

三、求渐进表达式

1. $50\log_2 5^n$

2. $n+\log_2 n^2$

3. $n^3/10+n^2/5+3n$

4. $\log_2 n^2$

5. $1/n+100$

6. $3n^2+2^n$

四、证明题

请证明 $n!=O(n^n)$。

五、简答题

1. 什么是算法？算法的特征有哪些？

2. 删除数组重复出现的元素。给出解决问题算法的伪代码描述，并分析其时间复杂度和空间复杂度。

3. 分析下列 C 语言函数 mergeSort()的算法时间复杂度和空间复杂度。

```
void merge(int arr[],int left[],int leftSize,int right[],int rightSize){
    int i=0,j=0,k=0;
    while(i<leftSize && j<rightSize){
        if(left[i]<=right[j]){
            arr[k++]=left[i++];
        }else{
            arr[k++]=right[j++];
        }
    }
    //将剩余的元素放入 arr 中
    while(i<leftSize){arr[k++]=left[i++];  }
    while(j<rightSize){arr[k++]=right[j++];}
}
//递归实现归并排序
void mergeSort(int arr[],int size){
    //数组长度小于2时已有序,不需要排序
    if(size<2){  return;  }
    int mid=size/2;
    int* left=new int[mid];
    int* right=new int[size-mid];
    //拆分原始数组为两个子数组
    for(int i=0;i<mid;i++){left[i]=arr[i];  }
    for(int i=mid;i<size;i++){right[i-mid]=arr[i];}
    //分别对两个子数组进行排序
    mergeSort(left,mid);
    mergeSort(right,size-mid);
    merge(arr,left,mid,right,size-mid);  //合并两个有序子数组
}
```

第2章 蛮力法

学习目标

◇ 了解蛮力法的适用场景。
◇ 掌握蛮力法的设计思想。
◇ 能利用蛮力法解决实际问题。
◇ 理解蛮力法的时间复杂度和空间复杂度分析方法。
◇ 培养面对困难勇于挑战和坚忍不拔的品质。
◇ 增强解决问题的毅力和耐心,提高解决问题的效率。

蛮力法是依靠“愚公移山”的精神来解决问题,只要发扬勤劳勇敢、坚持不懈的精神,再大的困难也能解决。

2.1 蛮力法概述

蛮力法(brute force)又称暴力法、穷举法,它遍历解空间的所有可能解,然后一一验证,直到找到问题的解或所有可能解都验证完毕。该方法是一种简单直接地解决问题的方法,常常直接基于问题的描述和所涉及的概念定义。它完全依靠计算机的算力来直接对问题进行求解。随着计算机硬件技术的不断进步,计算机的算力也在不断提高。蛮力法借助于计算机强大的计算能力就能够解决很大一部分问题。虽然它显得过于愚笨,但往往却能以最简单直接的方式来解决问题,甚至有些问题只能用蛮力法求解。例如,从一堆未排序的记录中找到最大记录。该问题无论你采用什么巧妙的算法,终归需要对每条记录进行遍历比对,否则未遍历到的记录可能就是最大的。

图灵奖获得者、UNIX 的设计者和实现者 Ken Thompson 曾说过——“When in doubt, use brute force”。因此,鉴于其重要性,不能忽视这种方法。一般来说,蛮力法常常是最容易应用的办法。

虽然巧妙和高效的算法很少来自蛮力法,但不应该忽略它作为一种重要的算法设计策略的地位。主要体现在以下几个方面:

(1)蛮力法的使用范围广,几乎没什么限制,可以解决广阔领域的各种问题。实际上,它可能是唯一几乎什么问题都能解决的一般性方法。

(2)对于一些重要的问题(如排序、查找、字符串匹配等)来说,规模不大时,蛮力法可以产生一些合理的算法。

(3)如果要解决的问题规模不大,从某种意义上说蛮力法是最划算的一种算法。比如解决某个规模不大的问题,使用蛮力法其计算速度可以容忍,而设计一个该问题更高效算法所花费的代价很大或条件不允许。

(4)即使计算效率通常较低,但仍可使用蛮力法解决一些小规模的问题实例。

(5)蛮力法可以作为研究或教学目的服务,比如可以以它作为参照标准,来衡量解决相同问题的其他算法是否更为高效,如把蛮力法作为计算最坏时间复杂度。

微视频

蛮力法设计思想

2.2 蛮力法的设计思想

蛮力法本质是先有策略地进行穷举,然后一一验证。简单来说,就是虽然不知道解是什么,但是知道解的范围,那么就在这个范围内列举所有可能的解,然后去验证是否满足问题的所有条件,这是一种逆向求解的方式。因此蛮力法的设计需要从三个方面进行:

(1)问题解的表示形式及范围;

(2)使用何种方法将其穷举,要求不能重复也不能遗漏;

(3)将每个列举的可能解代入具体问题的各个条件进行比对。

这三个方面中最为核心的是第二个,也就是穷举方法,这也是蛮力法叫穷举法的原因。依次处理所有可能解的次序是蛮力法的关键,为了避免陷入重复验证,应保证验证过的可能解不再被验证。对于线性问题来说,处理次序相对简单,而对于非线性问题,就需要用到一些特定的方法,比如树形结构的前序遍历、中序遍历和后序遍历;图结构的宽度优先搜索和深度优先搜索等。

根据蛮力法的这些特点,在设计时一般都是用循环语句和判断语句来实现。使用循环是枚举所有的情况,使用判断是验证当前的状态是否满足问题的所有条件。若满足,则找到问题的一个解,可以结束,如需要求其他解,则继续循环;若不满足,则继续循环验证其他状态。总之,蛮力法需要穷举所有情况,因此规模不能太大,否则无法在规定时间内求出问题的解。

下面列举一个简单例子来说明蛮力法的设计思想。

例2.1 找出2~1 000之间所有的完全数。完全数的定义:该数的各因子(除该数本身以外)之和等于该数本身。如6=1+2+3,28=1+2+4+7+14,所以6,28都是完全数。

分析上述问题,问题解的范围特别小,只有2~1 000,因此适合采用蛮力法。至于穷举方法也特别简单,从小到大依次进行即可。而问题的条件,可以从1到$n/2$依次验证是否为n的约数,如是则累加,最终判断是否和n相等。算法的伪代码为

```
算法:寻找完全数
输入:整数N,表示寻找2~N之间所有的完全数
输出:2~N中所有的完全数
PerfectNum(N)
begin
  for n←2 to N do          //解空间的范围
     sum←1
     for i← 2 to n/2 do
        if i 整除 n then
           sum←sum+i   //若是约数,则累加
        end if
     end for
     if sum=n then            //若约数之和与原数相等,则是完全数
        输出 n
     end if
  end for
end
```

以上算法特别简单，如果想加快速度，在验证约数时，只需要验证到 $\sqrt{n}$ 即可，因为约数是成对出现的，其C语言代码如下所示：

```
#include <stdio.h>
#include <math.h>
void PerfectNum(int N){
    int sum;
    for(int n=2;n<=N;n++){
        sum = 1;
        for(int i=2;i<sqrt(n);i++){
            if(n % i==0){
                sum += i;
                if(n/i! =i)sum+=n/i;
            }
        }
        if(sum==n){
            printf("% d\t",n);
        }
    }
}
int main(){
    PerfectNum(1000);
    return 0;
}
```

从上面的例子可以清楚地看出，整个算法都是以循环加判断语句构成的。

2.3　蛮力法的典型实例

前面提到蛮力法适用于很多场景，具体来说，包括以下几类：

(1)搜索所有的解空间。问题的解存在于规模不大的解空间中。解决这类问题一般是找出某些满足特定条件或要求的解。使用蛮力法就是把所有的解都列举出来，从中选出符合要求的解。

(2)搜索所有的路径。这类问题中不同的路径对应不同的解，需要找出特定解。使用蛮力法搜索所有可能的路径并计算路径对应的解，找出特定解。

(3)直接计算。基于问题的描述直接进行计算。

(4)模拟和仿真。根据问题要求直接模拟或仿真。

下面通过一些典型实例来分析蛮力法的应用。

2.3.1　0-1背包问题

1. 问题描述

给定 n 种物品和一个背包。物品 i 的重量是 W_i，其价值为 V_i，背包的承重量为 C。应如何选择装入背包的物品，使得装入背包中的物品重量在不超过 C 的前提下，总价值最大？附加条件：在选择装入背包的物品时，对每种物品 i 只有两种选择，即装入背包或不装入背包(1或0)。每种物品只有一份，不能将物品 i 装入背包多次，也不能将物品 i 分割只装入其的一部分。

微视频

蛮力法求解0-1背包问题

2. 问题分析

0-1 背包问题是一类经典问题，其解法有很多种，这里使用蛮力法来求解。首先，确定解的表示形式，根据附加条件，每种物品要么装入背包，要么不装入背包，分别用 1 和 0 表示，总共有 n 种物品，因此解的表示形式为 n 维的 0 - 1 向量，解的范围有2^n种组合。其次，这里穷举其实是一种组合方法，当 n 比较小时，规模不大，使用蛮力法是可行的，一种做法就是用 n 重 for 循环来实现，比如 $n=10$ 时，写 10 重 for 循环，这看起来是一个很"笨"的写法。这里变换一种实现方法，用一个 $0\sim2^n-1$ 中的整数的二进制形式来代表某种组合，二进制对应位数为 1 的表示装入对应的第 i 个物品。比如，假设 $n=5$，用 $6=(00110)_2$，它的第 2、3 位为 1，则代表装入第 2、3 种物品。最后，问题的约束条件就是装入的物品重量和要小于等于背包的承重量 C。目标是在满足条件情况下总价值最大。对于每种符合条件的物品组合其总价值可以很方便地计算出来，然后判断是否大于前面验证过的组合物品总价值，若是，则将最大值更新，否则，最大值不变。

3. 算法描述

下面写出算法的伪代码。

```
算法:0-1 背包问题
输入:n 个物品的重量数组 W[],价值数组 V[],背包的承重量 C
输出:背包能容下的价值最大的物品组合及总价值
KnapSack_BruteForce(W,V,n,C)
begin
   w← 0,v← 0                    //包中初始没放入任何物品,重量为 0,价值为 0
   for i← 1 to 2ⁿ -1 do          //穷举所有组合
       j← 1
       temp   0
       while i 的第 j 位是 1 do     //i 的第 j 位为 1,表示第 i 种组合将第 j 个物品装入背包中
           w← w+W[j]
           temp:=temp+V[j]
       end while
       if w <= C 且 temp > v then //如果满足条件,且背包中价值更大,则更新最大价值
           v← temp
           k← i
       end if
   end for
end
```

4. 算法实现

下面给出上面算法的 C 语言代码。

```
#include <stdio.h>
int max_w = 0,max_v = 0,ans = -1;
void KnapSack_BruteForce(int W[],int V[],int n,int C){
     int w, v;
     int N = 1 <<n;
     for(int i = 1; i < N; i ++){
          int k = i;
          int j = n-1;
          w = 0;
          v = 0;
          while(k ! = 0){
               int f = k & 1;
```

```
                w += f * W[j];
                v += f * V[j];
                j--;
                k >>= 1;
            }
            if(w <= C && v > max_v){
                max_w = w;
                max_v = v;
                ans = i;
            }
        }
}
int main(){
    int W[] = {2,3,4,7};
    int V[] = {1,3,5,9};
    int C = 10;
    KnapSack_BruteForce(W,V,4,C);
    printf("max_w=%d,max_v=%d,ans=%d\n",max_w,max_v,ans);
    return 0;
}
```

另外求集合的幂集也是类似的方法,归根到底就都是组合问题,请读者自行实现。

5. 算法分析

该算法时间复杂度为 $T(n)=O(n2^n)$,当 n 的规模较小时,该算法有效。当 n 较大时,蛮力法比较难以在规定时间内得出结果。当然上述的算法还可以优化,比如当某个物品组合超过承重量 C 时,那么包含以上组合的肯定都超过 C,因此这样的组合就不必验证,直接跳过,这样可以减少一些验证,提高效率。但无论如何,蛮力法求解 0-1 背包问题总有局限性,其实求解该问题还有更好的方法,比如动态规划法,这个在后续的章节里介绍。

2.3.2　全排列问题

微视频

全排列问题

除了组合问题以外,在实际应用中,全排列问题也经常碰到。它是一种基础算法,可以与很多具体问题相结合。在蛮力法中,需要穷举所有情况,因此全排列非常重要。下面来探讨全排列的算法。

定义 2.1　从 n 个不同元素中任取 $m(m\leqslant n)$ 个元素,按照一定的顺序排列起来,叫作从 n 个不同元素中取出 m 个元素的一个**排列**。当 $m=n$ 时所有的排列情况叫**全排列**。

简单来说,全排列就是一个序列所有可能的排序。例如,有 1、2、3 三个元素,其全排列的结果就是[1,2,3],[1,3,2],[2,1,3],[2,3,1],[3,1,2],[3,2,1]。根据数学公式,我们知道含有 n 个元素的全排列的个数为 $n!$。所以生成全排列算法的时间复杂度不会低于 $O(n!)$。

1. 问题描述

给定正整数 n,求 $1\sim n$ 的全排列。

2. 问题分析

生成全排列的方法有很多,这里重点介绍两个。

3. 算法设计

算法一　增量法。假设 $n=3$,增量法产生 $1\sim3$ 的全排列过程如下:首先初始化数列为[1],然后将 2 插入到 1 的前后两个位置得数列[1,2]和[2,1],继续将 3 插入以上两个数列的 3 个位置得到

6个数列[1,2,3],[1,3,2],[3,1,2],[2,1,3],[2,3,1],[3,2,1]。将这个过程用图2.1展示出来。

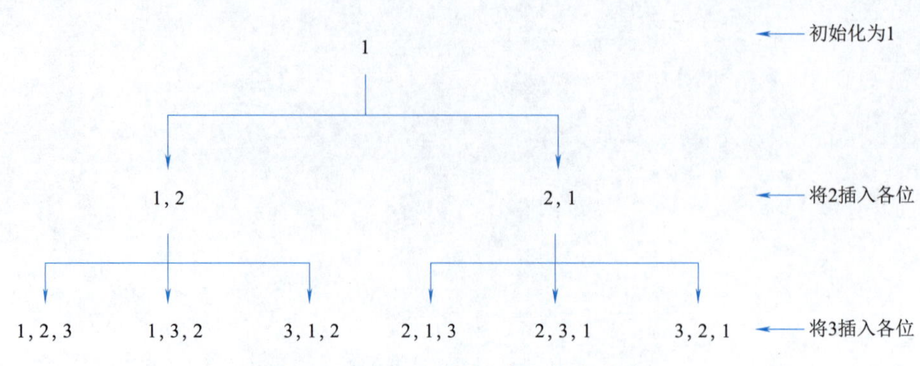

图2.1　$n=3$ 时增量法产生全排列过程

按照上述思路实现的C语言代码如下：

```
vector<vector<int> > ps;
void Insert(vector<int> s, int i, vector<vector<int> > &ps1)
{
    vector<int> s1;
    vector<int>::iterator it;
    for (int j = 0; j < i; j++)
    {
        s1 = s;
        it = s1.begin() + j;
        s1.insert(it, i);
        ps1.push_back(s1);
    }
}
void Perm(int n)
{
    vector<vector<int> > ps,ps1;//临时存放子排列
    vector<vector<int> >::iterator it;
    vector<int> s, s1;
    s.push_back(1);
    ps.push_back(s);
    for (int i = 2; i <= n; i++)
    {
        ps1.clear();
        for (it = ps.begin(); it != ps.end(); it++)
            Insert(*it, i, ps1);
        ps = ps1;
    }
}
```

这种方法思路简单,但需要存储大量的中间结果,空间复杂度比较高。

算法二　递归法。其思路是:对于给定的数组,先确定序列的第一个元素,剩余的序列又可以看成是一个不包含第一个元素的全排列。对剩余的序列重复这样的操作,直到剩余序列中只一个元素为止。这样就获得了所有的可能序列。因此不难看出这是一个递归的过程。下面用图2.2来描述整个过程。

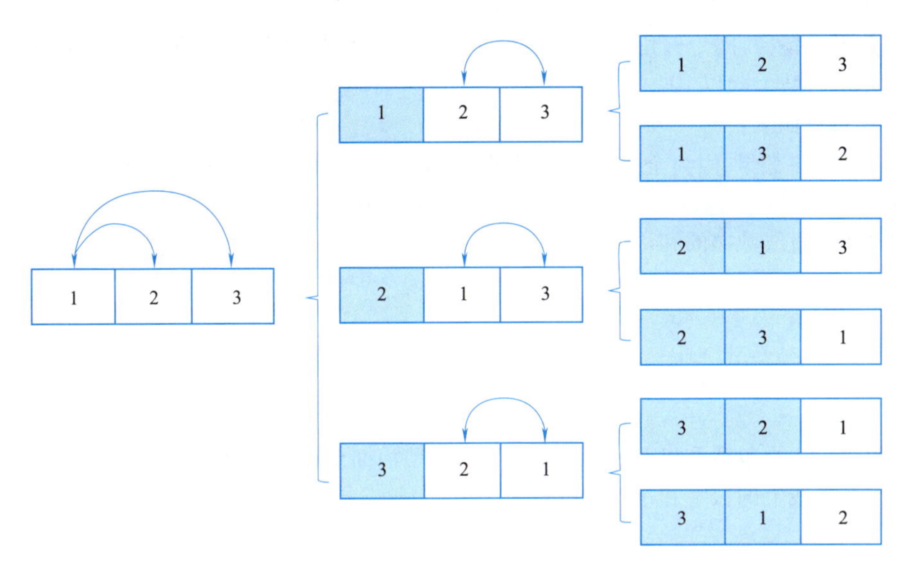

图 2.2　$n=3$ 时递归法产生全排列过程

按照上述思路实现的C语言代码如下：

```
void Perm(int arr[], int begin, int end)
{
//如果遍历到 begin == end ,说明全排列已经做完了只需输出即可
    if (begin == end)
        Print(arr);//输出整个排列,需实现
    else {// 递归,生成剩余元素的排列
    for (int i = begin; i <= end; i++)  {
        Swap(arr[begin], arr[i]);   // 将当前元素与第一个元素交换,需实现
        //递归调用,保持第一个元素固定并生成其余元素的排列
        Perm(arr, begin+1, end);
        Swap(arr[begin], arr[i]);   // 进行回溯
    }
  }
}
```

下面运用上述实现的全排列的递归算法来解决下面的五星填数问题。

例2.2　五星填数。在五星图案结点填上数字1～12,不包括7和11。要求每条直线上数字和相等。图2.3就是一个恰当的填法。请搜索所有可能的填法有多少种。注意:旋转或镜像后相同的算同一种填法。

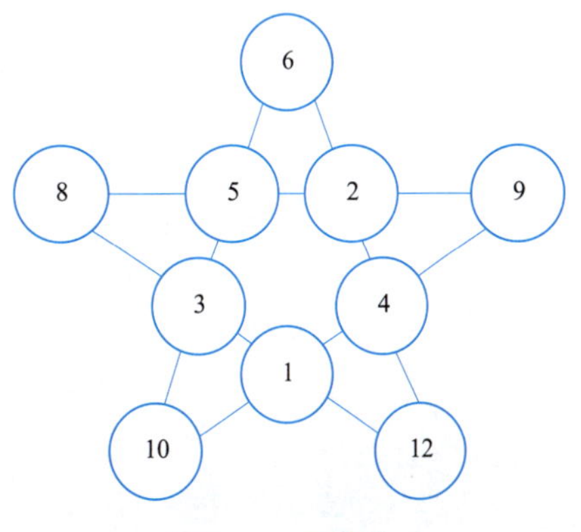

图 2.3　五星填数

上述问题将1～12,不包括7和11,按不同顺序填入圆圈中,其实是一个以上10个数的一种排列,如果验证5条线的数字和相等就是一种正确的填法。把所有的排列一一验证,这样就可以统计出全部正确的填法。所以该问题的核心就是一个全排列问题。

解　经过上述分析,整个求解过程分为3步:

①写出1～12不包括7和11的全排列;

②判断每条线上的4个数字和是否相等,若都相等则是正确的填法,其填法的计数加1;

③剔除旋转和镜像，因为五角星旋转 360°/5 = 72°和镜像都属于同一种填法，因此，最终应该在全部正确的填法种数上除以 10。

具体实现过程如下：

(1)先定义五星数组，因为全排列中没用到数字 0，所以定义数组时下标为 0 的不用。

```
int star[] = {0,1,2,3,4,5,6,8,9,10,12};//0 不用
```

(2)定义 5 条直线数字的和。

```
#define A (star[1] + star[3] + star[6] + star[9])
#define B (star[1] + star[4] + star[7] + star[10])
#define C (star[2] + star[3] + star[4] + star[5])
#define D (star[2] + star[6] + star[8] + star[10])
#define E (star[5] + star[7] + star[8] + star[9])
```

(3)写出 1～12 不包括 7 和 11 的全排列，这步借鉴前面全排列的算法。

(4)验证 5 条线上的数字和是否相等。

```
if((A = = B) && (A = = C) && (A = = D) && (A = = E)) count ++;
```

(5)剔除旋转和镜像。

```
count/ =10;
```

完整 C 语言代码如下：

```
#include <stdio.h>
#define A (star[1] + star[3] + star[6] + star[9])
#define B (star[1] + star[4] + star[7] + star[10])
#define C (star[2] + star[3] + star[4] + star[5])
#define D (star[2] + star[6] + star[8] + star[10])
#define E (star[5] + star[7] + star[8] + star[9])
void Swap(int * a,int * b) {int temp = * a; * a = * b; * b = temp;}  //交换函数
int star[] = {0,1,2,3,4,5,6,8,9,10,12};   //0 不用
int count = 0;    //统计满足题目要求的解的个数
void Perm(int begin,int end){
     if(begin == end){//结束,得到一个排列,需要验证是否满足要求
          if((A == B) && (A == C) && (A == D) && (A == E)){
               count + +;
          }
     }
     else {
        for(int i = begin;i < = end;i ++)  {
              Swap(&star[begin],&star[i]);//将当前元素与第一个元素交换
              // 递归调用,保持第一个元素固定并生成其余元素的排列
              Perm(begin +1,end);
              Swap(&star[begin],&star[i]);// 进行回溯
              }
     }
}
int main(){
     Perm(1,10);
     printf("五星填数所有可能的填法有% d 种。\n",count/10);
     return 0;
}
```

2.3.3　串匹配问题

1. 问题描述

在进行文本编辑处理时，经常会对文本内容进行查找工作，如 Word 中文本编辑的查找操作，在查找对话框中输入需要查找的文本字符，可以精准找到被查字符内容在文本中的位置。这个问题称为字符串匹配问题，即给定两个串 S = "$s_1s_2\cdots s_n$" 和 T = "$t_1t_2\cdots t_m$"，在主串 S 中查找子串 T 的过程，也称为模式匹配问题，子串 T 又称为模式串。

2. 问题分析

串匹配的两个特征：一是问题的输入规模很大（n 很大），需要在很长的主串 S 中去匹配模式；二是串匹配被频繁调用，因此算法改进取得的效益因累积往往比表面看上去大很多。

3. 算法设计

（1）BF 算法。

BF（brute-force）串匹配算法是一种简单直观的字符串匹配蛮力求解算法。它的基本思想是，第一次匹配过程，主串 S 的第一字符与模式串 T 的第一个字符对齐进行比较。若相等，则比较主串 S 和模式串 T 的后续字符。若不等，则进行下一次匹配过程，主串 S 本次比较起始字符的下一个字符与模式串 T 的第一个字符对齐进行比较。重复上述过程，直到进行第 k 次匹配过程，主串 S 的第 k 个字符开始的 m 个字符与模式串 T 的 m 个字符全部相等，匹配查找成功。若主串 S 中字符全部比较完毕也没有匹配成功，则匹配失败。BF 算法思想如图 2.4 所示。

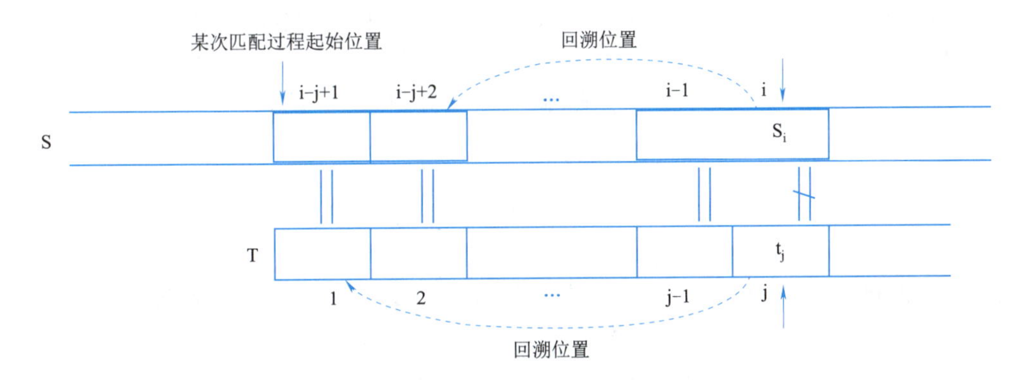

图 2.4　BF 算法基本思想

如主串 S = "abcababcabc"，模式串 T = "abcabc"，BF 算法的匹配过程下所示。

第一次匹配过程。主串和模式串第一个不等字符：$s_6 \neq t_6$，则 i 回到本次比较起始字符下一个位置 2，j 回到 1 位置。

```
     1  2  3  4  5  6  7  8  9  10  11
S =  a  b  c  a  b  a  b  c  a  b   c
     ‖  ‖  ‖  ‖  ‖  ≠
T =  a  b  c  a  b  c
     1  2  3  4  5  6
```

第二次匹配过程。主串和模式串第一个不等字符：$s_2 \neq t_1$，则 i 回到本次比较起始字符下一个位置 3，j 回到 1 位置。

```
      1  2  3  4  5  6  7  8  9  10  11
   S = a  b  c  a  b  a  b  c  a  b   c
          ∦
       T = a  b  c  a  b  c
           1  2  3  4  5  6
```

第三次匹配过程。主串和模式串第一个不等字符：$s_3 \neq t_1$，则 i 回到本次比较起始字符下一个位置 4，j 回到 1 位置。

```
      1  2  3  4  5  6  7  8  9  10  11
   S = a  b  c  a  b  a  b  c  a  b   c
             ∦
          T = a  b  c  a  b  c
              1  2  3  4  5  6
```

第四次匹配过程。主串和模式串第一个不等字符：$s_6 \neq t_3$，则 i 回到本次比较起始字符下一个位置 5，j 回到 1 位置。

```
      1  2  3  4  5  6  7  8  9  10  11
   S = a  b  c  a  b  a  b  c  a  b   c
                ||  || ∦
             T = a  b  c  a  b  c
                 1  2  3  4  5  6
```

第五次匹配过程。主串和模式串第一个不等字符：$s_5 \neq t_1$，则 i 回到本次比较起始字符下一个位置 6，j 回到 1 位置。

```
      1  2  3  4  5  6  7  8  9  10  11
   S = a  b  c  a  b  a  b  c  a  b   c
                   ∦
                T = a  b  c  a  b  c
                    1  2  3  4  5  6
```

第六次匹配过程。主串和模式串完全匹配，则模式串在主串的 6 位置匹配成功。

```
      1  2  3  4  5  6  7  8  9  10  11
   S = a  b  c  a  b  a  b  c  a  b   c
                      || || || || || ||
                   T = a  b  c  a  b  c
                       1  2  3  4  5  6
```

BF 算法伪代码描述：

```
算法:BF 算法
输入:主串文本 S,模式串 T
输出:模式串在主串中匹配成功的位置,若不成功为 -1
BFSearch(S, T)
begin
    i←1
    j←1
    while  i < S.length  and  j < T.length  do
        if S[i] = T[j] then
            i←i +1
```

```
                j←j +1
            else
                i←i -j +2
                j←1
            end if
        end while
        if  j =T.length then
            v←i -T.length +1
        else
            v← -1
        end if
        return v
    end
```

BF 算法效率分析:设主串长度为 n,模式串长度为 m,最坏情况下为前 $n-m$ 次匹配过程都是主串与模式串匹配到模式串的最后一个位置出现不等,即每次匹配过程都比较了 m 次发现不等回溯的,主串与模式串最后的 m 位也各比较了 1 次。总比较次数为:$(n-m+1)\times m$,若 m 远小于 n,则 BF 算法时间复杂度为 $O(nm)$。

BF 算法实现:下面是使用 C 语言实现的 BF 串匹配算法的示例代码。

```
#include <stdio.h>
#include <string.h>
int  BFStringMatch (char * S,char* T){
    int i =0,j =0;//字符串下标从 0 开始
    while(S[i]! ='\0'&& T[j]! ='\0' )
            if (S[i] == T[j]){
                i ++;
                j ++;
            }else {
                i =i -j +1;//主串回溯的位置
                j =0;//模式串回溯位置总是从第一个字符开始
            }
    if ( j ==strlen(T))
        return i -strlen(T);
    else
        return -1;
}
int main() {
    char S[] ="abcababcabc";
    char T[] ="abcabc";
    printf("模式串 T 在主串 S 中的位置:% d\n",BFStringMatch (S,T));
    return 0;
}
```

在上述代码中,BFStringMatch()函数用于实现 BF 串匹配算法。它使用两个指针分别指向主串和模式串的当前字符,通过逐个比较字符来判断是否匹配。如果匹配成功,则返回模式串在主串中的起始位置;如果匹配失败,则将主串的指针向后移动一位,再次进行比较。如果遍历完主串仍未找到匹配,返回 -1 表示匹配失败。

(2)KMP 算法。

分析 BF 算法的执行过程中,发现当主串与模式串匹配时,回溯主串到本次匹配起始位置的下

一字符位置，而模式串则总是回溯到第一个字符位置，但这些回溯有些是不必要的。如上述例子中主串 S = "abcababcabc"，模式串 T = "abcabc"，在第一次匹配不成功时，$s_6 \neq t_6$，$s_1 \sim s_5$ 与 $t_1 \sim t_5$ 是相等，则有 $s_2 = t_2$，但 $t_1 \neq t_2$，故 $s_2 \neq t_1$，所以第二次匹配时再进行 s_2 与 t_1 的比较是不必要的。同理因 $t_1 \neq t_3 = s_3$，第三次匹配也是不必要的。第四次匹配过程中因 $t_1 = t_4$，$t_2 = t_5$，有 $t_1 = s_4$，$t_2 = s_5$，这两步的比较也没有必要，因此第四次比较可以从 t_3 和 s_6 开始，即第一次匹配失败后，主串下标 i 不进行回溯，而模式串下标 j 回溯到 3 开始进行比较。

KMP 算法是由 Knuth、Morris 和 Pratt 三位学者在 BF 算法基础上同时提出的模式匹配改进算法。当主串与模式串匹配过程中出现不等字符时，主串 i 的位置不回溯，并且模式串 j 也不是直接退回到 1 位置，而是根据模式串自身的特点退回到一个特定位置 k，接下来从主串字符 s_i 和模式串字符 t_k 开始继续匹配处理。那么模式串退回的这个特定位置 k 到底是哪个位置呢？

通过引入 next 数组来记录模式串退回的特定位置 k。主串与模式串匹配到 $s_i \neq t_j$ 时，根据 KMP 算法，下一次匹配过程从比较 s_i 和 t_k 开始，如图 2.5 所示。此时有 $t_1 \sim t_{k-1}$ 与 $s_{i-k+1} \sim s_{i-1}$ 是部分匹配成功的，且因为上一次匹配过程中有 $s_{i-k+1} \sim s_{i-1}$ 和 $t_{j-k+1} \sim t_{j-1}$ 是匹配成功的，所以在模式串中有 $t_1 \sim t_{k-1}$ 与 $t_{j-k+1} \sim t_{j-1}$ 是匹配成功的。由上述分析可知，模式串中的每一个字符 t_j 都对应着一个 k 值，这个 k 值仅与模式串本身有关系，与主串无关。在模式串中 $t_1 \sim t_{k-1}$ 是 $t_1 \sim t_{j-1}$ 的前缀真子串（$k < j$），$t_{j-k+1} \sim t_{j-1}$ 是 $t_1 \sim t_{j-1}$ 的后缀真子串，k 是 $t_1 \sim t_{j-1}$ 的前缀真子串和后缀真子串相等时的最大真子串长度。用 next[j] 记录模式串 T 中字符 t_j 的 k 值，有如下定义。

$$\text{next}[j] = \begin{cases} 0, & j = 1 \\ 1, & \text{其他} \\ \max\{k \mid 1 < k < j \text{ 且 } t_1 \sim t_{k-1} \text{ 与 } t_{j-k+1} \sim t_{j-1} \text{ 为相等子串}\}, & \text{集合非空} \end{cases} \tag{2-1}$$

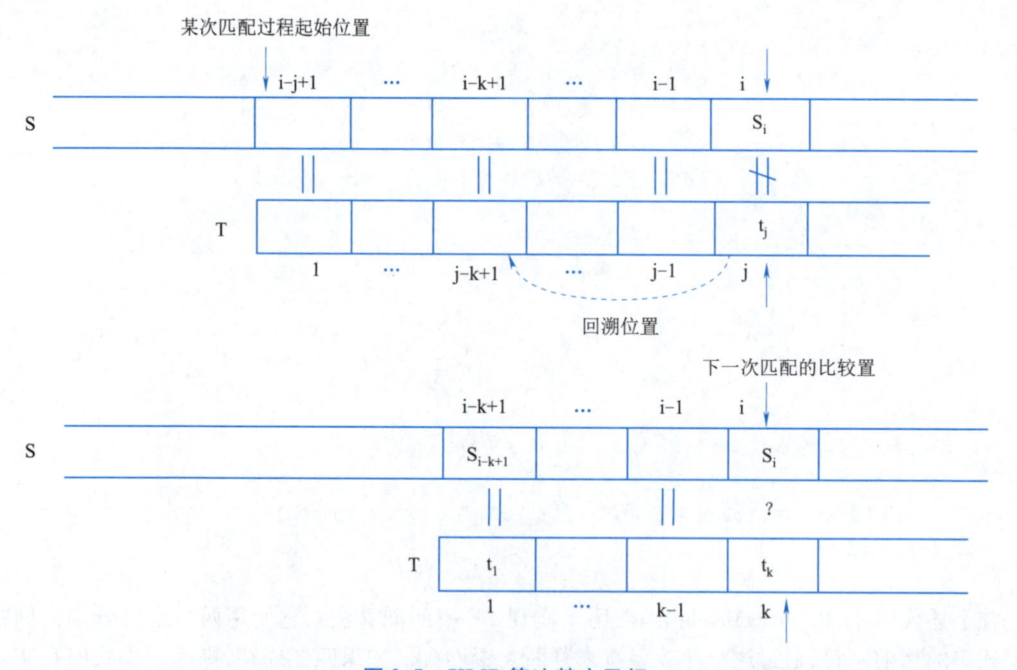

图 2.5　KMP 算法基本思想

设模式串 $T = t_1t_2t_3t_4t_5t_6$ = "abcabc"，根据 next 数组定义式(2-1)，next[j] 的计算过程如下：

j = 1 时，next[1] = 0。

j = 2 时，next[2] = 1。

$j=3$ 时，$next[3]=1$，因为 $t_1 \neq t_2$，找不到相等的前缀真子串和后缀真子串，$k=1$。

$j=4$ 时，$next[4]=1$，因为 $t_1t_2 \neq t_2t_3$，$t_1 \neq t_2$，找不到相等的前缀真子串和后缀真子串，$k=1$。

$j=5$ 时，$next[5]=2$，因为 $t_1t_2t_3 \neq t_2t_3t_4$，$t_1t_2 \neq t_3t_4$，但 $t_1=t_4$，$k=2$。

$j=6$ 时，$next[6]=3$，因为 $t_1t_2t_3t_4 \neq t_2t_3t_4t_5$，$t_1t_2t_3 \neq t_3t_4t_5$，但 $t_1t_2=t_3t_4$，$k=3$。

主串 S = "abcababcabc"，模式串 T = "abcabc"，模式串 T 的 next 值为{0,1,1,1,2,3}，KMP 算法的匹配过程下所示。

第一次匹配过程：从主串和模式串第一个字符开始比较，直到遇 $s_6 \neq t_6$，因 $next[6]=3$，则 j 回溯到 3，而 i 不变。

```
     1  2  3  4  5  6  7  8  9  10  11
S =  a  b  c  a  b  a  b  c  a  b   c
     || || || || || ≠
T =  a  b  c  a  b  c
     1  2  3  4  5  6
```

第二次匹配过程：从主串 s_6 与模式串 t_3 开始比较，直到遇 $s_6 \neq t_3$，则 $next[3]=1$，则 j 回溯到 1，而 i 不变。

```
     1  2  3  4  5  6  7  8  9  10  11
S =  a  b  c  a  b  a  b  c  a  b   c
              || || ≠
         T =  a  b  c  a  b  c
              1  2  3  4  5  6
```

第三次匹配过程：从主串 s_6 与模式串 t_1 开始比较，直到模式串字符比较到尾部，匹配成功，返回主串 S 的本次匹配起始位置 6。

```
     1  2  3  4  5  6  7  8  9  10  11
S =  a  b  c  a  b  a  b  c  a  b   c
                    || || || || ||  ||
               T =  a  b  c  a  b   c
                    1  2  3  4  5   6
```

求解 next 数组值的 C 语言程序如下：

```
void getNext(int * next,char * T){//
    int i,j,k;
    next[0] = -1;
    next[1] =0;
    j =2;
    while(T[j]! ='\0'){ //针对"t0...tj"求 next[j]的值
        for(k=j-1;k>=1;k--){//前缀或后缀的最大真子串长度为 j-1
            for(i=0;i<k;i++)//比较前缀真子串"t0…tk-1"与后缀真子串"tj-k...tj-1"
                if(T[i]! =T[j-k+i])break;
            if(i==k){
                next[j]=k;break;
            }
        }
        if(k<1) next[j]=0;//没有相等的前缀和后缀真子串,属于其他情况
        j++;
    }
}
```

getNext()函数通过求解模式串前缀真子串和后缀真子串方法计算 next 元素值，因为 C 语言字符串下标从 0 开始，每个 next 数组元素的值与式(2-1)定义的计算结果相差 1。getNext()函数使用了三重循环逐步完成每个子串"$t_0 \cdots t_j$"中的最大相等前缀后缀真子串判断，时间复杂度为 $O(m^3)$，m 为模式串长度。下面提供一个时间复杂度为 $O(m)$ 的构建 next 数组方法，只需要遍历一次模式串即可完成，主要步骤如下：

(1)初始化 next 数组，数组长度为模式串的长度，next[0] = -1，next[1] =0。

(2)定义两个指针 j 和 i，分别指向模式串的第一个字符和第三个字符(字符串只有两个字符以上才存在前缀真子串和后缀真子串)。

(3)当 i 小于模式串的长度时，重复执行以下步骤：

①如果 j 等于 -1 或者模式串的第 i -1 个字符等于模式串的第 j 个字符，则将 next[i]置为 j +1，然后 i 和 j 分别加 1。

②否则，将 j 置为 next[j]的值(即回退到前一个匹配位置)，继续比较模式串的第 i -1 个字符和模式串的第 j 个字符。

上述方法求解 next 值的 C 语言代码如下：

```
void getNext(int * next,char * T){
    int len=strlen(T);
    next[0]=-1;
    if(len==1)return;
    next[1]=0;
    int i=2;//i 表示当前模式串下标,找 t[0] ~t[i-1]的最大相等的前缀真子串和后缀真子串
    int j=0;//k 从 0 开始
    while(i<len){
        if(j==-1 || T[i-1]==T[j]){
            next[i]=j+1;
            j++;
            i++;
        }else    j=next[j];
    }
}
```

KMP 算法主要步骤如下：

(1)定义两个指针 i 和 j，分别指向文本串的第一个字符和模式串的第一个字符。

(2)当 i 小于文本串的长度时，执行以下步骤：

①如果 j 等于模式串的长度，表示匹配成功，返回匹配位置 i - j。

②如果 i 等于 0 或者文本串的第 i 个字符等于模式串的第 j 个字符，则 i 和 j 分别加 1。

③否则，将 j 置为 next[j]的值(即回退到前一个匹配位置)，继续比较文本串的第 i 个字符和模式串的第 j 个字符。

(3)如果 i 等于文本串的长度，表示匹配失败，返回 -1。

KMP 算法效率分析：在预处理阶段构建 next 数组，时间复杂度为 $O(m)$，其中 m 为模式串的长度；在匹配阶段的时间复杂度为 $O(n)$，其中 n 为文本串的长度。因此，KMP 算法的时间复杂度为 $O(n+m)$。相较于暴力匹配 BF 算法的 $O(nm)$，KMP 算法在大部分情况下具有更高的效率。特别是在文本串较长、模式串较短的情况下，KMP 算法的效率优势更为明显。

KMP 算法的 C 语言代码如下：

```
#include <stdio.h>
#include <string.h>
```

```
int  KMPStringMatch(char * S, char * T,int * next){
        int n =strlen(S);
        int m = strlen(T);
        int i = 0;
        int j = 0;
        while( i < n && j < m){
              if (j == -1 || S[i] ==T[j]){
                    i += 1;
                    j += 1;
              }else
                    j = next[j];
        }
        if (j == m)
              return i-j;
        return -1;
}
int main() {
     char S[20]="abcababcabc";
     char T[10]="abcabc";
     int next[6];
     getNext(next,T);
     printf("模式串 T 在主串 S 中的位置:% d\n",KMPStringMatch (S,T,next));
     for(int i=0;i<6;i++)
           printf("next[% d]=% d\n",i,next[i]);
     return 0;
}
```

程序运行结果如下：

```
模式串 T 在主串 S 中的位置:5
next[0] = -1
next[1]=0
next[2]=0
next[3]=0
next[4]=1
next[5]=2
```

2.3.4 图搜索问题

对于非线性解空间，要想穷举所有情况，就必须用到特定的搜索顺序。在解决实际问题中，最常见的有两种搜索顺序，本节简单介绍宽度优先搜索和深度优先搜索基本原理，详细过程在本书后续的回溯法与分支限界法章节描述。

1. 宽度优先搜索

宽度优先搜索(breadth first search,BFS)简称宽搜，又称广度优先搜索或广搜。它从初始结点开始，应用产生式规则和控制策略生成第一层结点，同时检查目标结点是否在这些生成的结点中。若没有，再用产生式规则将所有第一层结点逐一拓展，得到第二层结点，并逐一检查第二层结点是否包含目标结点。若没有，再用产生式规则拓展第二层结点。如此依次拓展，检查下去，直至发现目标结点为止。如果拓展完所有结点，都没有发现目标结点，则问题无解。BFS 属于盲目搜索，最坏情况下算法时间复杂度为 $O(n!)$。下面结合一个例子来说明。

如图 2.6 所示,一个长方形的房间里铺着方砖,每块砖是“#”或黑点“·”。一个人站在黑砖上,可以按上、下、左、右方向移动到相邻的砖。要求他只能在“·”黑点砖上移动,而不能在“#”的砖上移动,起点是@。问题:遍历所有能走的黑点砖。

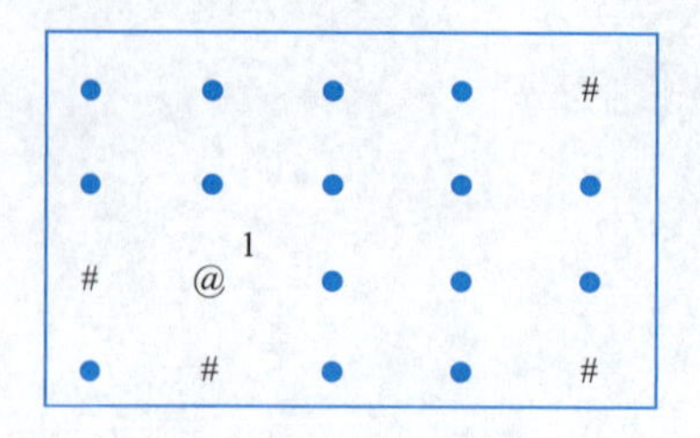

图 2.6 遍历黑点砖

分析:可以用宽度搜索来解决这个问题。如图 2.7 所示,先从@点标记为 1 号砖块出发,可以向上和右移动到 2、3 号砖块。接着从 2 号砖块向左、上和右移动到 4、5、6 号砖块上。继续从 3 号砖块向右和下移动到 7、8 号砖块。依此过程可以移动到图中能到的所有砖块。

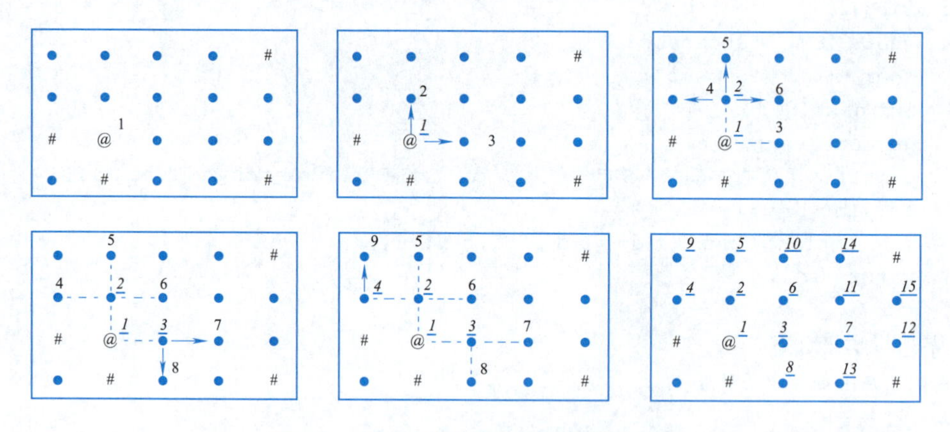

图 2.7 遍历黑点砖的宽度优先搜索过程

以上过程可以看成 1 扩散到 2、3;2 扩散到 4、5、6;3 扩散到 7、8;4 扩散到 9;5 扩散到 10;6 扩散到 11;7 扩散到 12;8 扩散到 13;9 不能扩散;10 扩散到 14;11 扩散到 15,结束。从这一过程中,可以得出先到的结点先扩散,正好符合先进先出的原则,也就是用队列来实现。下面列出前三步的过程。第一步,1 入队列,当前队列是{1};第二步,1 出队,1 的邻居 2、3 入队,当前队列{2, 3};第三步,2 出队,2 的邻居 4、5、6 入队,当前队列{ 3, 4, 5, 6},以此类推直到队列为空,算法终止。总结下来,BFS 算法一般用队列这种数据结构来实现,其步骤为

(1)把起始结点 S 放到 queue(队列)中;

(2)如果 queue 为空,则失败退出,否则继续;

(3)在 queue 中取最前面的结点 node 移到 CLOSED 表中(出队);

(4)扩展 node 结点,若没有后继(即叶结点),则转向(2)循环;

(5)把 node 的所有后继结点放在 queue 表的末端,各后继结点指针指向 node 结点(入队);

(6)若后继结点中某一个是目标结点,则找到一个解,成功退出。否则转向(2)继续循环。

宽度优先搜索的优点:

① 对于解决最短或最少问题特别有效,而且寻找深度小;

② 每个结点只访问一遍,结点总是以最短路径被访问,所以第二次路径确定不会比第一次短。

宽度优先搜索的缺点：

一般需要存储产生的所有结点，内存耗费量大（需要开大量的数组单元来存储状态），因此程序设计中，必须考虑溢出和节省内存空间的问题。

2. 深度优先搜索

深度优先搜索（depth first search，DFS），简称深搜，是一种用于遍历或搜索树或图的算法。沿着树的深度遍历树的结点，尽可能深地搜索树的分支。当结点 V 的所在边都已被探寻过或者在搜寻时结点不满足条件，搜索将回溯到发现结点 V 的那条边的起始结点。整个进程反复进行直到所有结点都被访问为止。DFS 也属于盲目搜索，最坏的情况下算法时间复杂度为 $O(n!)$。同样以图 2.6 为例，深度搜索过程如下，如图 2.8 所示。

（1）在初始位置，令 num = 1，标记这个位置已经走过；

（2）左、上、右、下 4 个方向，按顺时针顺序选一个方向走一步；

（3）在新的位置，num + +，标记这个位置已经走过；

（4）继续前进，如果无路可走，回退到上一步，换个方向再走；

（5）继续以上过程，直到结束。

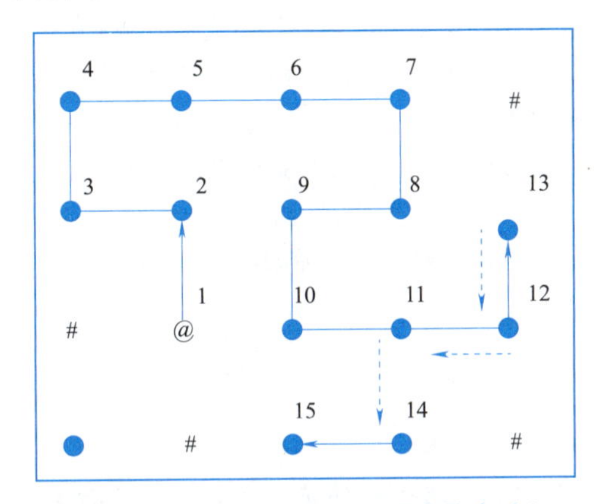

图 2.8　遍历黑点砖的深度优先搜索过程

按上述过程搜索路线如下：从 1 到 13，能一直走下去，在 13 这个位置，不能继续往前走，按顺序退到 12、11；在 11 这个位置，又能走到 14、15，到达 15 后，发现不能再走下去，那么再按 14→11→10→9→8→7→6→5→4→3→2→1 顺序倒退，发现全部都没有新路；最后退回到起点，结束。

深度优先搜索，后访问的结点，其邻接结点（即下一层更深的结点）先被访问，这就是后进先出的思想，可以借助“栈”来实现。而递归本身就是使用“栈”实现的，因此使用递归的方法更方便。

深度优先搜索的优点：

①能找出所有解决方案；

②优先搜索一棵子树，然后是另一棵，所以和广搜对比，有着内存需要相对较少的优点。

深度优先搜索的缺点：

①要多次遍历，搜索所有可能路径，标识做了之后还要取消；

②在深度很大的情况下效率不高；

③从输出结果可看出，深度优先搜索找到的第一个解并不一定是最优解。

3. 广度优先搜索和深度优先搜索区别

广度优先搜索与深度优先搜索的控制结构和产生系统很相似，唯一的区别在于对扩展结点选取上。这两种算法每次都扩展一个结点的所有子结点。而不同的是，深度优先搜索下一次扩展的是本次扩展出来的子结点中的一个，而广度优先搜索扩展的则是本次扩展的结点的兄弟结点。在具体实现上为了提高效率,各自采用了不同的数据结构,广度优先搜索使用的是队列的数据结构,而深度优先搜索使用的是栈的数据结构。

广度优先搜索是一个分层的搜索过程,没有回退过程,是非递归的。只是每次都尽可能地扩展当前结点的邻居结点,之后再向其子结点进行扩展。

深度优先搜索是一个递归过程,有回退过程。尽可能"深"地搜索图。在深度优先搜索中,对于最新发现的顶点,如果它还有以此为起点而未探测到的边,就沿此边继续搜索下去。当结点 V 的所有边都已被探寻过,搜索将回溯到发现结点 V 有那条边的始结点,则选择其中一个作为源结点并重复以上过程,整个进程反复进行直到所有结点都被发现为止。

小　结

本章系统阐述了蛮力法的概念和设计思想,并通过典型实例进行分析。蛮力法的设计思想是采用一定的策略依次列举待求解问题的所有可能解(穷举所有可能的解),并进行一一验证其是否满足问题的全部条件,若满足则找到问题的解。其优点是:适应范围广,所有问题都可以用它解决;容易实现,一般来说就是循环加判断的结构;问题规模不大时都可以用它来求解;有些问题只能用穷举法(如求一组数的最大值)。缺点是:性能往往不好,时间复杂度比较高,甚至达到指数级。因此不能用来求解大规模的问题。对于大多数问题,蛮力法在进行优化时,一般都要结合条件提前结束或跳过一些验证。

蛮力法需要穷举所有的可能,所以为了避免重复搜索同一个结点特别要注意其搜索的次序。对于线性问题来说,搜索次序相对简单,而对于非线性问题,就需要用到一些特定的方法,比如树形结构的前序遍历、中序遍历和后序遍历;图结构的宽度优先搜索和深度优先搜索等。

习　题

1. 简述蛮力法的设计思想和优点。

2. 设计一个算法,求所有的水仙花数。水仙花数是指一个 3 位数,它的每个数位上的数字的 3 次幂之和等于它本身。例如:$1^3+5^3+3^3=153$。

3. 给定一个整数数组 $A=(a_0,a_1,\cdots,a_{n-1})$,若 $i<j$ 且 $a_i>a_j$,则 $\langle a_i,a_j\rangle$ 就为一个逆序对。例如数组(3,3,1,4,5,2)的逆序对有〈3,1〉,〈3,2〉,〈4,2〉,〈5,2〉。设计一个算法,采用蛮力法求 A 中逆序对的个数即逆序数。

4. 设计算法,在数组 r[n] 中删除重复的元素,要求移动元素的次数较少,并使剩余元素间的相对次序保持不变。

5. 数字游戏。把数字 1,2,…,9 这 9 个数字填入以下加减乘除四则运算式中,使得该等式成立。要求 9 个数字仅出现 1 次,且数字 1 不能出现在乘和除的第一位中。

□□×□+□□□÷□-□□=0

6. 给定一个长度为 N 的数列,$A_1,A_2,\cdots,A_N$,如果其中一段连续的子序列 $A_i,A_{i+1},\cdots,A_j(i\leqslant j)$ 之和是 K 的倍数,我们就称这个区间 $[i,j]$ 是 K 倍区间。求数列中总共有多少个 K 倍区间。输入两个整数 N,K 和 N 个整数构成的数列,输出一个整数,代表 K 倍区间的数目。

7. 给定一个 n 个字符组成的串(称为文本),一个 $m(m<=n)$ 个字符的串(称为模式),采用蛮力法设计一个算法从文本中寻找匹配模式的子串的位置。

8. 采用蛮力法设计一个算法计算平面内最近点对问题,该问题是指在一个包含 n 个点的二维平面中,找到距离最近的两个点及其距离。

第3章 分治法

学习目标

◇ 掌握分治法的基本思想。
◇ 掌握分治法的特点和基本框架。
◇ 掌握分治法在解决实际问题中的应用。
◇ 培养系统思维能力，提升解决问题的整体性和系统性。

《孙子兵法·兵势篇》曰："凡治众如治寡，分数是也。"其意思就是管理大规模部队和管理小规模部队是一样的，分开治理就是了。这其中暗含的思想就是本章要探讨的算法——分治法。它的基本思想就是将一个较难以解决的规模大的问题，分割成多个相似的规模较小的子问题，然后分而治之，求出小规模子问题的解，最后将各小规模子问题的解组合起来就是规模大的问题的解，强调了分析问题、分解任务、合理分工和有效协作的重要性。

3.1 分治法的基本思想

分治法的基本思想就是将一个较难以解决的规模大的问题，分割成多个相似的规模较小的子问题，然后分而治之，求出小规模子问题的解，最后将各小规模子问题的解组合起来就是规模大的问题的解。这里的一个关键点是分割的子问题一定要相似，这样就可以采取同样的方法来求解，从而将问题简单化。

下面先来看两个数据结构中熟悉的例子。

例3.1 二分查找问题。在一个升序的含 n 个元素的数组 a[ ] 中查找 x，输出 x 在数组 a 中的下标位置，若没查到返回 -1。

可以考虑使用分治思想来解决此问题，具体做法是设计三个变量 left、mid 和 right，将整个数组分成三个部分[left, mid - 1]、mid、[mid + 1, right]。如果 a[mid] > x，则使用相同的办法在较小范围[left, mid - 1]中查找；如果 a[mid] = x，则已查找到，返回 mid 即可；如果 a[mid] < x，则使用相同的办法在较小范围[mid + 1, right]中查找。以上过程都没查找到的话，则数组中不存在 x，返回 -1。该问题的 C 语言代码如下：

```
int BinarySearch(Type a[], const Type& x, int n) {
    int left = 0;
    int right = n-1;
```

```
    while (left <= right) {
        int middle = (left + right) / 2;
        if (x==a[middle])  //查找到元素x
            return middle;
        if (x>a[middle])    //在范围[mid+1,right]中查找
            left = middle + 1;
        else                //在范围[left,mid-1]中查找
            right = middle - 1;
    }
    return -1;//未找到则返回-1
}
```

通过以上的分析可知,每当 x 与 a[middle]比较一次,其查找范围就至少减半,因此建立两次相邻查找的时间复杂度递推公式。设 $T(n)$ 表示含 n 个元素的查找的时间复杂度,则

$$\begin{cases} T(n) = T(\lfloor n/2 \rfloor) + 1 \\ T(1) = 1 \end{cases}$$

根据第一章的知识,求解出 $T(n) = \log_2 n + 1 = O(\log_2 n)$。

例3.2 二分归并排序。将含有 n 个元素的数组 a[]按关键字大小升序排列。

以数组 a[8] = {8,4,5,7,1,3,6,2}为例来分析。原数组含 8 个元素排序比较复杂,首先将原数组分割成{8,4,5,7}和{1,3,6,2}这两个只含 4 个元素的子数组,再继续分割为{8,4}和{5,7},{1,3}和{6,2}这 4 个更小的只含 2 个元素的子数组,最后分割为{8},{4},{5},{7},{1},{3},{6},{2}只含 1 个元素的 8 个子数组。以上就是分的过程,而只含 1 个元素的数组自然就是排好序的。然后进行合并,首先合并为{4,8},{5,7},{1,3},{2,6},继续合并为{4,5,7,8}和{1,2,3,6},最后合并为{1,2,3,4,5,6,7,8},这就是最终排好序的数组。这个过程就是治的过程,具体过程如图 3.1 所示。

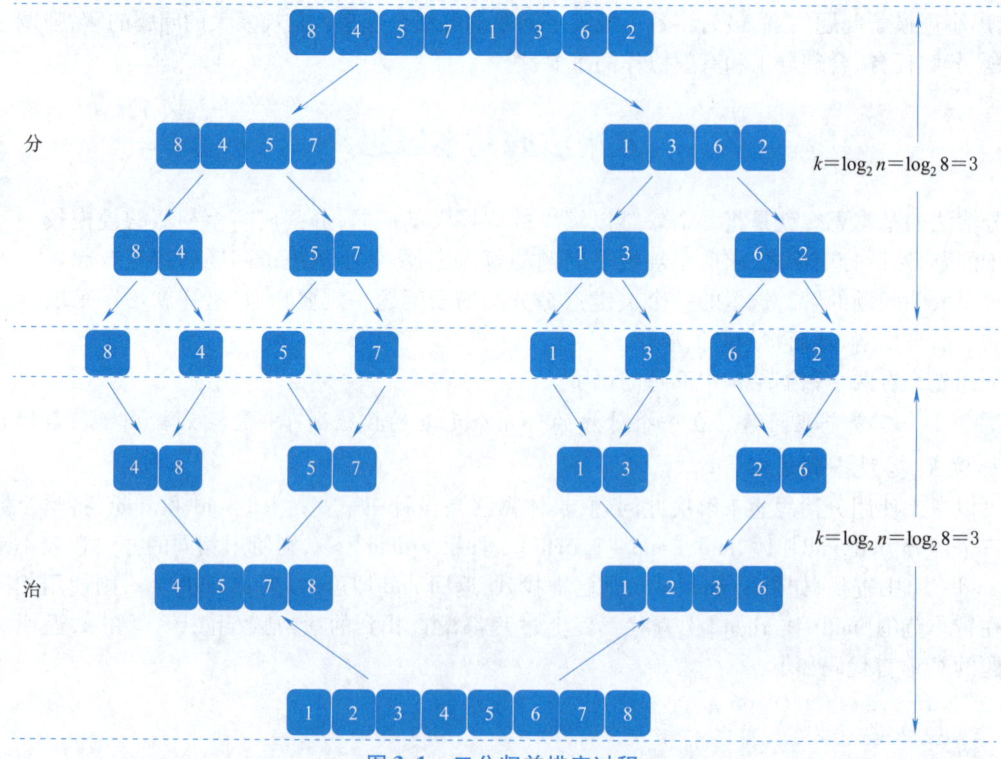

图 3.1 二分归并排序过程

C 语言代码如下：

```
void MergeSort(int* a,int L,int R){
    if(L == R) return;
    int mid = (L+R)/2;                //计算中点
    MergeSort(a,L,mid);               //将待排数组分割成两个等长的数组
    MergeSort(a,mid+1,R);
    Merge(a,L,mid,R);                 //子数组排序后合并
}
void Merge(int* a,int L,int mid,int R){
    int arr[R-L+1];
    int i = L;
    int j = mid+1;
    int k = 0;
    while(i<=mid && j<=R){
        arr[k++] = (a[i] < a[j]) ? a[i++] : a[j++];
    }
    while(i<=mid){
         arr[k++] = a[i++];
    }
    while(j<=R){
         arr[k++] = a[j++];
    }
    for(k=L;k<=R;k++){
         a[k] = arr[k-L];
    }
}
```

设 $T(n)$ 表示含 n 个元素的排序时间复杂度，根据以上过程分析其递推方程为

$$\begin{cases} T(n) = 2T(n/2) + n - 1 \\ T(1) = 0 \end{cases}$$

求解得：$T(n) = n\log_2 n - n + 1 = O(n\log_2 n)$。

解决以上两个问题都用到了分治法。其共同点都是将原始规模为 n 的问题，约减为 1 个或多个规模减半的子问题，然后分别求解子问题，再将子问题的解合并，最后得出原问题的解。

3.2　分治法的特点和基本框架

当需要采用分治法时，一般原问题都需要具备以下几个特征：

(1)难度递降：即原问题的解决难度，随着数据的规模的缩小而降低，当降低到一定程度时，问题很容易解决。这个特征绝大多数问题都是满足的。

(2)问题可分：原问题可以分解为若干个规模较小的同类型问题，即该问题具有最优子结构性质。这是应用分治法的前提。

(3)解可合并：利用所有子问题的解，可合并出原问题的解。这个特征很关键，能否利用分治法完全取决于这个特征。

(4)相互独立：各个子问题之间相互独立，某个子问题的求解不会影响到另一个子问题。如果子问题之间不独立，则分治法需要重复地解决公共的子问题，造成效率低下的结果。

设 P 是要求解的问题，$|P|$ 为问题 P 的输入规模，现将分治法求解问题的基本框架用伪代码描述如下：

```
算法:分治法的算法框架
输入:原问题
输出:原问题的解
Divide-and-Conquer(P)
begin
   if |P|=c then
          S(P)                                 //当问题规模较小时,很容易求出解
   end if
   divide P into P1,P2,...,Pk                  //将原问题分割为若干个规模较小的子问题
   for i←1 to k do
        xi←Divide-and-Conquer(Pi)              //递归求解每个子问题
   end for
   return Merge(x1,x2,...,xk)                  //将子问题的解合并成原问题的解
 end
```

3.3 分治法的时间复杂度分析

分治法的实现一般都是采用递归算法。分析分治法的时间复杂度需要使用其递推公式来推导。分治法中通常的递推方程有以下两种类型。

第一类是归约后子问题规模比原问题规模呈常数级减少。其递推方程为

$$T(n) = \sum_{i=1}^{k} a_i T(n-i) + f(n) \tag{3-1}$$

如 Hanoi 塔问题使用分治法,将 n 个圆盘的移动问题归约为两个 $n-1$ 圆盘移动子问题,也就是归约后的子问题规模只比原问题规模少 1。递推方程为

$$\begin{cases} T(n) = 2T(n-1)+1 \\ T(1) = 1 \end{cases}$$

解得:

$$\begin{aligned} T(n) &= 2T(n-1)+1 = 2[2T(n-2)+1]+1 = 2^2T(n-2)+2+1 \\ &= \cdots = 2^{n-1}T(1)+n-1+\cdots+2+1 = 2^{n-1}+n(n-1)/2 = O(2^{n-1}) \end{aligned}$$

第二类是归约后子问题规模比原问题规模呈倍数减少。这种类型更为常见,即在解决规模为 n 的问题时,总是先递归地求解 a 个规模为 n/b 的子问题,然后在 $f(n)$ 时间内将子问题的解合并起来,一般来说子问题的解合并时间复杂度在多项式时间内完成,即 $f(n)=O(n^d)$,其中 $a>0, b>1, d\geqslant 0$ 是一些特定的整数。那么该算法的时间复杂度可以通过以下递推公式求出:

$$T(n) = aT\left(\left\lceil \frac{n}{b} \right\rceil\right) + O(n^d) \tag{3-2}$$

根据 1.4.4 节介绍的 Master Theorem 主定理结论可知:

$$T(n) = \begin{cases} O(n^d), & d > \log_b a \\ O(n^d \log_2 n), & d = \log_b a \\ O(n^{\log_b a}), & d < \log_b a \end{cases} \tag{3-3}$$

按照以上结论,二分法的时间复杂度递推公式 $T(n)=T(\lceil n/2 \rceil)+1$,那么 $a=1, b=2, d=0$,所以 $T(n)=O(\log_2 n)$。二分归并排序的时间复杂度递推公式 $T(n)=2T(n/2)+n-1$,则 $a=2, b=2, d=1$,所以 $T(n)=O(n\log_2 n)$。

3.4 分治法的典型实例

分治法有很多经典的实例，下面从最熟悉的一个例子快速排序讲起。

3.4.1 快速排序算法

1. 算法设计

快速排序是数据结构中经典且高效的一种排序算法，它在实践中应用非常广泛。设待排的数组为A，快速排序的基本思想为：用数组的首元素作为标准将A划分为前、后两部分，前部分元素都比首元素小，后部分元素都比首元素大，这两部分就构成两个新的子问题。算法接着分别对这两部分递归地进行排序，各子问题排序完成后自然整个数组也就排序完成。算法的关键在于怎样划分数组A而将其归约成两个相同结构的子问题。下面先来分析分治法实现快速排序的伪代码，完成快速排序，直接在主程序中调用Quicksort(A,1,n)即可。

```
算法:快速排序
输入:数组 A[p..r], 1 ≤ p ≤ r ≤ n
输出:从 A[p]到 A[r]按照升序排好序的数组 A
Quicksort(A,p,r)          //p 和 r 分别为数组 A 的首元素和尾元素的下标
begin
if p<r then
   q←Partition(A,p,r)  //划分数组,找到首元素 A[p]在排好序后的位置 q
   A[p]↔A[q]  //交换 A[p]、A[q]中元素的值
   Quicksort(A,p,q-1)  //对前部分继续递归地用快速排序算法
   Quicksort(A,q+1,r)  //对后部分继续递归地用快速排序算法
end if
end
```

其中算法Quicksort中的Partition()函数是划分的过程函数，它实现的就是以A[p..r]的首元素A[p]作为标准，输出q表示A[p]应该处在的正确位置，即排好序后A[p]应该放在数组下标为q的位置。

划分过程Partition是这样的：先从后向前扫描数组A，找到第一个不大于A[p]的元素A[j]，然后从前向后扫描A找到第一个大于A[p]的元素A[i]，当i<j时，交换A[i]与A[j]。这时A[j]后面的元素都大于A[p]，A[i]前面的元素都小于或等于A[p]。接着对数组A从i到j之间的部分继续上面的扫描过程，直到i和j相遇，当i>j时，j就代表了A在排好序的数组中的正确位置q。此刻在q位置之前的元素都不大于A[p]，在q位置后面的元素都大于A[p]。

在Partition过程结束后，将数组元素A[q]与A[p]交换，这样A[p]就处于排好序后的正确位置，此时在它前面的元素都不大于A[p]，在它后面的元素都大于A[p]。从而原问题就以q为边界划分成两个需要分别排序的子问题了。

下面给出划分过程Partition的伪代码描述。

```
算法: Partition 划分算法
输入:数组 A[p..r], 1≤p≤r≤n
输出:数组首元素 A[p]在排好序的数组中的位置
Partition(A,p,r)
begin
```

```
    x←A[p]
    i←p
    j←r+1
    while true do
    repeat j←j-1
       until A[j]≤ x  //从后往前找到不大于 x 的元素
    repeat i←i+1
       until A[i]>x   //从前往后找到大于 x 的元素
       if i < j then
           A[i]↔A[j]    //交换 A[i]、A[j]中元素的值
       else return    j//i,j 相遇,返回相遇的位置即为数组首元素 A[p]的正确位置
       end if
    end while
end
```

下面以一个实例来说明一趟划分的过程。设数组 A[6] = {64,57,86,42,12,53},第一趟划分以 64 为标准,从后往前扫描找到第一个不大于 64 的数 53,此时 j=5,从前往后扫描找到第一个比 64 大的数 86,此时 i=2,将 86 和 53 对换,数组变为{64,57,53,42,12,86};继续从后往前扫描找到第一个不大于 64 的数 12,此时 j=4,继续从前往后扫描找到第一个比 64 大的数 86,i=5,i< j 不成立,算法结束返回 4,即 64 在排序好的数组中正确位置下标应为 4。具体过程如下所示:

第 1 次循环	64	57	86	42	12	53
			i=2			j=5

交换 A[2]和 A[5]的值,继续循环:

第 2 次循环	64	57	53	42	12	86
					j=4	j=5

i<j 不成立,一趟划分结束,返回值为 4。在 Quicksort 中 q=4,交换 A[p]、A[q]中元素的值,就得到一次划分后的结果:

划分后	12	57	53	42	64	86
	p				q	

在一次快速排序结束后,继续对两个子数组{12,57,53,42}和{86}实施相同的操作。

2. 算法效率分析

下面对其时间复杂度进行分析。在整个快速排序的过程中,虽然没有合并解的工作量,但是有划分子问题的工作量,且划分工作量为 $O(n)$,因为在一趟划分中,需要将数组首元素和其他元素都比较一遍,甚至有些情况下,有的元素需要比较两次,比如上面例子中的 12 和 86 这两个元素就比较了两次。另外还有两个子问题的递归求解工作量。所以得到快速排序的时间复杂度的递推方程为

$$T(n)=\begin{cases}D(n)+T(\alpha n)+T(\beta n), & n>1\\ D(1), & n=1\end{cases} \tag{3-4}$$

其中 $D(n)=n-1$,是一趟快排需要的比较次数,$\alpha+\beta=1$,αn 和 βn 就是一趟划分后将原数组划分的两个部分。

最好情况下就是 $\alpha=\beta=1/2$，也就是每次划分以后的两个子数组长度相等。此时

$$T(n)=\begin{cases}2T(n/2)+n-1, & n>1\\0, & n=1\end{cases} \tag{3-5}$$

根据主定理得 $T(n)=O(n\log_2 n)$。

最坏情况是每次划分将数组划分成长度为 0 和 $n-1$ 两部分。此时

$$T(n)=\begin{cases}T(n-1)+n-1, & n>1\\0, & n=1\end{cases} \tag{3-6}$$

所以

$$\begin{aligned}T(n)&=T(n-1)+n-1=T(n-2)+(n-2)+(n-1)=\cdots\\&=T(1)+1+2+\cdots+(n-1)=n(n-1)/2=O(n^2)\end{aligned}$$

假设每种划分情况出现的概率是相同的，那么所有的划分情况包括以下 n 种：$(0,n-1)$，$(1,n-2)$，…，$(n-1,0)$，所以

$$T(n)=D(n)+\frac{1}{n}\sum_{i=0}^{n-1}[T(i)+T(n-i)]=D(n)+\frac{2}{n}\sum_{i=0}^{n-1}T(i) \tag{3-7}$$

$$T(n-1)=D(n-1)+\frac{2}{n-1}\sum_{i=0}^{n-2}T(i) \tag{3-8}$$

将 $n\times$式(3-7) $-(n-1)\times$式(3-8)得：

$$\begin{aligned}nT(n)-(n-1)T(n-1)&=nD(n)+2\sum_{i=0}^{n-1}T(i)-(n-1)D(n-1)-2\sum_{i=1}^{n-2}T(i)\\&=2(n-1)+2T(n-1)\end{aligned}$$

移项得：$nT(n)=(n+1)T(n-1)+2(n-1)$，两边同时除以 $n(n+1)$ 得：

$$\frac{T(n)}{n+1}=\frac{T(n-1)}{n}+\frac{2(n-1)}{n(n+1)}$$

令 $B(n)=\dfrac{T(n)}{n+1}$，得：

$$\begin{aligned}B(n)&=B(n-1)+\frac{2(n-1)}{n(n+1)}=B(n-2)+\frac{2(n-2)}{(n-1)n}+\frac{2(n-1)}{n(n+1)}=\cdots\\&=B(1)+\sum_{i=1}^{n}\frac{2(i-1)}{i(i+1)}=\sum_{i=1}^{n}\frac{2(i+1)-4}{i(i+1)}=\sum_{i=1}^{n}\frac{2}{i}-4\sum_{i=1}^{n}\left(\frac{1}{i}-\frac{1}{i+1}\right)\\&=2\sum_{i=1}^{n}\frac{1}{i}-\frac{4n}{n+1}\end{aligned}$$

由于 $\sum_{i=1}^{n}\frac{1}{i}\approx \ln n+0.577$，代入上式得：

$$B(n)\approx 2\ln n+1.154-\frac{4n}{n+1}$$

继续回代得：

$$T(n)\approx 2(n+1)\ln n+1.154(n+1)-4n=O(n\log_2 n)$$

综上所述，快速排序最好时间复杂度为 $O(n\log_2 n)$，最坏时间复杂度为 $O(n^2)$，平均时间复杂度为 $O(n\log_2 n)$。所以为了使得快速排序不出现最坏情况，可以在每次划分前，对待排数组数据次序做打乱操作，从而提高快速排序效率。

下面给出分治法实现的快速排序的 C 语言代码。

```
int Partition(int A[], int p, int r){
    int i = p, j = r, x = A[p];        //将最左元素记录到 x 中
    while (i < j)
```

```
    {
        while(i < j && A[j] >= x)      //从右向左找第一个小于 x 的数
            j--;
        if(i < j)
            A[i++] = A[j];             //直接替换最左元素(已在 x 中存有备份)
        while(i < j && A[i] <= x)  //从左向右找第一个大于 x 的数
            i++;
        if(i < j)
            A[j--] = A[i];             //替换最右元素(已在最左元素中有备份)
    }
    A[i] = x;                          //将 x 放置在正确的位置
    return i;
}
void QuickSort(int A[], int p, int r)
{
    //数组左界<右界才有意义,否则说明都已排好,直接返回即可
    if (p>=r){
        return;
    }
    int i = Partition(A, p, r);        //划分,返回基准点位置
    QuickSort(A, p, i - 1);
    QuickSort(A, i + 1, r);
}
```

微视频

大整数乘法

3.4.2 大整数乘法

1. 问题描述

采用分治法设计一个有效的算法,计算两个 $n(n=2^k,\ k=1,2,3\cdots\cdots)$ 位大整数的乘法。

2. 问题分析

根据分治法的思想,可以将两个大的整数乘法分而治之。将大整数按位数的一半分成两个小整数,转换成稍简单的小整数乘法,再进行合并。上述的过程可以重复进行,直到得到最简单的两个1位数的乘法,从而解决上述问题。

设 X,Y 为大整数,位数为 n。现在要计算 $X\times Y$。令

$$X=A\times 10^{n/2}+B,\ Y=C\times 10^{n/2}+D$$

则:

$$\begin{aligned}X\times Y&=(A\times 10^{n/2}+B)\times(C\times 10^{n/2}+D)\\&=A\times C\times 10^{n}+(A\times D+B\times C)\times 10^{n/2}+B\times D\end{aligned}\tag{3-9}$$

根据式(3-9)可知,要计算 $X\times Y$ 相当于要计算四个小整数(位数只有原来的一半)的乘法 $A\times C$、$A\times D$、$B\times C$、$B\times D$,然后再把计算的结果合并。对于四个小整数的乘法继续分拆合并得到更小的整数的乘法。以此进行下去,最终分拆成只有一位数的乘法,其结果就可以很简单算出来。

下面以实例来说明。比如要计算 3 141 ×5 247。先将 3 141 分拆成 31 和 41,5 247 分拆成 52 和 47,做如下计算:

$$\begin{aligned}3\,141\times 5\,247&=(31\times 10^2+41)\times(52\times 10^2+47)\\&=31\times 52\times 10^4+31\times 47\times 10^2+41\times 52\times 10^2+41\times 47\end{aligned}$$

继续分治拆分得:

$$\begin{aligned}31\times 52&=(3\times 10+1)\times(5\times 10+2)\\&=3\times 5\times 10^2+3\times 2\times 10+1\times 5\times 10+1\times 2=1\,612\end{aligned}$$

其他几个同理计算,当分拆成只有一位时就很容易计算了。从而计算出

$$31 \times 47 = 1\ 457, 41 \times 52 = 2\ 132, 41 \times 47 = 1\ 927$$

带入原来的算式得:

$$3\ 141 \times 5\ 247 = 16\ 480\ 827$$

3. 算法设计

按照改进的分治法的思路,大整数相乘的伪代码描述如下:

```
算法: 分治法实现大整数相乘
输入:大整数 X、Y 和位数 n
输出:X 与 Y 的乘积结果
BigIntMul(X,Y,n)
begin
   sx←sign(X),sy←sign(Y)          //取得 X、Y 的符号
   s←sx* sy                        //求出 X×Y 的符号
   if s=0 then return 0
   end if
   X← |X|,Y ← |Y|
   if n = 1 then return s * X * Y
   end if
   A←X 的左边 n/2 位
   B←X 的右边 n/2 位
   C←Y 的左边 n/2 位
   D←Y 的右边 n/2 位
   m1←BigIntMul(A,C)
   m2←BigIntMul((A-B),(D-C))
   m3←BigIntMul(B,D)
   S←m1* 10^n + (m1 +m2 +m3)* 10^(n/2) +m3
   return S
end
```

下面给出分治法实现的大整数乘法的 C 语言代码。

```
#include <iostream>
#include <cmath>
using namespace std;
int Sign(long x){
    return x == 0 ? 0 : (x > 0 ? 1 : -1);
}
long BigIntMul(long x,long y,int n){
    int s = Sign(x) * Sign(y);
    if(s == 0) return 0;
    x = abs(x);
    y = abs(y);
    if(n == 1) return s * x * y;
    int halfn = n / 2;
    long A = x / pow(10,halfn);
    long B = x % long(pow(10,halfn));
    long C = y / pow(10,halfn);
    long D = y % long(pow(10,halfn));
    long m1 = BigIntMul(A,C,halfn);
    long m2 = BigIntMul(A-B,D-C,halfn);
```

```
        long m3 = BigIntMul(B,D,halfn);
        long rs = m1* pow(10,n) + (m1+m2+m3)* pow(10,halfn) + m3;
        return s * rs;
    }
    int main(){
        cout << BigIntMul(3141,5247,4);
        return 0;
    }
```

4. 算法效率分析

下面来分析时间复杂度。根据上述的计算过程得到递推方程：

$$\begin{cases} T(n) = 4T(n/2) + O(n), & n > 1 \\ T(n) = 1, & n = 1 \end{cases}$$

根据主定理理论可得：$T(n) = O(n^2)$。该算法与小学的多位数乘法规则来说并没有什么优势。因此，可以考虑对以上的算法进行优化。如：

$$\begin{aligned} X \times Y &= (A \times 10^{n/2} + B) \times (C \times 10^{n/2} + D) \\ &= A \times C \times 10^n + [(A - B) \times (D - C) + A \times C + B \times D] \times 10^{n/2} + B \times D \end{aligned}$$

此时只需要计算3个位数，只有原来一半的小整数的乘法，即 $A \times C$，$(A - B) \times (D - C)$，$B \times D$，比之前的要少一次乘法。得到的递推方程：

$$\begin{cases} T(n) = 3T(n/2) + O(n), & n > 1 \\ T(n) = 1, & n = 1 \end{cases}$$

根据主定理可得：$T(n) = O(n^{\log_2 3}) \approx O(n^{1.59})$，有较大的改进。

继续以计算3 141×5 247为例来说明。先将3 141分拆成31和41，5 247分拆成52和47。然后计算：31×52，-10×(-5)，41×47。乘积的符号按照同号相乘得正，异号相乘为负的原则进行。当出现两个数位数不相等时，可以将位数小的高位补0再进行计算。下面以-10×(-5)为例说明。

$$\begin{aligned} -10 \times (-5) &= 10 \times 05 = (1 \times 10 + 0) \times (0 \times 10 + 5) \\ &= 1 \times 0 \times 100 + (1 \times 5 + 1 \times 0 + 0 \times 5) \times 10 + 0 \times 5 = 0 + 50 + 0 = 50 \end{aligned}$$

其他两个同理算出：31×52=1 612，41×47=1 927。带入原来的算式得：

3 141×5 247=16 120 000+(50+1 612+1 927)×100+1 927=16 480 827。

微视频 平面内最近点问题

3.4.3 平面内最近点问题

1. 问题描述

设平面上有 n 个点 $P_1, P_2, \cdots, P_n$，$n > 1$，P_i 的直角坐标是 (x_i, y_i)，i=1,2,⋯,n，求距离最近的两个点以及它们之间的距离，这里的距离是欧式距离，即：

$$d(P_i, P_j) = \sqrt{(x_i - x_j)^2 + (y_i - y_j)^2}$$

2. 问题分析

如果采用蛮力法，就需要遍历平面上任意两个点之间的距离，然后比较得出最小的值。很显然，需要求出 C_n^2 对点之间的距离，另外还需要从这 C_n^2 个值中求出最小的值，其时间复杂度显然是 $O(n^2)$。那能不能在更短的时间求出呢？

下面考虑分治法，如图3.2所示，用一条垂直的直线 l 将整个平面中的点分为左半平面 P_L 和右半平面 P_R 两部分，使得两部分的点数近似相等。即

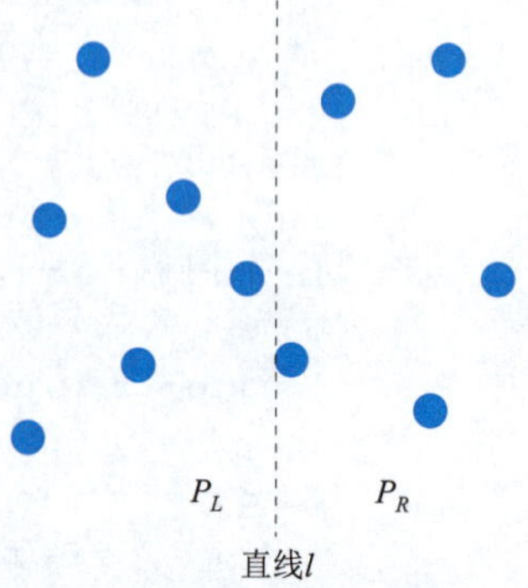

图3.2 将平面的点集一分为二

$$|P_L| = \left\lceil \frac{|P|}{2} \right\rceil, |P_R| = \left\lfloor \frac{|P|}{2} \right\rfloor$$

这里$|P_L|$,$|P_R|$,$|P|$分别表示各个点集区域的点数。

距离最近的两点有三种情况：

(1)这两点都在左半平面P_L中；

(2)这两点都在右半平面P_R中；

(3)一个点在P_L中,一个点在P_R中。

对于前两种情况,可以用同样的方式递归地在P_L和P_R中处理。对于第三种情况,先用算法分别求出P_L和P_R中最近两点的距离为d_1和d_2。令

$$d = \min(d_1, d_2)$$

那么无论是P_L还是P_R中的任意两点距离都不可能小于d。如果出现了第(3)种情况,那么必然是P_L和P_R中各有一点形成的点对距离小于d。因此,要找到这样的点对,只需要在直线l两边距离不超过k的区域内即可。

3. 算法设计

将上述分析过程用伪代码描述如下：

```
算法:平面上最邻近点对算法
输入:n(n≥2)个点集合 P,X,Y 分别表示 n 个点的 x,y 坐标的值
输出:最近的两个点以及距离
MinDistance(P,X,Y)
begin
    if n < =3 then
        直接计算 n 个点之间的最短距离
    end if
    Sort(n,X,Y)  //把所有的点按照横坐标 X 排序
    l←mid(X)     //用一条竖直的线 L 将所有的点分成两等份
    MinDistance(P_L,X_L,Y_L)
    d1←P_L 中最短距离
    MinDistance(P_R,X_R,Y_R)
    d2←P_R 中最短距离
    d←min(d1,d2)
    while(P_L 中的点 and x_L > = l - d) do
      while(P_R 中的点 and x_R < = l + d) do
        if distance(x_L,y_L,x_R,y_R) < d then
            存储点对(x_L,y_L),(x_R,y_R)
            d←distance(x_L,y_L,x_R,y_R)
        end if
      end while
    end while
end
```

4. 算法效率分析

下面分析算法的时间复杂度。为了分析第(3)种情况的时间复杂度,先考虑一个问题,对于图3.3中的灰色区域,由上述划分可知,每个正方形区域中任意两点之间的距离不小于d,那么两个正方形区域中最多可以容纳多少点?

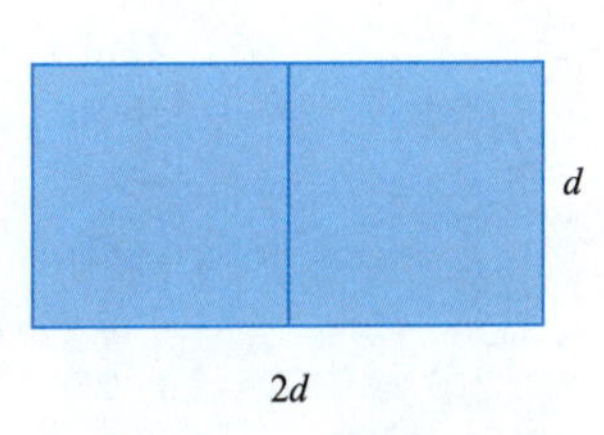

图3.3　问题

很显然,每个正方形区域中这样的点至多有四个,应该位于正方形

的四个顶点。那两个正方形区域最多应该有八个点,如图 3.4 所示。也就是说,在沿纵轴长为 d 的划分的灰色区域内,最多有八个点。同时,因为目标是找到跨越边界线的、距离小于 d 的两点,所以跨越边界线的两点之间纵坐标的差值小于等于 d。基于这两点原因可以得到,一个点仅与纵坐标与它相近的七个点计算距离即可,没有必要与所有点之间计算距离。可以得到如下设计思路:

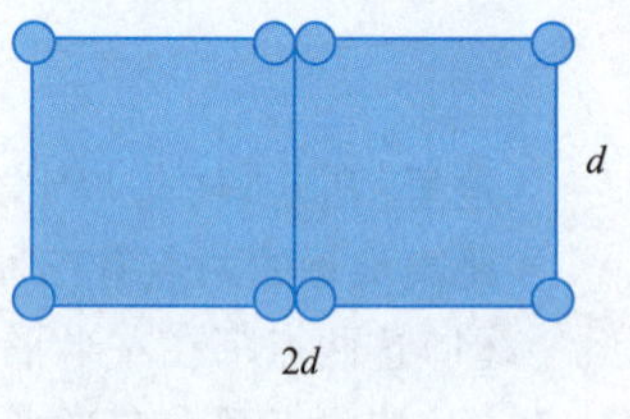

图 3.4　符合问题点分布

(1)将灰色区域内的点按纵坐标从小到大排序;

(2)对于区域内的每一个点,只计算它与序号在它之后的七个点之间的距离并与当前最短距离比较。

因此,上述过程的第(3)种情况时间复杂度为 $O(n)$。而前面排序的时间为 $O(n\log_2 n)$,所以整个算法的时间复杂度递推公式为

$$\begin{cases} T(n)=2T(n/2)+O(n\log_2 n), & n>3 \\ T(n)=O(1), & n=3 \end{cases}$$

求得 $T(n)=O(n(\log_2 n)^2)$。

上述算法还可以进一步优化,每次子问题都进行了一次排序,很浪费时间,所以可以将整个排序的过程放在算法之前,并以 y 坐标为关键字也做排序并存储起来。在情况(3)的检查过程中时间复杂度为 $O(n)$。设 $T_1(n)$ 为预排序时间复杂度, $T_2(n)$ 为 MinDistance 算法时间复杂度。所以,优化后算法的时间复杂度递推公式为

$$\begin{cases} T(n)=T_1(n)+T_2(n) \\ T_1(n)=O(n\log_2 n) \\ T_2(n)=2\,T_2(n/2)+O(n), & n>3 \\ T_2(n)=O(1), & n=3 \end{cases}$$

求得 $T(n)=O(n\log_2 n)$。

优化后的平面上最邻近点对算法伪代码描述如下:

```
算法:优化后的平面上最临近点对算法
输入:1. 以 X 坐标增序对 P 中点排序
     2. Y←以 y 坐标增序对 P 中点排序
     3. k←MinDistance(1,n)
输出:最近的两个点以及距离
MinDistance(low,high)                    //[low,high]是要计算的点集范围
begin
     if (high-low+1)< =3 then
                直接用蛮力算法计算 d
     else
         mid← (low+high)/2
         x0← x(P[mid])//直线 l
         d1←MinDistance(low,mid)     //左半部分计算最近点
         d2←MinDistance(mid+1,high)//右半部分计算最近点
         d←min{d1,d2}
         len←0
         for i←low to high do          //从 Y 中抽取 T,T 表示灰色区域
          if Abs(x(Y[i])-x0)< =d then
              T[t] ←Y[i]
              len←len+1
            end if
```

```
        end for
        for i←0 to len -1 do
          for j←i +1 to min{i +7,len} do     //最多只检查序号后的 7 个点
               if y(T[j]) - y(T[i]) < d  then
                   d←min(d,distance(T[i],T[j]))
               else break
                   end if
               end for
        end for
     end if
end
```

下面给出优化后平面上最邻近点对算法的 C 语言代码。

```
#include <iostream>
#include <algorithm>
#include <cmath>
using namespace std;
const int INF = 999999997;
const int N = 7;
typedef struct {
      double x;
      double y;
} Point;
Point P[] ={{1,2},{-2,4},{0,6},{3,5},{2,-6},{-0.8,2.5},{0.5,3}};
Point Y[N],T[N];
bool cmpx(Point a, Point b) {
      return a.x < b.x || (a.x == b.x && a.y < b.y);
}
bool cmpy(Point a, Point b) {
      return a.y < b.y || (a.y == b.y && a.x < b.x);
}
double dist(Point a, Point b) {
      return sqrt((a.x - b.x) * (a.x - b.x) + (a.y - b.y) * (a.y - b.y));
}
double MinDistance(int low, int high) {
      if (low == high) {
            return INF;
      }
      if (low + 1 == high) {
            return dist(P[low], P[high]);
      }
      else {
            int mid = (low + high) / 2;
            double d1 = MinDistance(low,mid);//左半部分计算最近点
            double d2 = MinDistance(mid+1,high);//右半部分计算最近点
            double d = min(d1, d2);
            int len = 0;
            for(int i = low; i <= high; i++){      //从 Y 中抽取 T,T 表示灰色区域
                  if (fabs(Y[i].x - P[mid].x) < d) {
                        T[len++] = Y[i];
```

```
                }
            }
            for (int i = 0; i < len -1; i + +) {
                for (int j = i + 1; j < min(len,i +7); j + +) {
                    if (T[j].y - T[i].y < d) {
                        d = min(d, dist(T[i], T[j]));
                    }
                    else {
                        break;
                    }
                }
            }
            return d;
        }
}
int main()
{
    sort(P,P +N,cmpx);
    memcpy(Y,P,sizeof(Point) * N);
    sort(Y,Y +N,cmpy);
    cout < < MinDistance(0,N -1);
}
```

3.4.4 第 *k* 小元素选择问题

选择问题在实际问题中经常会出现，如常见的选最大、最小、次大和中位数等。这些问题可以统一描述。

1. 问题描述

设A是含有 n 个元素的数组，从A中选出第 k 小的元素，其中 $1 \leqslant k \leqslant n$ 。所以选最小就是 $k=1$；选最大就是 $k=n$；选次大就是 $k=2$；选中位数就是 $k=n/2$。

2. 问题分析与算法设计

(1)找最大或最小值：首先选最大或最小最容易，只需要从前往后顺序遍历比较所有的数，即可找出。算法的伪代码描述如下：

```
算法:找最大数
输入:n 个数的数组 A[]
输出:最大的数的序号 k
FindMax(A,n)
begin
    max←A[1]
    k←1
    for i←2 to n do
        if max <A[i] then
            max←A[i]
            k← i
        end if
    end for
    return k
end
```

该算法的时间复杂度非常好分析,其中的基础操作就是 for 循环执行的比较次数,很显然比较了 $n-1$ 次,所以 $T(n)=n-1$。同理,选最小数 FindMin 只需要稍加修改就能得到,请读者自己写出来。

(2)同时找最大最小值:下面接着考虑一个问题,如果要求同时选出最大和最小的数呢?有人马上想到先找最大,删除后再找最小,那此时的比较次数为 $T(n)=n-1+n-2=2n-3$。有没有更少比较次数的方法呢?

考虑使用分组方法,思路是:①将整个数组两两分组,分成$\lfloor n/2 \rfloor$组,当 n 为奇数时,最后一个元素单独;②把每组的数进行一次比较,得到较大和较小的数,将较大和较小的数都分别组成一组,如果有单独的数,将单独的数加入较大和较小的数组中。此时较大和较小数组中元素个数为$\lceil n/2 \rceil$个;③在较大数组中运用前述的 FindMax 方法即可找到最大元素,在较小数组中运用前述的 FindMin 方法即可找到最小元素。以上过程总共比较的次数 $T(n)=\lfloor n/2 \rfloor+2(\lceil n/2 \rceil-1)=n+\lceil n/2 \rceil-2=\lceil 3n/2 \rceil-2$,效率更高。

该算法的伪代码描述为

```
算法:同时找最大最小数
输入:n 个数的数组 A[]
输出:最大数和最小数的序号 kmax 和 kmin
FindMaxMin(A,n)
begin
   for i←1 to n do
   if A[i] > A[i+1] then            //相邻两两组合进行比较,小的放前,大的放后
         A[i]↔A[i+1]
       end if
       i←i+2
   end for
   kmin←1,kmax←2
   for i←3 to n do
      if A[kmin] > A[i] then        //按 FindMin 思路找到最小元素
         kmin← i
      end if
      if A[kmax] < A[i+1] then      //按 FindMax 思路找到最大元素
         kmax←i+1
      end if
      i←i+2
   end for
   if n 是奇数 then          //如果有单独的元素,则该元素也需要参与比较
     if A[kmin] > A[n] then
         kmin←n
      end if
      if A[kmax] < A[n] then
         kmax←n
      end if
   end if
   return kmin,kmax
end
```

(3)找第二大的数:显然先用 FindMax 方法在整个数组 A 中找最大元素,然后去掉最大元素,在剩余的数中继续用 FindMax 方法即可找到第二大的元素。这个思路比较的次数为 $T(n)=n-1+$

$n-2=2n-3$。那还有更好的思路吗?

可以借鉴锦标赛法。该算法基本思想是:首先将数组A中的元素两两分组进行比较,小的数被淘汰,大的数继续下一轮的比较。若A中元素个数为奇数,则最后一个元素轮空并自动进入下一轮。下一轮继续同样的分组、比较、淘汰,直到比出"冠军",即为最大的数。因为一共淘汰了 $n-1$ 个元素,而每次比较要淘汰一个元素,所以这一阶段一共比较了 $n-1$。那第二大元素怎么找到呢?可以想到第二大元素一定是被最大的元素淘汰的。如果记住被最大元素淘汰的元素组,并从中找出最大的那个元素即为第二大的元素。因为在第一阶段"冠军"没有找到之前,最大元素是不知道的,所以要求在边淘汰的过程中每个元素记住被自己淘汰掉的元素。为此,在比赛之前为每个元素设置一个指针,该指针指向一个链表,该链表中存放被这个元素淘汰的元素。当最大的元素产生后,直接遍历它的这个链表,用 FindMax 方法就可以知道第二大元素了。算法的伪代码描述如下:

```
算法:找第二大数
输入:n 个数的数组 A[]
输出:第二大的数序号 ksecond
FindSecond(A,n)
begin
    k←n
    while k>1 do
        将 k 个元素组成的数组两两分组,分成⌊n/2⌋组
        每组元素比较大小,留下较大的数
        将较小的被淘汰的数记录到淘汰它的较大数的链表中
        if k 为奇数 then
            k←⌊n/2⌋+1
        else
            k←⌊n/2⌋
        end if
    end while
    max←最后剩下的数
    second←max 链表中最大的数
end
```

现在分析其时间复杂度。算法中比较的次数分两部分:第一部分是查找最大的数,这部分前面分析过,比较次数为 $n-1$ 次;第二部分是从 max 的淘汰链表中查找最大的数,这部分比较次数为该链表的长度减1。那 max 的淘汰链表长度是多少呢? 由于 max 是最大元素,因此每轮比较它必定参与。所以 max 的淘汰链表长度即为比赛的轮次。

命题: max 在第一阶段的分组比较中总计进行了 $\lceil \log_2 n \rceil$ 次比较。

证: 设本轮参与比较的元素有 t 个,那么经过一轮的比较剩余的元素最多为 $\lceil t/2 \rceil$ 个。再经过一轮后剩下的元素为 $\lceil \lceil t/2 \rceil /2 \rceil = \lceil t/2^2 \rceil$,由归纳法,经过 m 轮以后,剩下的元素为 $\lceil t/2^m \rceil$ 个。设 k 为在第一阶段中总计比较的轮次,最终只剩下 max 一个元素,所以 $\lceil n/2^k \rceil = 1$,解得 $2^{k-1}+1 \leqslant n \leqslant 2^k$,则 $k = \lceil \log_2 n \rceil$。

根据上述命题,算法的时间复杂度 $T(n) = n-1+\lceil \log_2 n \rceil - 1 = n + \lceil \log_2 n \rceil - 2$。

现在回到最一般的问题,从 n 个数的数组中,选择第 k 小的数。如果采用将 n 个元素的数组排序,当然能解决问题,其时间复杂度为 $O(n\log_2 n)$。

(4)找时间效率更好的分治算法。为了叙述方便,假设A中的元素各不相等。思路是:找到A中的某个元素 a^*,以 a^* 为标准,将A中的元素划分为三部分:a^*, $A_1 = \{a \mid a < a^*, a \in A\}$, $A_2 = \{a \mid a > a^*, a \in A\}$,则找第 k 小的元素也分为三种情况:

①若 $k \leqslant |A_1|$,原问题等价于在 A_1 查找第 k 小的元素;

②若 $k=|A_1|+1$,原问题第 k 小的元素就是a^*;

③若 $k>|A_1|+1$,原问题等价于在A_2查找第$k_1=k-|A_1|-1$ 小的元素。

算法的关键是如何找到合适的a^*,而且寻找a^*的代价不能过高,比如如果时间达到 $O(n\log_2 n)$,那还不如直接排序。下面给出用分治法递归调用来寻找a^*。步骤如下:

①将 A 每 5 个元素分成一组,这样一共有$\lceil n/5 \rceil$组;

②在每组中找到本组的中位数,然后把$\lceil n/5 \rceil$个中位数组成集合 M;

③在 M 中寻找中位数就是要找的a^*。

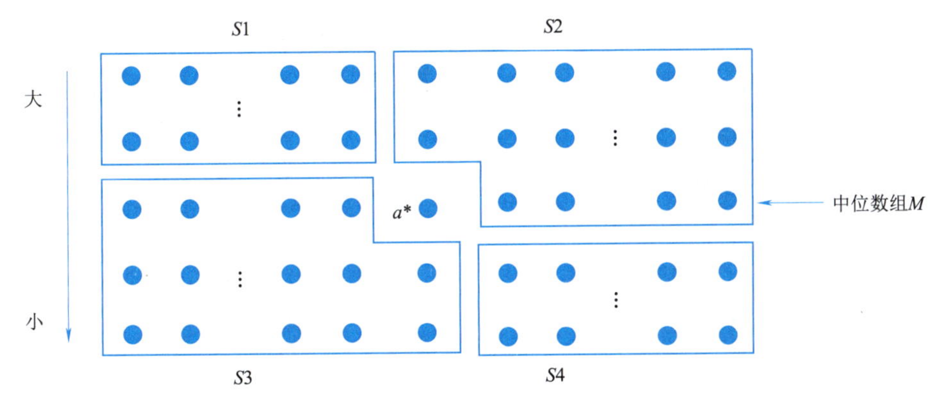

图 3.5 找 a^*

假设 A 中元素的个数是 5 的倍数,图 3.5 中每列就是 5 个元素组成的一个分组,中间第 3 个元素就是每组的中位数,上面的比中位数大,下面的比中位数小。而第 3 行元素的中位数就是a^*,左边的就比a^*小,右边的就比a^*大。按图 3.5 划分的 $S1,S2,S3,S4$ 四个集合中,根据大小关系,$S2$ 中的元素都比a^*大,$S3$ 中的元素都比a^*小,$S1$ 和 $S4$ 中的元素与a^*大小不定。选择第 k 小的数的分治算法描述如下。

```
算法: 选择第 k 小的数的分治算法
输入:n 个元素的数组 A,序号 k(1≤k≤n)
输出:A 中第 k 小的元素
Find(A,k)
begin
    将 A 划分成 5 个一组,共⌈n/5⌉个组
    在每组中找中位数,将这些中位数组成集合 S
    a* ←Find(S,⌈|S|/2⌉)
    把 S1 和 S4 中的每个元素与 a* 比较,小的构成 A1,大的构成 A2
    A1←A1 ∪ S3
    A2←A2 ∪ S2
    if k = |A1 |+1 then
        return a*
    else if k ≤ |A1 | then
        Find(A1,k)
    else
        Find(A2,k - |A1 |-1)
    end if
end
```

下面分析算法的时间复杂度。不妨设 A 中元素个数 $n=10r+5$,为 5 的倍数,那么 5 个一组,一共 $2r+1$ 组,因此 $S1$ 和 $S4$ 中元素个数为 $2r$,$S2$ 和 $S3$ 中元素个数为 $3r+2$,一种较坏的情况是:$S1$ 和

$S4$ 都归到 $S2$ 中，且下一次递归调用在较大的集合上进行。此时子问题的大小为 $|S1|+|S2|+|S4|=7r+2=0.7n-1.5<0.7n$。因此，算法的时间复杂度递推公式为

$$T(n)\leqslant T\left(\frac{1}{5}n\right)+T\left(\frac{7}{10}n\right)+tn$$

于是 $T(n)\leqslant tn+0.9tn+0.9^2tn+\cdots=10tn=O(n)$。因此上述算法可以控制在线性时间内完成。下面给出上述算法的 C 语言代码。

```
#include <iostream>
#include <algorithm>
using namespace std;
const int N = 12;
int select(int a[], int start, int end, int k) {
    int n = end - start;
    if (n < 5) {
        sort(a + start, a + end - 1);
        return a[start + k - 1];
    }
    int s = n / 5;
    int * m = new int[s];//中位数数组
    int i;
    for (i = 0; i < s; i++) {
        sort(a + start + i * 5, a + start + i * 5 + 5 - 1);
        m[i] = a[start + i * 5 + 2];
    }
    int mid = select(m, 0, s, (s + 1) / 2);  //中位数组中位数
    int *a1 = new int[n];
    int *a2 = new int[n];
    int *a3 = new int[n];
    int num1 = 0, num2 = 0, num3 = 0;
    for (int i = start; i < end; i++) {
        if (a[i] < mid)
            a1[num1++] = a[i];
        else if (a[i] == mid)
            a2[num2++] = a[i];
        else
            a3[num3++] = a[i];
    }
    if (num1 >= k)
        return select(a1, 0, num1, k);
    if (num1 + num2 >= k)
        return mid;
    else
        return select(a3, 0, num3, k - num1 - num2);
}
int main() {
    int a[] = {9,12,23,28,31,34,43,52,72,87,90,98};
    for(int i = 1; i < N+1; i++)
        cout << select(a, 0, N, i) << endl;
    return 0;
}
```

小 结

本章详细介绍了分治算法的基本思想、框架和典型实例的设计。分治算法的基本思想包括三个部分：

(1)分：将规模大的问题划分为规模小的问题；

(2)治：对规模小的问题求解；

(3)合：将规模小的问题的解进行合并。

分治算法可以应用在很多问题上，因为求解规模小的问题与求解规模大的问题的过程是相似的，所以一般都需要用到递归过程。在设计分治算法时，主要针对分、治、合的设计，分主要集中在划分标准的设计上，治就是一个递归求解的过程，合就是考虑如何将小规模问题的解合并为大规模问题的解。

分治算法的基本框架为

```
Divide-and-Conquer(P):
if |P|≤c then S(P)//当问题规模较小时,很容易求出解
end if
divide P into P1,P2,…,Pk//将原问题分割为若干个规模较小的子问题
for i←1 to k do
  xi Divide-and-Conquer(Pi)   //递归求解每个子问题
end for
return Merge(x1,x2,…,xk)      //将子问题的解合并成原问题的解
```

习 题

1. 简述分治法的基本思想。

2. 设A是由n个非0实数构成的数组，设计一个算法重新排列数组的数，使得负数都排在正数的前面。要求算法使用$O(n)$的时间和$O(1)$的空间。

3. 给定含有n个不同的数的数组$L=\{x_1,x_2,\cdots,x_n\}$。如果L中存在x_i使得$x_1<x_2<\cdots<x_i,x_i>x_{i+1}>x_{i+2}>\cdots x_n$，则称L是单峰的，并称$x_i$是L的"峰顶"。假设L是单峰的，设计一个算法找到L的峰顶。

4. 设A是n个不同的数排好序的数组，给定数L和U，$L<U$，设计一个算法找到A中满足$L<x<U$的所有的数x。

5. 设S是n个不等的正整数的集合，n为偶数。给出一个算法将S划分为子集S_1和S_2，使得$|S_1|=|S_2|=n/2$，且$\left|\sum_{x\in S_1}x-\sum_{x\in S_2}x\right|$达到最大，即使得两个子集元素之和的差达到最大。

6. 设S为n个不同数的集合。

(1)设计算法找出S中的数x和y，使得$\forall u,v\in S$，$|x-y|\geqslant|u-v|$。

(2)设计算法找出S中的数x和y，使得$\forall u,v\in S$，$|x-y|\leqslant|u-v|$。

7. 设平面直角坐标系中有n个点(x_1,y_1)，(x_2,y_2)，$\cdots$，(x_n,y_n)，每个点到原点$(0,0)$的距离彼此不等。设计一个算法找到距离原点$(0,0)$最近的$\lfloor\sqrt{n}\rfloor$个点，并按照距原点从远到近的顺序输出点的标号。要求给出伪码描述。

8. 对于$1,2,\cdots,n$的排列$i_1i_2\cdots i_n$，如果其中存在i_j,i_k，使得$j<k$但是$i_j>i_k$，那么就称(i_j,i_k)是这个排列的一个逆序。一个排列含有的逆序的个数称为这个排列的逆序数。例如，排列2 6 3 4 5 1含有8个逆序，它的逆序数就是8。利用二分归并排序算法设计一个计数给定排列逆序的分治算法，并对算法进行时间复杂度分析。

第4章 动态规划

学习目标

◇ 了解动态规划法的基本概念。
◇ 掌握动态规划法的基本思想。
◇ 掌握动态规划法解决实际问题。
◇ 培养创新意识,提升逻辑思维与解决问题能力。

动态规划(dynamic programming)是运筹学的一个分支,是求解多阶段决策最优化问题的一种数学方法。在20世纪50年代初,美国数学家R. E. Bellman等人在研究多阶段决策过程(multistep decision process)的优化问题时,提出了著名的最优化原理,把多阶段过程转化为一系列单阶段问题,利用各阶段之间的关系,逐个求解,创立了解决这类过程优化问题的新方法——动态规划。动态规划在求解过程中,把各子问题的最优解求出并存储起来,待用到时,直接取出使用,不用重新计算,从而节约时间,提高效率。鼓励人们在工作中注重积累和沉淀经验,建立起可持续发展的工作。方式和思维模式,不断提升自己的能力和素质,实现事半功倍的效果。

动态规划自问世以来,在经济管理、生产调度、工程技术和最优控制等方面得到了广泛的应用。例如最短路线、库存管理、资源分配、设备更新、排序、装载等问题,用动态规划方法比用其他方法求解更为方便。

4.1 动态规划的提出

在现实生活中,有一类活动的过程,由于它的特殊性,可将过程分成若干个互相联系的阶段,在它的每一阶段都需要作出决策,从而使整个过程达到最好的活动效果。当然,各个阶段决策的选取不是任意确定的,它依赖于当前面临的状态,又影响以后的发展,当各个阶段决策确定后,就组成一个决策序列,因而也就确定了整个过程的一条活动路线,如图4.1所示。这种把一个问题看作是一个前后关联具有链状结构的多阶段过程就称为多阶段决策过程,这种问题就称为**多阶段决策问题**。

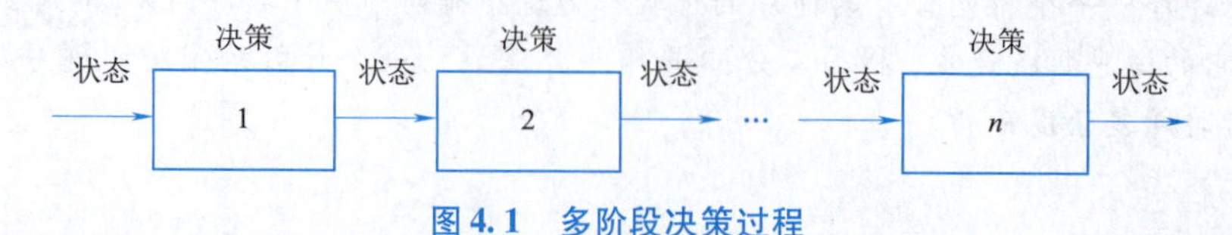

图4.1　多阶段决策过程

在多阶段决策问题中，各个阶段采取的决策，一般来说是与时间有关的，决策取决于当前的状态，然后又会引起状态的转移，一个决策序列就是在不断变化的状态中依次产生出来的，故有“动态”的含义。因此，把处理它的方法称为动态规划方法。但是，一些与时间没有关系的静态规划（如线性规划、非线性规划等）问题，只要人为地引进“时间”因素，也可把它视为多阶段决策问题，用动态规划方法去处理。

多阶段决策问题有很多，现举例如下：

例4.1　最短路径问题：现有一张地图，各结点代表城市，两结点间连线代表道路，线上的数字表示城市间的距离。如图4.2所示，问题：求从起点A到终点E的最短路径。

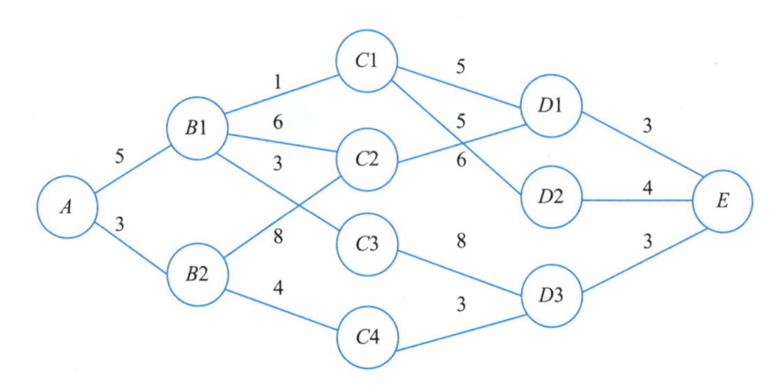

图4.2　最短路径问题

例4.2　资源分配问题：设有某种资源（或资金）M个单位（M为正整数），欲分配用于N个生产项目。已知第k个生产项目获得u_k个单位（u_k为非负整数，称为决策变量）这种资源后可创利润$L(u_k)$。$L(u_k)$是$u(k)$的不减函数，如何分配这些资源可使所获利润$L(u_k)$最大？

还有各种生产-存储问题、最优控制问题等，只要具有多阶段决策问题，均可考虑采用动态规划方法来求解。

4.2　动态规划的基本概念

微视频

动态规划的基本概念

1. 阶段

动态规划方法求解的问题都属于多阶段决策问题，因此需要将所求问题划分为若干个阶段，把描述阶段的变量称为阶段变量，用k来表示。在划分阶段时，要求划分后的阶段按照时间或空间特征是有序的或者可排序的，否则问题就无法求解。如例4.1中，阶段可以划分为五个，即$k=1,2,3,4,5$。

2. 状态

每个阶段所处的客观条件称为状态，它描述了研究问题过程的中间状况。状态就是某阶段的出发位置，既是该阶段某支路的起点，又是前一阶段某支路的终点。通常一个阶段有若干状态，在例4.1中，第一阶段只有状态$\{A\}$，第二阶段有状态$\{B1,B2\}$，第三阶段有状态$\{C1,C2,C3,C4\}$。

描述状态的变量称为状态变量，通常用S_k表示第k阶段的状态变量。在例4.1中，$S_3=\{C1,C2,C3,C4\}$，该集合就称为第三阶段的可达状态集。

这里的状态必须满足性质——无后效性（马尔可夫性），即某阶段状态一旦确定，就不受这个状态以后决策的影响。也就是说，某状态以后的过程不会影响以前的状态，而只与当前状态有关。下面通过一个例子来解释什么是无后效性。

如图4.3所示,在一个4×4的棋盘中,左上角有一个棋子,棋子每次只能往下走或者往右走,现在要让棋子走到右下角。假设棋子走到了第二行第三列,记为(2,3),图中画了两条合法的路线(实线)和一条不合法的路线(虚线)。那么当前的棋子在(2,3)位置,如何走到右下角和之前棋子是如何走到(2,3)这个位置无关。换句话说,当位于(2,3)的棋子要进行决策(向右或者向下走)的时候,之前棋子是如何走到(2,3)这个位置的是不会影响以后做决策的。这就是无后效性,也就是所谓的"未来与过去无关"。

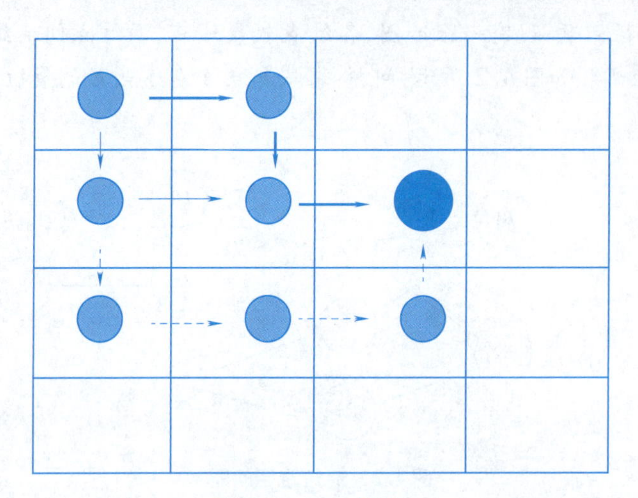

图4.3 4×4的棋盘

下面再看有后效性的情况。还是刚才的例子,把条件改为:棋子可以上下左右走,但不能走重复的格子。这种情况下红色的路线也是合法路线了。当棋子走到(2,3)这个位置要进行下一步的决策的时候,此时的决策就会受之前棋子是如何走到(2,3)的决策的影响。假设之前是按照红色箭头的路线走到(2,3)的,那么下一步决策就不能往下走了。因为下方的格子是重复的格子,所以不符合要求。这样之前的决策影响了未来的决策,这就叫作有后效性。

3. 决策

当处于某个阶段的某个状态时,可以做出某种决定(或选择),从而过渡到下一个阶段的状态,这种决定(或选择)就是决策。描述决策的变量称为决策变量。通常用$u_k(s_k)$表示第k阶段处于s_k状态的决策变量,它是状态变量的函数。在实际的问题中,决策变量的取值通常是一个范围,称为允许决策集合,用$D_k(s_k)$表示,所以$u_k(s_k) \in D_k(s_k)$。

在例4.1中,从第二个阶段状态$B1$出发,有三种选择$C1,C2,C3$,也就是说可以做出三种相应的决策,因此$D_2(B1)=\{C1,C2,C3\}$。如果选择$C1$这个决策,则$u_2(B1)=C1$。

4. 状态转移方程

状态转移方程是确定过程从一个状态转移到另一个状态的过程。给定第k阶段的某个状态变量s_k,在选定好决策u_k后,第$k+1$阶段的状态变量s_{k+1}也就完全确定下来。这种由s_k和u_k确定s_{k+1}的对应关系T_k就称为状态转移方程,即$s_{k+1}=T_k(s_k,u_k)$。

5. 指标函数和最优值函数

指标函数是用来衡量所选定策略优劣的一种数量指标。它是定义在全过程和所有后部子过程上确定的数量函数,常用$V_{k,n}$表示,即$V_{k,n}=V_{k,n}(s_k,u_k,s_{k+1},\cdots,s_{n+1})$,$k=1,2,\ldots,n$。

对于要构成动态规划模型的指标函数,应具有可分离性,并满足递推关系。即$V_{k,n}$可以表示为s_k、u_k、$V_{k+1,n}$的函数。记为$V_{k,n}(s_k,u_k,s_{k+1},\cdots,s_{n+1})=\psi_k(s_k,u_k,V_{k+1,n}(s_{k+1},\cdots,s_{n+1}))$。在实际问题中很多指标函数都满足这个性质。

常见的指标函数的形式如下：

(1)过程和它的任一子过程的指标是它所包含的各阶段的指标的和。

(2)过程和它的任一子过程的指标是它所包含的各阶段的指标的乘积。

指标函数的最优值，称为最优值函数，记为$f_k(s_k)$。它表示从第 k 阶段的状态 s_k开始到第 n 阶段的终止状态的过程，采取最优策略所得到的指标函数值。在不同的问题中，指标函数的含义是不同的，它可能是距离、利润、成本、产品的产量或资源消耗等。

微视频 动态规划的基本思想与优化原则

4.3 动态规划的基本思想与优化原则

动态规划的基本思想可以总结为

(1)将多阶段决策过程划分阶段，恰当地选取状态变量、决策变量及定义最优指标函数，从而把问题化为一组同类型的子问题，然后逐个求解。

(2)求解时从边界条件开始，逆(或顺)过程行进方向，逐段递推寻优。在每个子问题求解时，都要使用前面已求出的子问题的最优结果，最后一个子问题的最优解，就是整个问题的最优解。

(3)动态规划方法是既把当前阶段与未来各阶段分开，又把当前效益和未来效益结合起来考虑的一种最优化方法，因此每段的优化决策选取都是从全局考虑的，与该段的最优选择一般是不同的。动态规划的基本方程是递推逐段求解的依据，一般的动态规划的基本方程可以表示为

$$\begin{cases}f_k(s_k)=\underset{u_k\in D_k(s_k)}{\text{opt}}\{v_k(s_k,u_k)+f_{k+1}(s_{k+1})\},k=n,n-1,\cdots,1\\f_{n+1}(s_{n+1})=0\end{cases}$$

其中 opt 可取 min 或 max，$v_k(s_k,u_k)$表示在状态为s_k，决策为u_k时对应的第 k 阶段的指标函数值。

为了更好地理解动态规划法的基本思想，以例 4.1 的求解为例进行讲解。这里采用逆序法。

(1)$k=4$，状态变量s_4可以取三个状态 $D1$、$D2$、$D3$，它们到达终点 E 的距离分别是 3、4、3，即

$$f_4(D1)=3,f_4(D2)=4,f_4(D3)=3$$

(2)$k=3$，状态变量s_3可以取四个状态 $C1$、$C2$、$C3$、$C4$，它们到达终点 E 需要通过 $D1$、$D2$ 或 $D3$，从中选择最短的一条路径即可，即

$$f_3(C1)=\min\begin{Bmatrix}d(C1,D1)+f_4(D1)\\d(C1,D2)+f_4(D2)\end{Bmatrix}=\min\begin{Bmatrix}5+3\\5+4\end{Bmatrix}=8,u_3^*(C1)=D1$$

$$f_3(C2)=\min\{d(C2,D1)+f_4(D1)\}=\min\{6+3\}=9,u_3^*(C2)=D1$$

$$f_3(C3)=\min\{d(C3,D3)+f_4(D3)\}=\min\{8+3\}=11,u_3^*(C3)=D3$$

$$f_3(C4)=\min\{d(C4,D3)+f_4(D3)\}=\min\{3+3\}=6,u_3^*(C4)=D3$$

(3)$k=2$，状态变量s_2可以取两个状态 $B1$、$B2$，它们到达终点 E 需要通过 $C1$、$C2$、$C3$ 或 $C4$，同样需要选择一条最短的路径。计算如下：

$$f_2(B1)=\min\begin{Bmatrix}d(B1,C1)+f_3(C1)\\d(B1,C2)+f_3(C2)\\d(B1,C3)+f_3(C3)\end{Bmatrix}=\min\begin{Bmatrix}1+8\\6+9\\3+11\end{Bmatrix}=9,u_2^*(B1)=C1$$

$$f_2(B2)=\min\begin{Bmatrix}d(B2,C2)+f_3(C2)\\d(B2,C4)+f_3(C4)\end{Bmatrix}=\min\begin{Bmatrix}8+9\\4+6\end{Bmatrix}=10,u_2^*(B2)=C4$$

(4) $k=1$,同理可以计算出:

$$f_1(A)=\min\begin{Bmatrix}d(A,B1)+f_2(B1)\\d(A,B2)+f_2(B2)\end{Bmatrix}=\min\begin{Bmatrix}5+9\\3+10\end{Bmatrix}=13,u_1^*(A)=B2$$

从而从起点 A 到终点 E 的最短路径为 $A—B2—C4—D3—E$,最短距离为 13。

大家应该发现了,在某个阶段(除了最后一个阶段)计算的过程中,都会用到上一阶段的最优化结果。该过程就是基于动态规划的优化原则或最优子结构性质。

优化原则(最优子结构性质):一个最优决策序列的任何子序列本身一定是相对于子序列的初始和结束状态的最优决策序列。

一般来说,能用动态规划求解的问题具有以下三个性质:

(1)满足最优子结构;

(2)满足无后效性;

(3)有重叠的子问题。

使用动态规划法来求解问题时,需要将问题拆分为更小的子问题,然后求解出子问题,这一点与分治法有一定的相似。但这两种方法也存在根本区别:分治法拆分的子问题只是求解过程类似,但问题本身是相互独立的;而动态规划法的子问题之间并不独立,尤其是相邻阶段的子问题最优值函数是有依赖关系的,这就是所谓的有重叠的子问题。有重叠的子问题并非动态规划法必须满足的性质,但如果没有这个性质,那么动态规划法相比其他的算法不具备优越性。因此,在使用动态规划法时,从边界条件开始将某子问题的最优解求出并保存起来,然后利用它来求解依赖它的其他子问题,直到求出整个问题的解。最后总结出动态规划问题求解的基本步骤为

(1)分析最优解的性质,判断该问题是否满足动态规划法的前提条件。

(2)若满足则合适地划分子问题,看子问题重叠的程度,若子问题重叠度不高,则无须用动态规划法,因为此时它很难在时间复杂度上有实质的提升;否则适合用动态规划法。

(3)分析各子问题结构特征,包括阶段、状态、决策和最优值函数等,根据子问题之间的依赖关系写出动态规划法的基本递推方程,包括边界条件。

(4)采用自底向上或自顶向下的实现技术,从最小子问题开始迭代计算,直到原问题规模为止,计算中用备忘录保留各子问题优化函数的最优值和标记函数值。

(5)利用备忘录和标记函数值通过追溯得到问题的最优解。

微视频

动态规划法求解背包问题

4.4 动态规划的典型实例

4.4.1 背包问题

在第 2 章中,已经用蛮力法求解过 0-1 背包问题,现在用动态规划法分析并求解。

1. 问题描述

给定 n 种物品和一个背包。物品 i 的重量是 w_i,其价值为 v_i,背包的承重量为 C。应如何选择装入背包的物品,使得装入背包中的物品重量在不超过 C 的前提下,总价值最大?

在第 2 章中,假定每件物品至多只能装一个,所以所装的第 i 件物品 $x_i=0$ 或 1,是一个 0-1 背包问题。现在将问题扩充一下,每件物品可以装多个,但仍然不能分割只装一部分,此时就是一个整数规划问题了。此时解的情况太多,很难用蛮力法穷举出所有的解。下面用动态规划法来分析。

2. 问题分析

不难验证该背包问题满足优化原则和无后效性,可以使用动态规划法求解。首先,按照所装物

品种类来划分阶段,即第 i 阶段可以选择新装进第 i 件物品,比如第一阶段只能选择装第 1 种物品,第二阶段可以选择装前两种物品,…,第 k 阶段可以选择装前 k 种物品,以此下去,最后一阶段可以选择装入全部的物品,此时的最优解就是背包问题的解。设 $F_k(y)$ 表示只允许装前 k 种物品,背包重量不超过 y 时背包的最大价值。在第 k 阶段,分两种情况考虑:

(1)不装第 k 种物品,此时还是只装前 $k-1$ 种物品,背包的限重还是 y,所以此种情况背包的最大价值是 $F_{k-1}(y)$;

(2)至少装 1 件第 k 种物品,如果背包中装 1 件第 k 种物品,背包的重量和价值分别为 w_k 和 v_k,剩下的物品仍然从前 k 种物品中选择(因为第 k 个物品可以装多个),此时背包的限重为 $y-w_k$,背包中最大价值为 $F_k(y-w_k)+v_k$。需要从这两种情况中取价值较大的作为最优决策。于是,得到动态规划的基本递推方程和边界条件:

$$\begin{cases} F_k(y)=\max\{F_{k-1}(y),F_k(y-w_k)+v_k\} \\ F_0(y)=0,0\leqslant y\leqslant b \\ F_k(0)=0,0\leqslant k\leqslant n \\ F_1(y)=\left\lfloor \dfrac{y}{w_1} \right\rfloor v_1 \\ F_k(y)=-\infty,y<0 \end{cases}$$

上面的公式中,$F_0(y)$ 表示背包不装任何种类的物品的最大价值,显然为 0;$F_k(0)$ 表示背包的限重为 0 时最大价值,也是为 0;$F_1(y)$ 表示限重为 y 时且只能装第 1 种物品的最大价值,显然应该是第 1 种物品能装多少就装多少,所以最大价值应该为 $\left\lfloor \dfrac{y}{w_1} \right\rfloor v_1$;最后一个条件设置 $y<0$ 的情况是因为在递推公式中有 $F_k(y-w_k)$。当 $y<w_k$ 时,即此时背包不足以承受第 k 个物品的重量,也就是说该物品不能放进背包,通过令 $F_k(y)=-\infty$,使得该值与另外的优化函数值比较时淘汰,从而排除这种决策。

3. 算法设计

(1)直接使用递归算法。背包问题的递归算法伪代码如下:递归函数 Knapsack(k,y,w,v) 表示前 k 种物品,在背包重量不超过 y 时背包的最大价值。

```
算法:背包问题的递归算法
输入:前 k 个物品重量 w,价值 v,背包容量 y
输出:背包的最大价值
Knapsack( k, y, w, v):
begin
    if  k=0 or y=0  then
    return 0
    end if
    if k=1 then
         return y/w[1]* v[1]
    end if
    if  y<0 then
         return -∞
    end if
    f1←Knapsack(k-1,y,w,v)
    f2←Knapsack(k,y-w_k,w,v)+v[k]
    f3← max(f1,f2 )
    return f3
end
```

递归算法的背包问题产生的重叠子问题如图 4.4 所示，计算重叠子问题的时间复杂度上限为 $O(2^k)$，k 为物品数量，也是递归深度。

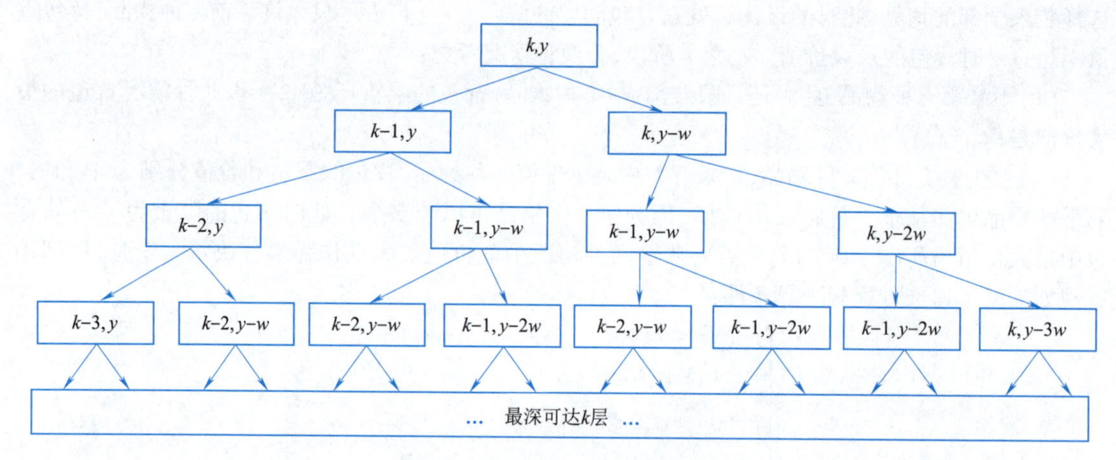

图 4.4　递归产生的重叠子问题

(2)带备忘录递归算法：为了提高计算时间效率，对背包问题的递归算法进行优化处理。

①将已计算的每个子问题的解用数组记录下来。

②避免子问题重复计算，在递归之前先判断子问题的解是否已计算过，已计算的直接取数组的值代替而不进入递归。

经过优化后的**带备忘递归算法伪代码**如下：

```
算法：背包问题的带备忘递归算法
输入：前 k 个物品重量 w，价值 v，背包容量 y
输出：背包的最大价值
Knapsack( k, y, w, v):
begin
    if  k=0 or y=0  then
    return 0
    end if
    if k=1 then
        return y/w[1]* v[1]
    end if
    if  y<0 then
        return -∞
    end if
    if  f[k][y]不等于0  then     // f[k][y]记录前 k 种物品，背包容量 y 时的最大价值
        return f[k][y]          //已求解过的子问题，直接返回，不递归
    end if
    f1←Knapsack(k-1,y,w,v)
    f2←Knapsack(k,y-w_k,w,v)+v[k]
    f[k][y]←max(f1,f2)          //构建备忘数组 f[k][y]
    return f
end
```

带备忘录的递归算法可以称为动态规划算法，它解决了重叠子问题重复计算问题。对已求解过的子问题，直接返回，不递归。而对于新出现的子问题，计算结果则构建备忘数组记录下来。带备忘录的递归算法较直接递归效率有较大提升。但带备忘录的递归算法在计算过程中仍然是先自顶向

下递归到最底部，再自底向上的一个过程。

能否忽略自顶向下的递归过程，直接自底向上来计算这个备忘录数组的值？可以通过动态规划的基本递推方程计算备忘录数组 f[k][y]的值，即优化函数 $F_k(y)$ 的值，数组 f[k][y]计算的递推式为：f[k][y] = max(f[k-1][y],f[k][y-w[k]]+v[k])。从 f[0][0]开始一直计算到 f[n][C]，计算，需要计算下面这些数组元素：

f[0][0],f[0][1],...,f[0][y=C]

f[1][0],f[1][1],...,f[1][y=C]

...

f[k=n][0],f[k=n][1],...,f[k=n][y=C]

上述数组第一行 f[0][y]=0，第一列 f[k][0]=0。然后第二行、第二列开始，从上到下一行一行计算，每行从左到右计算，直到计算到 f[n][C]。

（3）递推计算的备忘录构建：下面拿一个具体实例来计算。设 $v_1=1, v_2=3, v_3=5, v_4=9; w_1=2, w_2=3, w_3=4, w_4=7; b=10$。则优化函数$F_k(y)$的计算过程见表 4.1。

表 4.1　优化函数$F_k(y)=f[k][y]$计算过程

k	y									
	1	2	3	4	5	6	7	8	9	10
1	0	1	1	2	2	3	3	4	4	5
2	0	1	3	3	4	6	6	7	9	9
3	0	1	3	5	5	6	8	10	10	11
4	0	1	3	5	5	6	9	10	10	12

通过表 4.1 的优化函数$F_k(y)$计算过程可知，最优值$F_4(10)=12$，这就是背包在限重为 10 的情况下所能得到的最大价值为 12。现在还有一个难题是如何得到这个最大价值 12，也就是如何装物品。

可以通过反推法计算最优解，这里采用设立标记函数法，令$i_k(y)$表示在计算优化函数$F_k(y)$时装入物品的最大序号。因为$F_k(y)=\max\{F_{k-1}(y), F_k(y-w_k)+v_k\}$，当$F_{k-1}(y)>F_k(y-w_k)+v_k$时，此时背包中装入的物品最大序号和$F_{k-1}(y)$相同；否则背包中至少装入 1 个第 k 种物品，所以此时装入的物品最大序号为 k。于是得到下面的递推关系：

$$i_k(y)=\begin{cases} i_{k-1}(y), & F_{k-1}(y)>F_k(y-w_k)+v_k \\ k, & F_{k-1}(y)\leqslant F_k(y-w_k)+v_k \end{cases}$$

显然，在$i_k(y)$的计算过程中并不需要额外的计算，因为在计算$F_k(y)$时，必然要比较$F_{k-1}(y)$，$F_k(y-w_k)+v_k$的大小关系，从而顺便可以求出$i_k(y)$的值。表 4.2 给出了计算$F_k(y)$时得到的$i_k(y)$的值。

表 4.2　$i_k(y)$计算过程

k	y									
	1	2	3	4	5	6	7	8	9	10
1	0	1	1	1	1	1	1	1	1	1
2	0	1	2	2	2	2	2	2	2	2
3	0	1	2	3	3	3	3	3	3	3
4	0	1	2	3	3	3	4	3	4	4

根据表4.2,追踪求解的过程如下:由$i_4(10)=4$,说明最优解中第4号物品至少装入1个,第4号物品$w_4=7$,背包剩余的限重为$10-7=3$。于是查$i_4(3)=2$,说明此时背包中最大装入的物品序号为2,即第4号物品不再装了,第3号物品也不装了,第2号物品至少装1个,而第2号物品$w_2=3$,此时背包的剩余限重为$3-3=0$,也就不能再装任何物品了。至此,背包装物品的策略就已经求解出来了,$x_4=1,x_3=0,x_2=1,x_1=0$。

以上构建备忘录方式求解背包问题的动态规划算法比较简单,下面直接用C语言实现,代码如下:

```
#include <stdio.h>
#define N 100
int f[N][N] = {0};        //存放最优函数值
int index[N][N] = {0};  //存放标记函数值
void Knapsack_DP(int n,int C,int * w,int * v){
    int i =0,j =0;
    for(i =1;i <= n;i ++){
        for(j =1;j <= C;j ++){
            f[i][j] = f[i -1][j];
            index[i][j] = index[i -1][j];
            if(j > = w[i]){
                if(f[i -1][j] > f[i][j - w[i]] + v[i]){
                    f[i][j] = f[i -1][j];
                }else{
                    f[i][j] = f[i][j - w[i]] + v[i];
                    index[i][j] = i;
                }
            }
        }
    }
    printf("背包能装的最大价值是% d.\n",f[i -1][j -1]);
}
int main(){
    int i,y,k,C =10,n =4;          //背包容量C,物体个数n
    int w[5] = {0,2,3,4,7};        //物品重量w
    int v[5] = {0,1,3,5,9};        //物品价值v
    int x[5] = {0};                //每个物品所装的个数
    Knapsack_DP(n,C,w,v);
    i =n;
    y =C;
    while(i >0 && y >0){
        k = index[i][y];
        x[k] ++;
        y - = w[k];
        i =k;
    }
    printf("所装各物品个数:");
    for(i =1; i <5; i ++){
        printf("x[% d] = % d ",i,x[i]);
    }
}
```

4. 算法效率分析

(1)采用递归算法求解背包问题,随着递归的不断深入,产生的重叠子问题越来越多,k 个物品递归深度可达 k 层,计算重叠子问题的时间复杂度上限为 $O(2^k)$。

(2)带备忘录的递归算法是在递归算法的基础上加入了一个备忘录(通常是一个二维数组),用于记录已经计算过的子问题的结果,避免重复计算。假设背包容量为 C,物品数量为 n, 在带备忘录的递归算法中,每个子问题只会被计算一次,并且计算后的结果会被存储在备忘录中。对于每个子问题,需要考虑两种情况:选择当前物品或者不选择当前物品。因此,带备忘录的递归算法的时间复杂度为 $O(nC)$。这是因为对于每个物品,最多需要考虑 C 个不同的背包容量情况。

(3)带备忘录反推法动态规划算法。在 Knapsack_DP 算法函数中,有两重 for 循环,其时间复杂度显然为 $O(nC)$,其中 n 是物品数量,C 是背包容量。在这种方法中,我们从最优值开始反向推导出选取的物品,需要考虑所有的物品和背包容量情况。

虽然带备忘录的递归算法和带备忘录反推法两种方法的时间复杂度都是 $O(nC)$,但它们在具体实现和计算过程中有一些不同。带备忘录的递归算法是自顶向下的递归计算,而带备忘录反推法动态规划算法是自底向上的动态规划计算。两种方法在实际应用中可以根据具体情况选择合适的算法来解决背包问题。

背包问题具有广泛的应用背景。多任务调度、资源分配、轮船装载等问题都可以用背包问题建模。另外,背包问题还有许多变种,比如在原背包问题的基础上再增加体积约束条件。作为典型的组合优化的 NP 完全问题,许多人对背包问题都进行了深入的研究,特别对 0-1 背包问题已经得到了有效的近似算法。

4.4.2 最长公共子序列

最长公共子序列(longest common subsequence,LCS)是一类经典的算法问题,在许多领域都有广泛的应用。它的基本思想是寻找两个字符串中都存在的最长子序列。这个子序列可以不是连续的,但是其相对顺序是一致的。注意,这里是子序列,不是子串,子序列可以不连续,而子串是连续的。动态规划法是解决这一问题的较好算法。

定义 4.1 设 X 和 Z 是两个序列,其中

$$X = \langle x_1, x_2, \cdots, x_m \rangle$$
$$Z = \langle z_1, z_2, \cdots, z_k \rangle$$

如果存在 X 的元素构成按下标严格递增序列 $\langle x_{i_1}, x_{i_2}, \cdots, x_{i_k} \rangle$,使得 $x_{i_j} = z_j, j = 1, 2, \cdots, k$,那么称 Z 是 X 的子序列。Z 中含有的元素个数 k 就是**子序列的长度**。

定义 4.2 设 X 和 Y 是两个序列,如果 Z 既是 X 的子序列,又是 Y 的子序列,则称 Z 是 X 与 Y 的**公共子序列**。

1. 问题描述

给定两个序列 X 和 Y,其中

$$X = \langle x_1, x_2, \cdots, x_m \rangle$$
$$Y = \langle y_1, y_2, \cdots, y_n \rangle$$

求 X 和 Y 的最长公共子序列。

举个例子:如 X = ⟨1,3,5,4,2,6,8,7⟩,Y = ⟨1,4,8,6,7,5⟩,则它们的最长公共子序列有⟨1,4,8,7⟩和⟨1,4,6,7⟩两个,它们的长度都为 4。由此可见,最长公共子序列并不一定唯一,但它们长度都相等。

2. 问题分析

最容易想到的一种办法是蛮力法。在序列 X 和 Y 中,若 X 更短,即 $m \leqslant n$,先找到 X 的所有子序

列的组合,经分析一共有2^m个,然后对每个 X 的子序列 X'与序列 Y 比对,如果 X'也是 Y 的子序列,则 X'就是 X、Y 的公共子序列,当 X 的全部子序列都比较完以后,最长的公共子序列也就找到了。比对每个 X 的子序列是否是 Y 的子序列需要 $O(n)$ 的时间,因此,整个蛮力法需要 $O(n2^m)$,显然该时间复杂度是一个指数时间复杂度,当 m、n 比较大时,很难在规定时间内计算出来。很显然该问题满足优化原则和无后效性,下面考虑使用动态规划法来求解。

首先考虑划分子问题。子问题肯定是比 X,Y 更小的子串来求最长公共子序列。设 X 的子串的终止位置为 i,Y 的子串的终止位置为 j,即:

$$X_i = \langle x_1, x_2, \cdots, x_i \rangle$$
$$Y_j = \langle y_1, y_2, \cdots, y_j \rangle$$

则求出X_i和Y_j的最长公共子序列就是原问题的子问题。

假设$Z_k = \langle z_1, z_2, \cdots, z_k \rangle$是$X_i$和$Y_j$的最长公共子序列,其长度设为 C[i,j],下面分析子问题解的递推关系。

(1)若$x_i = y_j$,则$z_k = x_i = y_j$,则Z_{k-1}是X_{i-1}和Y_{j-1}的最长公共子序列。否则,若X_{i-1}和Y_{j-1}的最长公共子序列是Z',则$|Z'| > |Z_{k-1}|$,此时在Z'的基础上加上z_k就得到一个X_i和Y_j的公共子序列,则该子序列的长度$|Z'|+1 > |Z_{k-1}|+1 = |Z_k|$,与$Z_k$是$X_i$和$Y_j$的最长公共子序列矛盾。此时 C[i,j] = C[i-1,j-1]+1。

(2)若$x_i \neq y_j, z_k \neq x_i$,则$Z_k$是$X_{i-1}$和$Y_j$的最长公共子序列,此时 C[i,j] = C[i-1,j]。

(3)若$x_i \neq y_j, z_k \neq y_j$,则$Z_k$是$X_i$和$Y_{j-1}$的最长公共子序列,此时 C[i,j] = C[i,j-1]。

综合以上分析可知:

$$C[i,j] = \begin{cases} C[i-1,j-1]+1, i,j>0, x_i = y_j \\ \max\{C[i-1,j], C[i,j-1]\}, i,j>0, x_i \neq y_j \end{cases}$$

$$C[0,j] = C[i,0], 1 \leqslant i \leqslant m, 1 \leqslant j \leqslant n$$

以上的递推公式是由上述三种情况得出。边界条件当 i 或 j 为 0 时,对应了两个序列中其中一个为空序列,它们公共子序列当然只能也为空序列,其长度也就必然为 0。

3. 算法设计

下面给出该算法的伪代码。

```
算法:最长公共子序列
输入:序列 X,Y,其中 X[1..m],Y[1..n]
输出:最长公共子序列的长度 C[i,j],标记 B[i,j]
LCS(X,Y,m,n)
begin
  for i←1 to m do
     C[i,0]←0     //初始化 j=0 时的边界条件
  end for
  for j←1 to n do
     C[0,j]←0     //初始化 i=0 时的边界条件
  end for
  for i←1 to m do
     for j←1 to n do
        if X[i]=Y[j] then//当两序列最后一个字符相同时选入公共子序列,将长度+1
             C[i,j]←C[i-1,j-1] + 1
             B[i,j]←'↖'
        end if
        else //最后一个字符不同时
```

```
                if C[i-1,j]>C[i,j-1] then//满足情况(2)
                    C[i,j]←C[i-1,j]
                    B[i,j]←'↑'
                end if
                else //满足情况(3)
                    C[i,j]←C[i,j-1]
                    B[i,j]←'←'
                end
            end
        end for
    end for
end
```

对以上算法，C[i,j]的计算完全按照递推公式来，下面主要解释标记函数 B[i,j]的作用。对照前面的问题分析中的三种情况：

情况(1)：此时应该选取两序列最后一个字符入公共子序列，用符号'↖'表示；

情况(2)：此时应该不考虑序列X_i的最后一个字符x_i，用符号'↑'表示；

情况(3)：此时应该不考虑序列Y_j的最后一个字符y_j，用符号'←'表示。

设立标记函数 B[i,j]是为了追踪问题的解——最长公共子序列。当遇到标记'↖'时，将序列的最后一个字符加入最长公共子序列；当遇到标记'↑'时，将 i 的值减 1 继续追踪；当遇到标记'←'时，将 j 的值减 1 继续追踪。下面给出追踪解的算法伪代码。

```
算法:最优解追踪
输入:序列 X,Y,其中 X[1..m],Y[1..n],标记函数 B[m,n]
输出:最长公共子序列 maxSeq
TrackSolution(X,Y,B,m,n)
begin
  i←m
  j←n
  k←C[i,j]
  while i>0 and j>0 do
    if B[i,j]='↖' then
        maxSeq[k] ← X[i]
        k←k - 1
        i←i - 1
        j←j - 1
    end if
    if B[i,j]='↑' then
        i←i - 1
    end if
    if B[i,j]='←' then
        j←j - 1
    end if
  end while
end
```

下面对上述的伪代码用 C 语言实现并测试，代码如下：

```
#include <stdio.h>
#include <stdlib.h>
#define M 8
```

```
#define N 6
int C[M+1][N+1] = {0}; //存放最优值函数的值
int B[M+1][N+1] = {0}; //存放标记函数的值
char * maxSeq;
void LCS(char X[], char Y[]){
    int i,j;
    for(i=1; i <= M; i++){
        for(j=1; j <= N; j++){
            if(X[i-1] == Y[j-1]){          //情况(1)
                C[i][j]=C[i-1][j-1] + 1;
                B[i][j]=1;
            } else {
                if(C[i-1][j] >C[i][j-1]){//情况(2)
                    C[i][j]=C[i-1][j];
                    B[i][j]=2;
                } else {                    //情况(3)
                    C[i][j]=C[i][j-1];
                    B[i][j]=3;
                }
            }
        }
    }
}
void TrackSolution(char X[], char Y[]){
    int i,j,k;
    LCS(X, Y);
    maxSeq=(char* ) malloc(C[M][N]* sizeof(char));
    i=M;
    j=N;
    k=C[i][j] - 1;
    while(i>0 && j>0){
        if(B[i][j] == 1){
            maxSeq[k--]=X[i-1];
            i--;
            j--;
        }
        if(B[i][j] == 2){
            i--;
        }
        if(B[i][j] == 3){
            j--;
        }
    }
}
int main(){
    char X[M+1]="13542687";
    char Y[N+1]="148675";
    TrackSolution(X,Y);
    printf("%s\n",maxSeq);
```

```
    return 0;
}
```

回顾问题开始给的例子:X =〈1,3,5,4,2,6,8,7〉,Y =〈1,4,8,6,7,5〉,其中 m = 8,n = 6。算法 LCS 计算的 C[i,j]和 B[i,j]分别见表 4.3 和表 4.4。

表 4.3　优化函数 C[i,j]

i	j						
	0	1	2	3	4	5	6
0	0	0	0	0	0	0	0
1	0	1	1	1	1	1	1
2	0	1	1	1	1	1	1
3	0	1	1	1	1	1	2
4	0	1	2	2	2	2	2
5	0	1	2	2	2	2	2
6	0	1	2	2	3	3	3
7	0	1	2	3	3	3	3
8	0	1	2	3	3	4	4

表 4.4　标记函数 B[i,j]

i	j						
	0	1	2	3	4	5	6
0	0	0	0	0	0	0	0
1	0	1	3	3	3	3	3
2	0	2	3	3	3	3	3
3	0	2	3	3	3	3	1
4	0	2	1	3	3	3	3
5	0	2	2	3	3	3	3
6	0	2	2	3	1	3	3
7	0	2	2	1	3	3	3
8	0	2	2	2	3	1	3

在表 4.4 中用灰颜色的格子表示求解的追踪过程:

B[8,6]→B[8,5]→B[7,4]→B[7,3]→B[6,2]→B[5,2]→B[4,2]→B[3,1]→B[2,1]→B[1,1]→B[0,0]其中 B[7,5],B[6,4],B[4,2],B[1,1]的值为 1,也就是第(1)种情况,此时应该将对应的字符加入最长公共子序列中,即为〈1,4,8,7〉。若有多组解,其他的解请读者自行求出。

4. 算法效率分析

在算法 LCS 中,两重 for 循环时间复杂度为 $O(mn)$,在算法 TrackSolution 中,最多标记 $m+n$ 次,时间复杂度为 $O(m+n)$。因此,综合起来整个算法的时间复杂度为 $O(mn)$,它从蛮力法的 $O(n2^m)$ 降至 $O(mn)$,可见在求解这个问题中动态规划法的优越性。

4.4.3 最大子段和问题

设 A = $\langle a_1, a_2, \cdots, a_n \rangle$ 是 n 个整数的序列，称 $\langle a_i, \cdots, a_j \rangle$ 是该序列的连续子序列，其中 $1 \leqslant i \leqslant j \leqslant n$，子序列的各元素之和 $\sum_{k=i}^{j} a_k$ 称为 A 的**子段和**。例如，有一个整数序列 A = ⟨2，-3，5，9，-2，1⟩，那么它的子段和有：

长度为 1 的子段和：2，-3，5，9，-2，1。

长度为 2 的子段和：-1，2，14，7，-1。

长度为 3 的子段和：4，11，12，8。

长度为 4 的子段和：13，9，13。

长度为 5 的子段和：11，10。

长度为 6 的子段和：12。

那么最大的子段和为 5 + 9 = 14。

1. 问题描述

设 A = $\langle a_1, a_2, \cdots, a_n \rangle$ 是 n 个整数的序列，求：

$$\max\left\{0, \max_{1 \leqslant i \leqslant j \leqslant n} \sum_{k=i}^{j} a_k\right\}$$

求解该问题的方法有很多，下面依次介绍使用蛮力法、分治法和动态规划法，并加以比较。

2. 算法设计

（1）蛮力法。蛮力法最简单，只需要枚举出所有的连续子序列，然后求和并加以比较大小即可求出最大子段和。下面给出蛮力法求解的伪代码。

```
算法:最大字段和的蛮力法求解
输入:整数序列 A[1..n]
输出:最大字段和 maxSum,以及对应的起始 begin1 和终止位置 end1 下标
MaxConSubSeqSum_BruteForce(A)
begin
   maxSum←-INF
   begin 1←0
   end 1←0                                 //初始化
   for j←1 to n do                         //j 为当前连续子序列的终止位置
      for i←1 to j do                      //i 为当前连续子序列的起始位置
            temp←0
            for k←i to j do
                  temp←temp + A[k]         //计算 A[i..j]各元素的和
            end for
            if temp > maxSum then          //比较大小并更新
                  maxSum←temp
                  begin 1←i
                  end 1←j
            end if
      end for
   end for
end
```

使用 C 语言实现算法代码和测试如下：

```
#include <stdio.h>
#define N 6
#define INF 0x7FFFFFFF
int begin,end,maxSum;
void MaxConSubSeqSum_BruteForce(int A[]){
    int i,j,k,temp;
    begin=0,end=0,maxSum=-INF;
    for(j=0; j<N; j++){
        for(i=0; i <= j; i++){
            temp=0;
            for(k=i; k <= j; k++){
                temp += A[k];
            }
            if(temp>maxSum){
                maxSum=temp;
                begin=i;
                end=j;
            }
        }
    }
    if(maxSum<0){
        maxSum=0;
    }
}
int main(){
    int A[N]={2,-3,5,9,-2,1};
    MaxConSubSeqSum_BruteForce(A);
    printf("最大的子段[%d,%d],和为%d.\n",begin+1,end+1,maxSum);
}
```

该算法是一个三重 for 循环，每重循环时间复杂度为 $O(n)$，因此整个算法的时间复杂度为 $O(n^3)$。

(2)分治法。分治法的处理过程和最邻近点对的算法相似。将整个的序列从中间位置 $k=\lfloor n/2 \rfloor$ 处一分为二，$A_1=A[1..k]$ 和 $A_2=A[k+1..n]$。现在 A 的最大子段和出现的位置有三种情况：

①起始位置和终止位置都在前一半，即 $A_1=A[1..k]$ 部分；

②起始位置和终止位置都在后一半，即 $A_2=A[k+1..n]$ 部分；

③起始位置在 A_1 部分，终止位置在 A_2 部分。

对于前两种情况，恰好是规模减半的子问题。对于第三种情况，从中间位置 k 往左，依次计算子段和 $A[k..k]$，$A[k-1..k]$，…，$A[1..k]$，从中选取最大的记为 S_1；从中间位置 k+1 往右，依次计算子段和 $A[k+1..k+1]$，$A[k+1..k+2]$，…，$A[k+1..n]$，从中选取最大的记为 S_2，则 S_1+S_2 就是第三种情况的最大子段和了，如图 4.5 所示。最后比较以上三种情况就可以得到最终的最大子段和。

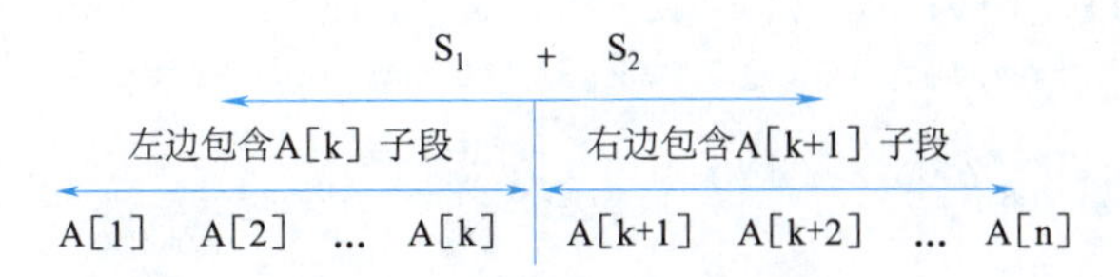

图 4.5 分治法求最大子段和

该分治算法的伪代码如下：

```
算法:最大字段和的分治法求解
输入:整数序列 A[1..n],序列的左边界 left,右边界 right
输出:A 的最大子段和
MaxConSubSeqSum_DivideAndConquer(A,left,right)
begin
   if left = right then
     return A[left]
   end if
   mid←(left + right)/2
   leftSum←MaxConSubSeqSum_DivideAndConquer(A,left,mid)
   rightSum←MaxConSubSeqSum_DivideAndConquer(A,mid+1,right)
   s1←-INF
   leftTemp←0
   for i←mid to left do
     leftTemp←leftTemp + A[i]
     if leftTemp > s1 then
           s1←leftTemp
     end if
   end for
   s2←-INF
   rightTemp←0
   for i←mid+1 to right do
     rightTemp←leftTemp + A[i]
     if rightTemp > s2 then
           s1←rightTemp
     end if
   end for
   sum←s1 + s2
   if leftSum > sum then
     sum←leftSum
   end if
   if rightSum > sum then
     sum←rightSum
   end if
   return sum
end
```

对以上算法用C语言实现并测试如下：

```
#include <stdio.h>
#define N 6
#define INF 0x7FFFFFFF
int MaxConSubSeqSum_DivideAndConquer(int A[], int left, int right){
    int i,mid,leftSum,rightSum,s1,s2,leftTemp,rightTemp,sum;
    if(left == right){
          return A[left];
    }
    mid = (left + right) / 2;
    leftSum = MaxConSubSeqSum_DivideAndConquer(A,left,mid);
```

```
    rightSum = MaxConSubSeqSum_DivideAndConquer(A,mid+1,right);
    s1 = -INF,leftTemp = 0;
    for(i = mid; i >= left; i--){
        leftTemp += A[i];
        if(leftTemp > s1){
            s1 = leftTemp;
        }
    }
    s2 = -INF,rightTemp = 0;
    for(i = mid+1; i <= right; i++){
        rightTemp += A[i];
        if(rightTemp > s2){
            s2 = rightTemp;
        }
    }
    sum = s1 + s2;
    if(leftSum > sum) sum = leftSum;
    if(rightSum > sum) sum = rightSum;
    return sum;
}
int main(){
    int A[N] = {2,-3,5,9,-2,1};
    int maxSum = MaxConSubSeqSum_DivideAndConquer(A,0,N-1);
    if(maxSum < 0) maxSum = 0;
    printf("最大的子段和为%d.\n",maxSum);
    return 0;
}
```

下面来分析分治算法的时间复杂度。计算情况①和②是规模减半的子问题，而计算情况③的时间复杂度为 $O(n)$，从而时间复杂度的递推公式为

$$T(n)=2T\left(\frac{n}{2}\right)+O(n),\qquad T(1)=0$$

根据主定理求得 $T(n)=O(n\log_2 n)$。

(3)动态规划法。首先考虑子问题的划分，这个子问题划分不能和分治法那样，因为它还要满足优化原则。一般情况下，如果能用一个参数来表示子问题的边界，则尽量采用一个参数。假设子问题都是从 A[1]开始，也就是子问题的输入为 A[1..i]，其中 1≤i≤n，其优化函数值用 C[i]来表示。那么对优化函数值 C[j](j>i)来说，很难确定它与 C[i]之间的依赖关系。因为 A[1..i]的最大子段和不一定包含 A[i]，当以这个子段来递推 A[1..j]的最大子段和时，将必须考虑到后面元素的影响，会带来更多的额外计算，计算难度加大，降低算法的性能。

例如，序列 A=⟨2,-3,5,9,-2,1⟩，计算 A[1..5]的最大子段和为 C[5]=A[3]+A[4]=5+9=14，在计算 A[1..6]时，此时 A[5]+A[6]=-2+1=-1<0，这样 A[1..6]最大子段和不应包含 A[5]。而如果把 A[6]设置为3，此时 A[5]+A[6]=-2+3=1>0，这样 A[1..6]最大子段和应该包含 A[5]和 A[6]。也就是说 A[1..5]的最大子段和的解后面的元素会影响到计算 A[1..6]最大子段和。为了得到更高效率的算法，需要在子问题之间建立一个更简单的递推关系。为此，改变优化函数的定义。

定义 C[i]是子序列 A[1..i]中必须包含 A[i]的最大子段和，即

$$C[i]=\max_{1\leq k\leq i}\{\sum_{j=k}^{i}A[j]\}$$

下面来推导 C[i+1]和 C[i]的依赖关系。按照上述定义,假设 A[k..i+1]是序列 A[1..i+1]使得 C[i+1]达到最大值的子段,则 A[k..i]一定是序列 A[1..i]使得 C[i]达到最大值的子段。否则,若存在 $t\neq k$,使得 A[t..i]是序列 A[1..i]使得 C[i]达到最大值的子段,在此基础上加上 A[i+1]所得到的子段 A[t..i+1]之和一定大于 C[i+1],这与假设矛盾,这恰好也证明了这样定义的优化函数满足优化原则。于是,思考选择怎样的子段才能使得 C[i+1]达到最大值时,只需考虑一个问题:是否把 C[i]加到 A[i+1]上? 这有两种情况:

①当 C[i]>0,此时如果加上 A[1..i]的最大子段会使 C[i+1]的值增加,因此在 A[1..i]的最大子段基础上续上 A[i+1];

②当 C[i]≤0,此时如果加上 A[1..i]的最大子段会使 C[i+1]的值减少,因此抛弃 A[1..i]的最大子段,重新开始取子段,也就是 A[i+1]。

综上,C[i+1]和 C[i]的递推关系为

$$C[i+1]=\max\{A[i+1],C[i]+A[i+1]\},i=1,2,\cdots,n$$
$$C[1]=A[1]$$

现在还有一个问题需要处理,那就是上面定义的问题与原问题并不一致,那如何由定义的问题求出原问题的解呢? 由计算已经得到了 C[i](i=1,2,…,n)的值,这些值恰好枚举了以任何元素为最后元素的所有子段的最大和,现在只需要将这 n 个值比较,从中找出最大值,这个最大值就是原问题的解。

下面把前面的算例 $A=\langle 2,-3,5,9,-2,1\rangle$计算一遍。

计算过程如下:

$C[1]=A[1]=2>0\rightarrow C[2]=C[1]+A[2]=2-3=-1<0\rightarrow C[3]=A[3]=5>0\rightarrow C[4]=C[3]+A[4]=5+9=14>0\rightarrow C[5]=C[4]+A[5]=14-2=12>0\rightarrow C[6]=C[5]+1=13$。

则原问题的最优解为 $\max\{\max\{2,-1,5,14,12,13\},0\}=14$,起止位置也可相应得出。

下面给出用动态规划法来求解该问题的伪代码。

```
算法:最长字段和的动态规划法求解
输入:序列 A[1..n]
输出:最大子段和 maxSum,对应的开始和结束位置 start 和 end
MaxConSubSeqSum_DP(A[],n)
begin
   maxSum← -INF
   b←0 //b 是前一个最大子段和
   for i←1 to n do
     if b>0 then//情况(1),应续上 A[i]
        b←b + A[i]
     end if
     else                 //情况(2),应抛弃 A[1..i-1]的最大子段,重新开始选取子段
        b←A[i]
        t←i               //记录重新开始的位置
     end
     if b>maxSum then     //选取 C[1],...,C[i-1]中最大的子段和
        maxSum ←b
        begin←t
        end←i
```

```
        end if
      end for
end
```

用C语言实现和测试代码如下：

```
#include <stdio.h>
#define N 6
#define INF 0x7FFFFFFF
int begin,end,maxSum;
void MaxConSubSeqSum_DP(int A[],int n){
    int i,b=0,t=0;
    begin=0,end=0,maxSum=-INF;
    for(i=0; i<n; i++){
        if(b>0){
            b += A[i];
        }else{
            b=A[i];
            t=i;
        }
        if(b>maxSum){
            maxSum=b;
            begin=t,
            end=i;
        }
    }
    if(maxSum<0){
        maxSum=0;
    }
}
int main(){
    int A[N]={2,-3,5,9,-2,1};
    MaxConSubSeqSum_DP(A,N);
    printf("最大的子段[%d,%d],和为%d.\n",begin+1,end+1,maxSum);
}
```

3. 算法效率分析

最长字段和的动态规划法求解算法只有一重for循环，其时间复杂度为$O(n)$。对于这个例子，使用了三种算法来求解，很显然动态规划法求解效果最好。当然，并不能认为动态规划法任何情况下都比分治法好，针对具体问题具体分析，对以上最大子段和问题，确实动态规划法更有效。

通过这个例子，我们充分认识到分治法与动态规划法的区别：分治法和动态规划法都将问题分解为子问题，然后求出子问题的解而得到原问题的解。但不同的是分治法分解出的子问题是不重叠的，而动态规划法的问题一般拥有重叠子问题。例如归并排序和快速排序是分别处理左序列和右序列，然后将左、右序列的结果合并，该过程中不出现重叠子问题，因此它们使用的都是分治法。另外，用分治法求解的问题不一定是最优化问题，而动态规划法解决的问题一定是最优化问题。

小　结

本章详细介绍了动态规划的基本概念，包括阶段、状态、决策、状态转移方程和最优值函数，并在此基础上阐述了动态规划法的算法思想以及使用条件和步骤，最后通过几个典型实例详细分析和设计如何利用动态规划法来解决实际问题。

动态规划法是一种用来解决一类最优化问题的算法思想，使用时要满足三个前提条件：最优子结构；无后效性；有重叠的子问题。其中前两个条件必须满足，第三个条件不是必需的，但满足了第三个条件才能体现出动态规划法的优越性。

简单来说，动态规划法的过程是将一个复杂的问题分解成若干个子问题，通过综合子问题的最优解来得到原问题的最优解。需要注意的是，动态规划法一般会将每个求解过的子问题的解记录下来，这样当下一次碰到相同（重叠）的子问题时，就可以直接使用之前记录的结果，而不是重复计算，这样就提升了效率。设计动态规划法的关键是通过合适的划分子问题而得到动态规划法的递推方程和边界条件。设计动态规划法的基本步骤是：

（1）分析最优解的性质，判断该问题是否满足动态规划法的前提条件。

（2）若满足则合适地划分子问题，看子问题重叠的程度，若子问题重叠度不高，则无须用动态规划法，因为此时它很难在时间复杂度上有实质的提升；否则适合用动态规划法。

（3）分析各子问题结构特征，包括阶段、状态、决策和最优值函数等，根据子问题之间的依赖关系写出动态规划法的基本递推方程，包括边界条件。

（4）采用自底向上或自顶向下的实现技术，从最小子问题开始迭代计算，直到原问题规模为止，计算中用备忘录保留各子问题优化函数的最优值和标记函数值。

（5）利用备忘录和标记函数值通过追溯得到问题的最优解。

由于需要用备忘录来存放中间结果，所以动态规划法一般使用较多的存储空间，对于某些规模较大的问题，这往往成为限制动态规划法使用的瓶颈因素。

习　题

1. 请列出动态规划法使用的前提条件，并简述动态规划法求解问题的一般步骤。

2. 用动态规划法求解下面的组合优化问题：

$$\max z = g_1(x_1) + g_2(x_2) + g_3(x_3)$$

$$x_1^2 + x_2^2 + x_3^2 \leqslant 10$$

$$x_1, x_2, x_3 \text{ 为非负整数}$$

其中函数$g_1(x)$、$g_2(x)$、$g_3(x)$的值在表 4.5 中给出。

表 4.5　函数值

x	$g_1(x)$	$g_2(x)$	$g_3(x)$	x	$g_1(x)$	$g_2(x)$	$g_3(x)$
0	2	5	8	2	7	16	17
1	4	10	12	3	11	20	22

3. 给出一个三角形，计算从三角形顶部到底部的最小路径和，每一步都可以移动到下一行相邻的数字。例如，给出的三角形如下：[[20],[30,40],[60,50,70],[40,10,80,30]]，最小的从顶部到底部的路径和为 20 + 30 + 50 + 10 = 110。请用动态规划法求解上述问题。

4. 一个机器人在 $m \times n$ 的地图的左上角（起点）。机器人每次可以向下或向右移动，目标是到达地图的右下角（终点），问有多少种不同的路径从起点走到终点？

起点				
				终点

5. 求将正整数 n 无序拆分成最大数为 k(称为 n 的 k 拆分)的拆分方案个数,要求所有的拆分方案不重复。

6. 设A和B是两个字符串,要用最少的字符操作将字符串A转换为字符串B。这里所说的字符操作包括删除一个字符;插入一个字符;修改一个字符。将A转换为B所用的最少字符操作数称为A到B的编辑距离,求A到B的编辑距离。

第5章 贪心法

学习目标

◇ 理解贪心法的基本原理和基本要素。

◇ 掌握贪心法的解题步骤和应用场景。

◇ 掌握贪心法的正确性证明方法和效率分析方法。

◇ 增强责任感和承诺精神，提升全局视野和长远规划能力。

在商店购买商品时，如果顾客支付的金额大于商品价格，商店收银员需要找零给顾客。收银员总是想留下更多数量的零钱备用，在找零时，会尽量使用较少数量的零钱来凑够找零金额，每次找零时选择面额最大的硬币或纸币进行找零，直到找零金额为0为止。这种找零钱的方法就是贪心法。贪心法是一种通用的算法设计技术，在数据结构课程中的最小生成树、单源最短路径、哈夫曼等问题的求解方法采用的即是贪心法。贪心法就是不断选择在当前看来最好的选择，也就是说贪心法并不从整体最优考虑，它所作出的选择只是在某种意义上的局部最优选择，通过分步的局部最优以达到全局最优的一种解题思路，强调了勤勉、踏实、坚持和耐心的重要性。贪心法的优势在于简单且效率较高，但并不一定能够得到最优解。

5.1 贪心法的基本思想

在现实生活中，我们常常需要在资源有限的情况下做出决策，以实现最优化的目标。类似地，一个旅行者在背包容量有限的情况下需要选择携带哪些物品，以最大化携带物品的总价值，这就是部分物品背包问题。贪心法作为一种简单而高效的算法，可以帮助我们解决这类问题。

微视频

部分背包问题

5.1.1 部分背包问题

1. 问题描述

给定编号 $1\sim n$ 的 n 个物品，编号 i 的物品重量 w_i，价值 v_i，现用1个负重 W 的背包来装这些物品，在不超过背包负重的前提下，使得背包装入的总价值最大。与0-1背包问题的区别是这些物品可以分割后部分装入背包，分割后的物品重量价值比不变。一个背包负重 $W=150$ 的7个物品的部分背包问题示例见表5.1。

表 5.1　部分背包问题示例

物品编号	1	2	3	4	5	6	7
重量 w_i	35	30	60	50	40	10	25
价值 v_i	10	40	30	50	35	40	30

2. 问题分析

如果选用以下贪心策略求解，是否可以得到问题的最优解？

(1)价值最大策略：选择价值最大的物品，因为这可以尽可能快地增加背包的总价值。但背包容量却可能消耗得太快，使得装入背包的物品个数减少，从而不能保证装入背包的物品总价值达到最大。按照物品价值从大到小排序，价值相同的重量小的优先，可依次选择 4 号物品、6 号物品、2 号物品、5 号物品、7 号物品(部分装入)。得到背包的总重量为 $50+10+30+40+20=150$，总价值为 $50+40+40+35+20/25\times30=189$。

(2)重量最轻策略：选择重量最轻的物品，因为这可以装入尽可能多的物品，从而增加背包的总价值。但背包的价值却不能保证迅速增长，也不一定能保证装入背包的物品总价值达到最大。按照物品重量从小到大排序，可选择 6 号物品、7 号物品、2 号物品、1 号物品、5 号物品和 4 号物品(部分装入)，得到背包的总重量为 $10+25+30+35+40+10=150$，总价值为 $40+30+40+10+35+10/50\times50=165$。

(3)单位重量价值最大策略：选择单位重量价值最大的物品，在背包价值增长和背包容量消耗两者之间寻找平衡。将物品按照单位重量价格从大到小排序，可选择 6 号物品、2 号物品、7 号物品、4 号物品和 5 号物品(部分装入)，得到背包总重量为 $10+30+25+50+35=150$，总价值为 $40+40+30+50+35/40\times35=190.625$。

显然，以上三种贪心策略中，第(3)种每次选取单位重量价值最大策略使得装入背包的物品总价值最大。

3. 数学模型

设 x_i 表示编号为 i 的物品装入背包情况，$0\leqslant x_i\leqslant1$。根据问题的要求，有如下目标函数和约束条件：

$$\text{目标函数}:\max\sum_{i=1}^{n}v_ix_i$$

$$\text{约束条件}:\text{s.t.}\begin{cases}\sum_{i=1}^{n}w_ix_i\leqslant W\\x_i\in[0,1],1\leqslant i\leqslant n\\w_i>0\end{cases}$$

这是部分背包问题的形式化描述，部分背包问题归结为寻找满足上述约束条件，并使得目标函数达到最大的解向量 $\boldsymbol{x}=\{x_1,x_2,\cdots,x_n\}$。

4. 贪心法设计

贪心选择策略：首先按照每个物品的单位重量价值 v_i/w_i 给物品重新排序，排序后的物品也重新编号 $1\sim n$，即 $i<j$ 时有 $\frac{v_i}{w_i}\geqslant\frac{v_j}{w_j}$。然后从单位重量价值最大的物品开始选择，若将这个物品全部装入背包后，背包没有超过其负重 W，则继续选择下一个物品进行装入，当选择某物品装入背包后超过背包负重，则该物品采用部分装入方式将背包装满。

5. 贪心法正确性证明

接下来证明按单位重量价值最大策略做出的贪心选择可获取问题最优解。

(1)存在包含单位价值最大物品的最优解。

使用反证法来证明第一步选择,因为物品已经按单位重量价值递减排序且 $w_1 < W$,则部分背包问题存在最优解 $v_1x_1 + v_2x_2 + ... + v_nx_n$。若最优解中的 $x_1 = 1$,显然最优解包含单位重量价值最大的物品的结论成立。若 $x_1 < 1$,则将背包中重量等于 $(1 - x_1) w_1$ 的部分物品与物品 1 交换,这样背包的负重不变,但因 $(1 - x_1)w_1 \frac{v_i}{w_i} < (1 - x_1)w_1 \frac{v_1}{w_1}$,即被交换的那部分物品的价值小于物品 1 的这部分价值,即等量交换后背包的总价值增加了,这与假设是最优解矛盾。如果 $w_1 \geqslant W$,则直接装入 W 重的第 1 个物品部分即为最优解,总价值为$\frac{W}{w_1}v_1$。

因此,存在最优解中肯定包含单位重量价值最大的物品,证明了从单位重量价值最大的物品开始作为第一步选择是正确的。

(2) 在完成第一步选择之后,子问题 $P'(\max \sum_{i=2}^{n} v_ix_i, \sum_{i=2}^{n} w_ix_i \leqslant W - w_1)$ 与原问题 $P(\max \sum_{i=1}^{n} v_ix_i, \sum_{i=1}^{n} w_ix_i \leqslant W)$ 还是同一类问题,意味着我们的选择没有改变问题的结构。令 π' 为子问题 P'的最优解,π 为原问题 P 的最优解,则 $\pi = \pi' + v_1$。

还是使用反证法来证明这个结论,假设 π 不是原问题的最优解,原问题 P 有一个其他的最优解 π^*。根据第一步结论,我们知道最优解 π^* 中一定含有 v_1,那么 $\pi^* - v_1$就应该是子问题 P'的解,$\pi^* - v_1 > \pi - v_1 = \pi'$,这与 π'为子问题 P'的最优解定义矛盾。所以 $\pi = \pi' + v_1$不可能不是最优解,因此原问题的最优解等于子问题最优解加上第一个选择的物品价值。

(3)由以上两步证明知道,按照单位重量价值由大到小做出的每一步选择,都将原问题简化为一个与原问题相同形式的更小的子问题,使用数学归纳法可以证明这种贪心策略可以得到原问题的一个最优解。

5.1.2 贪心法的基本要素

贪心法是一种简单有效、稳扎稳打的算法,它从问题的某一个初始解出发,在每一个阶段都根据贪心策略来做出当前最优决策,逐步逼近给定目标,尽可能快地求得更好的解。即以逐步的局部最优,达到最终的全局最优。

用贪心法求解问题要满足以下条件:

(1)最优子结构性质。当一个问题的最优解一定包含其子问题的最优解时,称此问题具有最优子结构性质。一个问题能够分解成各个子问题来解决,通过各个子问题的最优解能递推到原问题的最优解。此时,原问题的最优解一定包含各个子问题的最优解,这是能够采用贪心法来求解问题的关键。

(2)贪心选择性质。贪心选择性质是指所求问题的整体最优解可以通过一系列局部最优的选择获得,即通过一系列的逐步局部最优选择使得最终的选择方案是全局最优的。其中每次所做的选择,可以依赖于以前的选择,但不依赖于将来所做的选择。这是贪心法可行的关键要素,也是贪心法与动态规划算法的主要区别。在动态规划中,在每次做出一个选择的时候总是要将所有选择进行比较才能确定到底采用哪一种选择,而这种选择的参考依据是以子问题的解为基础的,所以动态规划总是采用自底向上的方法,先得到子问题的解,再通过子问题的解构造原问题的解。在贪心法中,通常以自顶向下的方式进行,以迭代的方式作出相继的贪心选择,每作出一次贪心选择都将所求问题简化为规模更小的子问题。

贪心法的正确性通常需要通过数学证明来证明。证明贪心法的正确性通常需要利用贪心选择性质和最优子结构性质,并证明每一步的选择都能导致最终的最优解。在分析问题是否具有最优子结构性质时,通常先设出问题的最优解,给出子问题的解一定是最优的结论。然后,采用反证法证明“子问题的解一定是最优的”结论成立。证明思路是:设原问题的最优解导出子问题的解不是最优的,然后在这个假设下可以构造出比原问题的最优解更好的解,从而导致矛盾。对于一个具体问题,要确定它是否具有贪心选择性质,必须证明每一步所做的贪心选择最终导致问题的整体最优解。

5.1.3 贪心法求解问题的基本步骤和效率分析

1. 基本步骤和伪代码框架

贪心法的求解通常包括如下三个步骤:

(1)分解:将原问题求解过程分解为若干个相互独立的决策阶段。

(2)决策:对于每个阶段依据贪心策略进行贪心选择,求出局部的最优解,并缩小待求问题的规模,将问题简化为与原问题相同形式且规模更小的子问题。

(3)合并:将各个阶段的局部解合并为原问题的一个全局最优解。

具体来说,贪心法的步骤如下:

(1)确定问题的最优解的性质,即确定贪心选择的标准。

(2)根据贪心选择的标准,做出当前问题的最优选择。

(3)将当前选择加入解集中,并更新问题的约束条件或目标函数。

(4)重复步骤(2)和步骤(3),直到达到问题的终止条件。

贪心法的伪代码框架如下:

```
算法:贪心法
输入:问题输入集合 A,A[0:n-1]共包含 n 个输入
输出:问题解集合 S
Greedy(A,n)
begin
    S←{}//将解集合 S 初始化为空;
    for  i←0 to n  do      //原问题分解为 n 个阶段
        x←select(A);       //依据贪心策略做贪心选择,求得局部最优解
        if(x 可以包含在 S) //判断解集合 S 在加入 x 后是否满足约束条件
            S←S+{x}        //部分局部最优解进行合并
        end if
    end for
    return S               //n 个阶段完成后,得到原问题的最优解
end
```

伪代码中 A 为问题输入对象集合,S 为问题解集合,它随着贪心选择的进行不断扩展,直到构成一个满足问题的完整解。选择函数 select()是贪心法的实现过程,是贪心法的关键,它指出哪个对象最有希望构成问题的最优解,选择函数通常与问题的目标函数相关。

2. 算法效率分析

贪心法是一种在每一步选择中都采取当前状态下最优的选择,从而希望最终能够得到全局最优解的算法。下面对贪心法的时间复杂度进行分析:

(1)单次选择时间复杂度:在贪心法中,每次选择最优解的时间复杂度取决于问题本身的特性,可以是线性时间复杂度,也可以是常数时间复杂度。

(2)总体时间复杂度:贪心法的总体时间复杂度通常取决于问题的特性,以及算法中所涉及的

操作数量。在一些问题中,贪心法的时间复杂度可能是线性的,即 $O(n)$,其中 n 是问题规模。在另一些问题中,贪心法可能具有更低的时间复杂度,甚至是常数级别的时间复杂度。

总的来说,贪心法的时间复杂度通常较低,通常能够在较短的时间内找到一个接近最优解的解决方案。贪心法的优势在于简单且高效,因为它不需要遍历所有可能的解空间,而是通过贪心选择来逐步逼近最优解。然而,贪心法的局限性在于它不能保证得到全局最优解,因为它只考虑了局部最优选择,而未考虑该选择对未来的影响。因此,在某些情况下,贪心法可能得到次优解或错误的解。

5.2 贪心法的典型实例

微视频

活动安排问题

5.2.1 活动安排问题

1. 问题描述

学校有 n 个分工会需要进行节目彩排活动安排,学校彩排舞台只有一个。每个分工会都有自己的一个空闲时间段,即每个分工会都给出自己可以进行彩排活动的一个起始时间和结束时间。而学校的舞台同一时间只能安排一个分工会入场进行活动。如何安排这次彩排活动,使得被安排的分工会尽可能多,没有能安排的分工会只能放到下次安排。

设学校分工会节目彩排活动编号的集合为 $E=\{1,2,\ldots,n\}$,第 i 个分工会节目彩排活动的起始时间为 s_i,结束时间为 f_i,且 $s_i<f_i$。如果安排了第 i 个分工会进行彩排,则它在半开时间区间 $[s_i, f_i)$ 内占用舞台资源。当 $n=11$ 时,各分工会节目彩排活动的起始时间和结束时间见表5.2。当两个活动区间 $[s_i,f_i)$ 与 $[s_j,f_j)$ 不相交,则称活动 i 和活动 j 是相容的,即 $s_i \geq f_j$ 或 $s_j \geq f_i$,$i \neq j$,活动 i 和活动 j 相容。活动安排问题是求活动集 E 的两两相容的最大活动子集 S。

表5.2 各分工会节目彩排活动的起始时间和结束时间

分工会 i	1	2	3	4	5	6	7	8	9	10	11
起始时间 s_i	1	3	0	5	3	5	6	8	8	2	12
结束时间 f_i	4	5	6	7	8	9	10	11	12	13	14

2. 问题分析

如何选择贪心策略使得按照一定的顺序选择相容活动,能够安排尽量多的活动?

贪心策略1:更早的活动起始时间优先策略,这样可以增大舞台资源利用率。按照活动的起始时间先后顺序选择活动。如表5.2所示的11个活动,先安排活动3,则活动1、2、4、5、6、10与活动3均不相容;之后安排与活动3相容的具有更早起始时间的活动7,则活动8、9与活动7均不相容;之后安排与活动7相容的具有更早起始时间的活动11,安排结束。贪心策略1安排的相容活动集合 $S=\{3,7,11\}$。

贪心策略2:更早的活动结束时间优先策略,这样可以使得下一个活动尽早得到安排。按照活动结束时间从小到大顺序选择活动,表5.2中的活动已经按活动结束时间顺序从小到大排序。选择活动1,之后选择与活动1相容的活动4,之后选择与活动4相容的活动8,最后选择与活动8相容的活动11,安排结束。贪心策略2安排的相容活动集合 $S=\{1,4,8,11\}$。

3. 贪心策略2的正确性证明

将 n 个活动按照其结束时间 f_i 从小到大排序,排序后的活动序列亦按 $E=\{1,2,\ldots,n\}$ 编号,见表5.2,活动已按结束时间 f_i 从小到大次序排好顺序。第一次先选1号活动,然后接下来的每一步,从 E 中按顺序选出下一个相容的活动,直到 E 中所有活动都被检查过一遍。证明贪心策略2能得到活动安排问题的最优解,即考查如下问题:该算法执行到第 k 步时,选择了 k 个活动:$i_1,i_2,\ldots,i_k$,则

存在最优解 S 包含这 k 个活动,即该算法执行的每一步的结果都是最优解的一部分。

(1)设 S 是 E 的一个最优解且 $S=\{i_1,...,i_m\}$。若最优解 S 的第一个活动 $i_1\neq1$,由于活动1的结束时间是活动集合 E 中最前面的,因此 $f_1\leqslant f_{i_1}$。这样,就将 S 中的 i_1 换成1,得到 S':

$$S'=(S-\{i_1\})\cup\{1\}=1,...,i_m$$

由于 $f_1\leqslant f_{i_1}$,因此 S' 中的活动也是相容的,而且活动数量与 S 中一致,故 S' 也是一个最优解。也即 E 中的第1步选择活动1肯定可以在一个最优解中。

(2)采用数学归纳法证明,若第 k 步选择的活动 i_k 在最优解中,则第 $k+1$ 步选择的与前 k 个都相容的活动 i_{k+1} 也在最优解中。

归纳假设第 k 步选择的活动 i_k 在最优解中,可以表述为:前 k 步已经选择的活动为 $i_1,i_2,...,i_k$,存在一个最优解 S:

$$S=S_k\cup B, S_k=\{i_1,i_2,...,i_k\}$$

第 $k+1$ 步时,选择只能在待选活动集合 E' 中选取。所谓待选活动集合,即原集合 E 中去除已判为冲突的活动和已选择的活动后剩下的集合,即:

$$E'=\{j|s_j\geqslant f_{i_k},j\in E\}$$

①那么,B 是 E'(子问题)的一个最优解。若不是,假设 E' 的最优解是 B^*,且 $B^*>B$,那么用 B^* 替换 B 以后得到 $S'=S_k\cup B^*$,则 $S'>S$,与 S 是最优解矛盾。故 $S=S_k\cup B$。

②根据(1)的证明,贪心策略2的第一步选择结束时间最早的活动总是导致问题的一个最优解,故对于子问题 E' 存在一个最优解 B',包含子问题 E' 的第一个活动 i_{k+1}。因 B' 和 B 都是 E' 的最优解,$B'=B$,故 $S'=S_k\cup B'=\{i_1,...,i_k,i_{k+1}\}\cup(B-\{i_{k+1}\})$。

S' 和 S 是包含的活动数量一样的原问题的最优解,因此得证第 $k+1$ 步选择的活动 i_{k+1} 在最优解中。即按贪心策略2进行选择的活动必将导致问题的一个最优解是成立的。

4. 算法实现

活动安排问题的贪心法C语言程序实现代码如下:

```
#include <stdio.h>
const int N =11;
int s[N+1];//{0,1,3,0,5,3,5,6,8,8,2,12};
int f[N+1];//{0,4,5,6,7,8,9,10,11,12,13,14};
int S[N];
void GreedySelector(int n){
    int i, j;
    S[1]=1;
    j=1; i=2;
    while (i <= n){
        if (s[i]>f[j]) {
            S[i] =1;j=i;
        }else S[i]=0;
        i++;
    }
}
int main(){
    //输入活动的起始时间和结束时间
    //用一种排序算法对数组 f 排序,同时改变数组 s 对应元素
    GreedySelector(N);
    for(int i=1;i<=N;i++)
```

```
        if(S[i]) printf("活动%2d:起始时间%2d-->结束时间%2d\n",i,s[i],f[i]);
    printf("\n");
}
```

5. 算法效率分析

问题的输入规模为 n,按活动结束时间从小到大高效排序的时间复杂度为 $O(n\log_2 n)$,贪心法选择活动需要循环 n 次,故 $T(n)=O(n\log_2 n)+O(n)=O(n\log_2 n)$。

•微视频

村村通最小成本问题

5.2.2 村村通最小成本问题

1. 问题描述

村村通工程(通电、通水、通气、通网、通路等)是政府推行的一个旨在改善农村地区基础设施和信息化水平的工程项目。某乡镇政府决定实现村村通公路,工程师通过勘察已将各个村落之间的道路修建数据统计出来,表5.3中列出了各村之间可以建设公路的若干条道路的成本,村落与村落之间没有列出数据则表示这些村落之间无路连通,根据表中给出的数据,求使得每个村都有公路连通所需要的最低成本。

表5.3 各村落之间道路建设成本

村落	1	1	1	1	1	2	2	3	4	5
村落	2	3	4	5	6	3	6	4	5	6
成本	2	9	8	4	5	6	9	4	6	3

2. 问题分析

用无向连通带权图 $G=(V,E)$ 表示村落之间的道路数据及其公路修建成本,如图5.1所示,村落为图 G 的顶点,村落之间有路连通用无向边相连,边的权值为修建村落公路的成本。

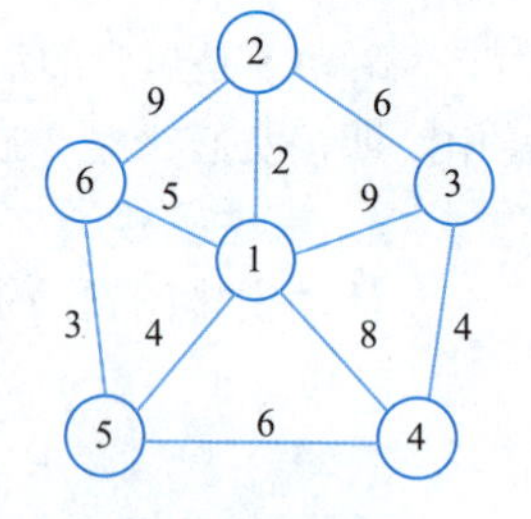

图5.1 无向连通带权图

村村通公路最小成本问题转化为求图 G 的最小生成树问题。对一个无向连通带权图 G,如果 G 的子图 G' 是一棵包含 G 的所有顶点的树,则称 G' 为 G 的生成树。生成树上各边权的总和称为该生成树的耗费。在 G 的所有生成树中,耗费最小的生成树称为 G 的**最小生成树**。

最小生成树性质:设 $G=(V,E)$ 是连通带权图,S 是 V 的真子集。如果 $(i,j)\in E$,且 $i\in S,j\in V-S$,且在所有这样的边中,(i,j) 的权 $c[i][j]$ 最小($c[i][j]$ 记录顶点 i 到顶点 j 之间的权值),那么必存在一棵包含边 (i,j) 的最小生成树。这个性质也称为 MST(minimum spanning tree)性质。

MST 性质证明:假设 G 中任何一棵最小生成树都不含 MST 性质中描述的边 (i,j)。则若 T 是 G 的一棵最小生成树,则它不含此边。由于 T 是包含了 G 中所有顶点的连通图,所以 T 中必有一条从顶点 i 到顶点 j 的路径 P,而且路径 P 中必定包含一条边 (i',j') 连接顶点集 S 和顶点集 $V-S$,其中 $i'\in S,j'\in V-S$,否则 i 和 j 不可能连通,如图5.2所示。

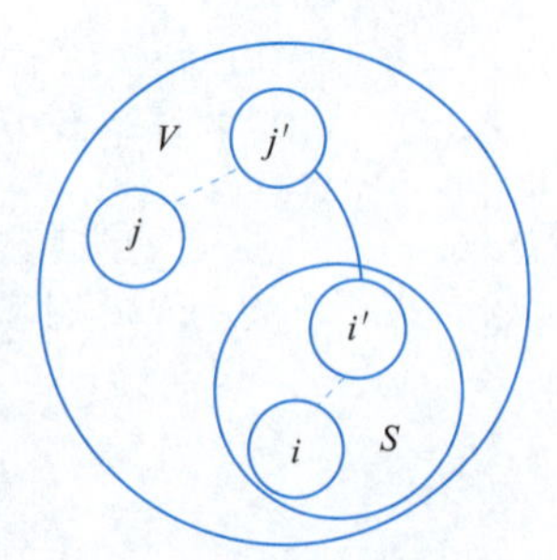

图5.2 $i-i'-j'-j$ 的一条路径 P

当把边 (i,j) 加入树 T 时,该边和 P 明显构成了一个回路。删去边 (i',j') 后回路即消除,由此可得另一生成树 T'。很显然,T' 和 T 的差别仅仅在于 T' 用边 (i,j) 取代了 T 中权重可能更大的边 (i',j')。因为 $c[i][j]\leqslant c[i'][j']$,故此 T' 的耗费 $\leqslant T$ 的耗费,且 T' 是包含 (i,i) 边的一棵最小生成树,这与假设是矛盾的,所以,MST 性质成立。

3. 算法设计

1)贪心策略1

(1)Prim 算法思想。

1930 年数学家沃伊捷赫·亚尔尼克(Vojtěch Jarník)首次提出 Prim 算法,计算机科学家罗伯特·普里姆(Robert C. Prim)和艾兹格·迪科斯彻(Edsger Wybe Dijkstra)分别于 1957 年和 1959 年再次发现了该算法。因此该算法又称 DJP 算法、亚尔尼克算法或普里姆-亚尔尼克算法。

设图 $G=(V,E)$是无向连通带权图,$V=\{1,2,...,n\}$,E 为边集,$c[i][j]$记录顶点 i 到顶点 j 这条边的权值。*Prim* 算法构造最小生成树的基本步骤如下:

①置顶点集合 $S=\{1\}$;

②只要 S 中顶点数目小于 n,就作如下的贪心选择:选取满足条件 $i\in S,j\in V-S$,且权值 $c[i][j]$最小的边,将顶点 j 添加到 S 中。

这个过程一直进行到 $S=V$ 时为止,选取到的所有边恰好构成 G 的一棵最小生成树。

(2)构造 Prim 算法最小生成树。

下面给出无向带权图 5.1 的 Prim 算法构造最小生成树过程。

①从点 1 开始,$S=\{1\}$,$V-S=\{2,3,4,5,6\}$;

②连接 S 到 $V-S$ 权值最小的边是(1,2),权值为 2,连接此边,并将顶点 2 加入 S,则 $S=\{1,2\}$,$V-S=\{3,4,5,6\}$;

③连接 S 到 $V-S$ 权值最小的边是(1,5),权值为 4,连接此边,并将顶点 5 加入 S,则 $S=\{1,2,5\}$,$V-S=\{3,4,6\}$;

④连接 S 到 $V-S$ 权值最小的边是(5,6),权值为 3,连接此边,并将顶点 6 加入 S,则 $S=\{1,2,5,6\}$,$V-S=\{3,4\}$;

⑤连接 S 到 $V-S$ 权值最小的边有(2,3)和(5,4),权值都为 6,可选其一进行连接,如选择连接(2,3),则将顶点 3 加入 S,$S=\{1,2,5,6,3\}$,$V-S=\{4\}$;

⑥连接 S 到 $V-S$ 权值最小的边是(3,4),权值为 4,连接此边,并将顶点 4 加入 S,则 $S=\{1,2,5,6,3,4\}$,$V-S=\{\}$。

此时 $S=V$,完成最小生成树的构造。详细构造过程如图 5.3 所示。

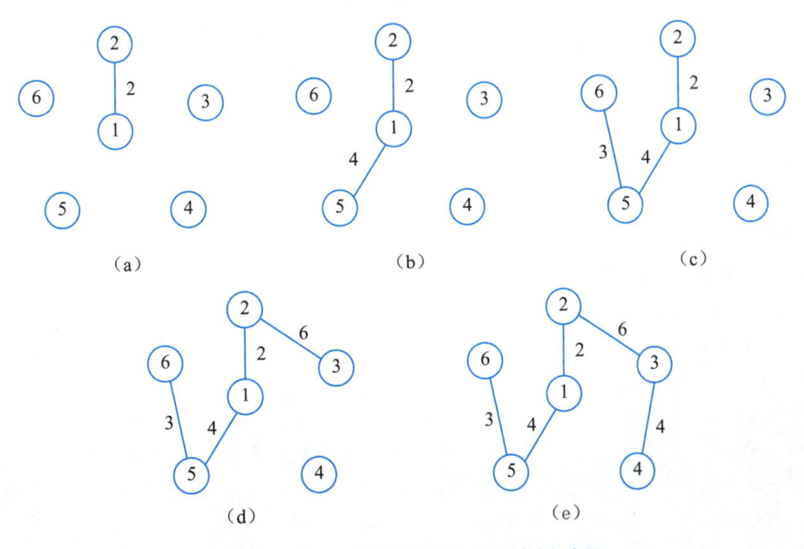

图 5.3　Prim 算法构造最小生成树过程

(3)**Prim 算法正确性证明。**

对于 $k<n$,存在一棵最小生成树包含 *Prim* 算法前 k 步选择的边。

①首先证明 $k=1$,存在一棵最小生成树 T 包含边 $e=(1,i)$,其中 $c[1][i]$是所有关联顶点 1 的边中权值最小的。

设 T 是一棵最小生成树,且 T 不包含边$(1,i)$,则 $T+(1,i)$含有一条回路,删除回路中关联顶点 1 的另一条边$(1,j)$得到一棵生成树 T',如图 5.4 所示。因 $c[1][i] \leqslant c[1][j]$,所以生成树 T'的权值≤最小生成树 T 的权值,与 T 是一棵最小生成树矛盾。因此,与顶点 1 关联的最小权值边一定包含在一棵生成树中。

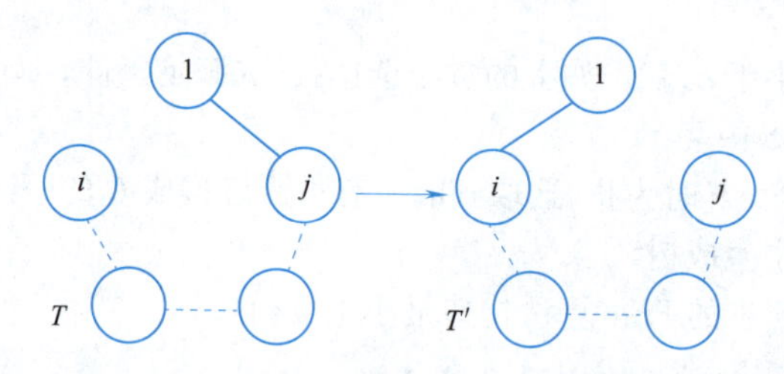

图 5.4 $k=1$ 的证明示意图

②假设 Prim 算法第 k 步选择的边构成一棵最小生成树的边,证明算法第 $k+1$ 步选择的边也构成一棵最小生成树的边。

假设算法进行了 k 步,生成树的边为 $e_1,e_2,\cdots,e_k$,这些边的端点构成集合 S。由归纳假设存在 G 的一棵最小生成树 T 包含这些边。算法第 $k+1$ 步选择顶点 i_{k+1},则 i_{k+1} 到 S 中顶点边权值最小,设此边 $e_{k+1}=(i_k,i_{k+1})$。若 $e_{k+1}\in T$,则算法 $k+1$ 显然正确。

若 T 不包含 e_{k+1},将 e_{k+1}加 T 中形成一条回路,这条回路有另外一条连接 S 与 $V-S$ 中顶点的边 e,令 $T^*=(T-\{e\})\cup\{e_{k+1}\}$,则 T^* 是一棵生成树,包含 $e_1,e_2,\cdots,e_k,e_{k+1}$,且 T^* 的各边权值之和小于等于 T 的各边权值之和,说明 T^* 也是一棵最小生成树,算法到 $k+1$ 步仍然得到最小生成树。证明过程如图 5.5 所示。

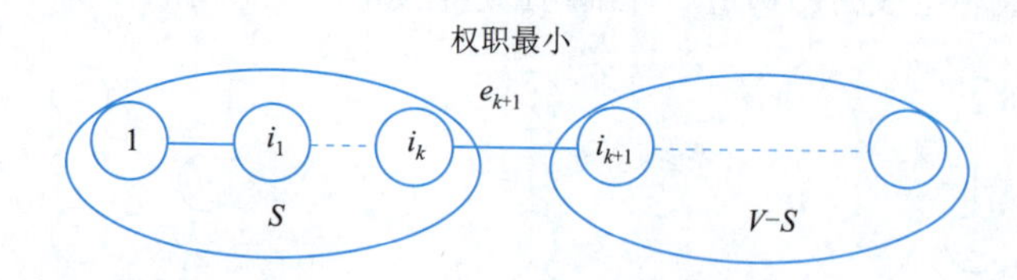

图 5.5 $k+1$ 的证明过程示意图

(4)**算法实现。**

Prim 算法的 C 语言实现代码。

```
#include <stdio.h>
#include <limits.h>
#define M INT_MAX//代表无穷大,limits.h
const int N = 6;//顶点数
void Prim(int n, int c[][N + 1]){//数组 c 存放用权值表示的图的邻接矩阵
    int closest[N + 1];// closest[i]属于 S,i 属于 V - S,i 距离 S 中最近的点是 closest[i]
    int lowcost[N + 1];//记录 c[i][closest[i]]的权值
    bool s[N + 1];// 顶点集合 S
    s[1] =1;// 初始 S = {1}
```

```
    for (int i =2; i  <= n; i ++){//初始化
        closest[i] =1;
        lowcost[i] =c[1][i];
        s[i] =0;
    }
    for (int i =1; i <n; i ++){
        int min =M;
        int j =1;
        //找出不在 S 中,且距离 S 近的顶点记为 j
        for (int k =2; k  <= n; k ++){
            if ((lowcost[k] <min) && (! s[k])){
                min =lowcost[k];
                j =k;
            }
        }
        // 找到符合贪心选择方式的边,将顶点 j 加入集合 S
        printf("% d - -% d\n",closest[j] , j );
        s[j] =1;//将顶点 j 加入 S
        // 更新数组 closest 和 lowcost
        for (int k =2; k  <= n; k ++){
            if ((c[j][k] <lowcost[k] && (! s[k]))){
                lowcost[k] =c[j][k];
                closest[k] =j;
            }
        }
    }
}
int main(){
    int c[N + 1][N + 1] ={//邻接矩阵行和列下标从 1 开始
        {M,M,M,M,M,M,M},
        {M,M,2,9,8,4,5 },
        {M,2,M,6,M,M,9},
        {M,9,6,M,4,M,M},
        {M,8,M,4,M,6,M},
        {M,4,M,M,6,M,3},
        {M,5,9,M,M,3,M},
    };
    printf( "图的邻接矩阵为(无边为∞):\n");
    for (int i =1; i  <= N; i ++){
        for (int j =1; j  <= N; j ++)
            if(c[i][j] ==M)printf("∞  ");else printf("%  -2d ", c[i][j]);
        printf("\n");
    }
    printf( "\nPrim 算法的贪心选边次序:\n" );
    Prim(N, c);
    return 0;
}
```

顶点 j 属于 $V-S$,closest[j]属于 S,closest[j]是顶点 j 到 S 中的最近邻接顶点,即边(closest[j],j)是连接顶点集合 S 和 $V-S$ 且具有最小权值的边。顶点 j 到 closest[j]与顶点 j 到 S 中的其他顶点 k

相比,c[j][closest[j]] <= c[j][k],即具有最小权值,用 lowcost 数组记录。

(5) **Prim 算法运行结果。**

```
图的邻接矩阵为(无边为∞):
∞ 2  9  8  3  5
2  ∞ 6  ∞ ∞ 9
9  6  ∞ 4  ∞ ∞
8  ∞ 4  ∞ 6  ∞
3  ∞ ∞ 6  ∞ 3
5  9  ∞ ∞ 3  ∞
Prim 算法的贪心选边次序:
1 - -2
1 - -5
5 - -6
2 - -3
3 - -4
```

(6) **时间效率分析。**

当使用邻接矩阵存储图时,Prim 算法的时间复杂度为 $O(n^2)$,其中 n 是顶点的数量。这是因为 Prim 算法需要遍历每个顶点,并在每次迭代中找到与当前生成树最近的顶点。当使用邻接表存储图时,Prim 算法的时间复杂度为 $O((n+e)\log_2 n)$,其中 e 是边的数量。这是因为 Prim 算法使用最小堆来选择最小权值的边,每次从堆中取出边的时间复杂度为 $O(\log_2 n)$,而最多有 n 个顶点和 e 条边。

2) **贪心策略 2**

(1) **Kruskal 算法思想。**

1956 年 Kruskal 提出最小生成树的 Kruskal 算法,该算法每次都选择权最小的可以连通两个不同连通分支的边来构造最小生成树。设图 $G=(V,E)$ 是无向连通带权图,$V=\{1,2,...,n\}$。Kruskal 算法构造最小生成树的基本步骤如下:

①将 G 的 n 个顶点看成 n 个孤立的连通分支,并将所有的边按权从小到大排序。

②从第一条边开始,依边权递增的顺序考察每一条边,并按下述方法连接 2 个不同的连通分支:

③当考察到第 k 条边 (v,w) 时:

a. 如果端点 v 和 w 分别是当前 2 个不同的连通分支 $T1$ 和 $T2$ 中的顶点时,就用边 (v,w) 将 $T1$ 和 $T2$ 连接成一个连通分支,然后继续观察第 $k+1$ 条边。

b. 如果端点 v 和 w 在当前的同一个连通分支中,则形成一个环被舍去,直接再考察第 $k+1$ 条边。

④这个过程一直进行到只剩下一个连通分支时为止,选取到的所有边恰好构成 G 的一棵最小生成树。

(2) **Kruskal 算法构造最小生成树。**

下面给出无向带权图 5.1 的 Kruskal 算法构造最小生成树过程。

①首先考察权值最小边(1,2),权值为 2,判断不会形成环,连接;

②接下来考察权值为 3 的边(5,6),判断不会形成环,连接;

③剩下的权值最小边有(1,5)和(3,4),权值都是 4。按顺序先考察边(1,5),判断不会形成环,连接;

④再考察权值为 4 的边(3,4),判断不会形成环,连接;

⑤剩下的权值最小边(1,6),权值为 5,判断形成环,舍去;

⑥剩下的权值最小边有(2,3)和(5,4),权值都是 6。按顺序先考察边(2,3),判断不会形成环,连接;

⑦此时已连接了 5 条边,并将原图中的 6 个顶点形成一个连通图,完成最小生成树的构造。详细构造过程如图 5.6 所示。

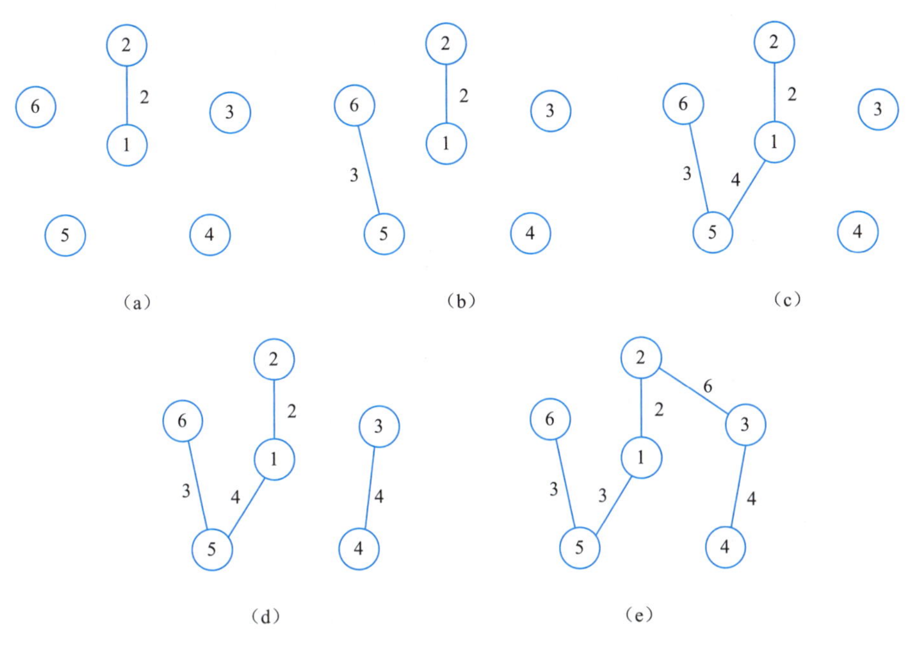

图 5.6　Kruskal 算法构造最小生成树过程

(3) Kruskal 算法正确性证明。

具有 n 个顶点的无向带权图 $G=(V,E)$,T 是 Kruskal 算法构造的图 G 的生成树,则 T 是图 G 的最小生成树。Kruskal 算法构造的生成树是一棵最小生成树。

①设 e_1 是图 G 中权值最小的一条边(u,v),则存在一棵最小生成树 T 包含 e_1。反证法,若 e_1 不在 T 中,则将 e_1 加入 T 后会产生一条回路 C_1。这时删除 C_1 回路中连接端点 u 或 v 的一条边,假设连接 u 的边 e_2,如图 5.7 所示,形成新的生成树 T'。$T'=T+\{e_1\}-\{e_2\}$,因 e_1 的权值最小,故 T' 的所有边权值之和小于等于 T,因此 T' 只能是与 T 权值总和相等的一棵最小生成树。得证。

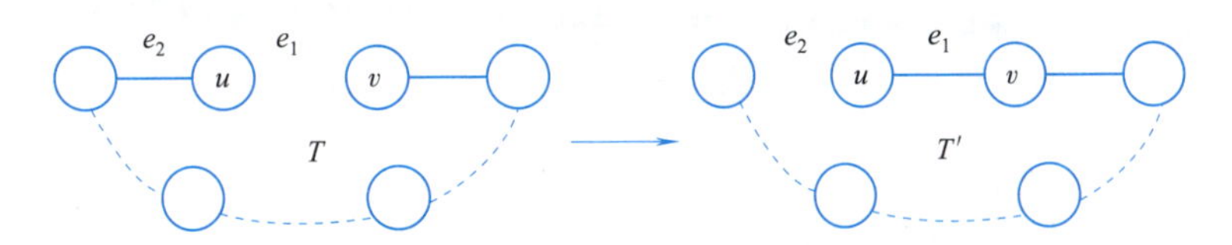

图 5.7　第 1 步 Kruskal 算法正确性证明

②假设前 $k-1$ 次选择的结果形成的 m 个连通分支在最小生成树中 T 中,则第 k 次的选择当前权值最小的边,且将其加入 T 不会导致其中某个连通分支构成回路,而是使得其中两个连通分支相连,形成一个更大的连通分支,记这条边为 e_k,如图 5.8 所示。假设 e_k 将连通分支 T_i 和 T_j 相连形成 T_k,$T_k=T_i+T_j+\{e_k\}$。结论,第 k 次选择 e_k 后的结果形成 $m-1$ 个连通分支也必将在最小生成树 T 中。因为 T_i、T_j 两个连通分支在 T 中,若第 k 次选择串连 T_i、T_j 的边不是 e_k,而是边 e'。则将 T 中的 T_i 和 T_j 两个连通分支部分连接边 e' 用 e_k 替换,因 e_k 的选择早于 e', e_k 权值小于等于 e' 的权值,所以替换后的生成树总权值小于等于 T 的总权值,与 T 是最小生成树矛盾。因此,第 k 次选择 e_k 后的结果形成 $m-1$ 个连通分支也必将在一棵最小生成树 T 中。

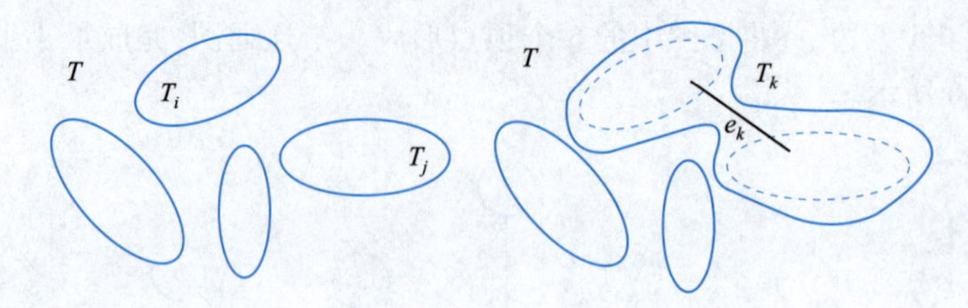

图 5.8 第 k 步 Kruskal 算法正确性证明

(4)算法实现。

Kruskal 算法的 C 语言实现代码如下：

```
#include <stdio.h>
int pre[10];//假设顶点数不超过10,边数不超过100
int u[10],v[10],edge[100];  //u,v 分别为两个点,edge 为两个点之间的边
int m,n;//实际的顶点数为 n,边数为 m
int find(int x){//并查集算法:判断顶点 x 在哪一个连通分支中
    int i,j,root=x;
    while(pre[root]!=root)
        root=pre[root];
    //路径压缩
    i=x;
    while(pre[i]!=root){
        j=i;  i=pre[i];  pre[j]=root;
    }
    return root;
}
void kruskal() { //最小生成树,Kruskal 算法
    printf("Kruskal 算法贪心选择过程:\n");;
    int i,total,min,minnum,fu,fv;
    total=n-1;//n 个结点,n-1 条边终止
    while(total>0) {
        min=10000;//赋值一个较大值,如 10000
        for(i=1;i<=m;i++) { //找最小权值边:  (u[i],v[i])edge[i]
            if(u[i] == -1||v[i] == -1)  continue;
            if(edge[i]<min) {
                min=edge[i];
                minnum=i;
            }
        }
        fu=find(u[minnum]);
        fv=find(v[minnum]);
        if(fu!=fv){  //不连通,就连接两个点
            printf("(%d,%d):%d\n",u[minnum],v[minnum],edge[minnum]);
            pre[fv]=fu;//将不连通的分支通过(fu,fv)边连通,则点 fv 可以回溯走到点 fu

            total--;
        }
        edge[minnum]=10000;  //改变已经找到的最小值
        u[minnum]=-1;//(u[i],v[i])已考察过,置 u[i]=v[i]=-1
```

```
            v[minnum] = -1;//且其权值 edge[i] =10000
        }
    }
    int main(){
        printf("输入图的顶点数和边数:");
        scanf("% d% d",&n,&m);
        int i,a,b,tem;
        for(i =1;i <=n;i ++)
            pre[i] =i;//初始时每个顶点都是孤立的,点 i 回溯只能走向自己
        for(i =1;i <=m;i ++) {
            printf("输入第% i 边两顶点和权值:",i);
            scanf("% d% d",&u[i],&v[i]);
            scanf("% d",&edge[i] );
        }
        kruskal();
        return 0;
    }
```

每个连通分支向前沿边走会回到同一个顶点,也称这个连通分支的“根”结点。初始时,每个结点的根都是自己本身。随着 Kruskal 算法过程中边的不断加入,使两个不连通的分支变成一个连通分支,则通过 prev[x]可以回溯走到同一个“根”结点。代码中 find(x)就是返回回溯走到底部结点即“根”的结点,采用并查集算法(同学们可以自己查找并查集算法的相关资料加强理解),并进行了路径压缩处理。考察新的边(x,y),若顶点 x 和顶点 y 回溯到的“根”相同,说明两个点在同一个连通分支中,即构成回路,形成环。否则通过这两个顶点可以将两个不连通的分支连接成为一个连通分支,说明新的边(x,y)可以加入最小生成树。

(5) **Kruskal 算法运行结果:**

```
输入图的顶点数和边数:6 10
输入第 1 边两顶点和权值:1 2 2
输入第 2 边两顶点和权值:1 3 9
输入第 3 边两顶点和权值:1 4 8
输入第 4 边两顶点和权值:1 5 3
输入第 5 边两顶点和权值:1 6 5
输入第 6 边两顶点和权值:2 3 6
输入第 7 边两顶点和权值:2 6 9
输入第 8 边两顶点和权值:3 4 4
输入第 9 边两顶点和权值:4 5 6
输入第 10 边两顶点和权值:5 6 3
Kruskal 算法贪心选择过程:
(1,2):2
(1,5):3
(5,6):3
(3,4):4
(2,3):6
```

(6) **算法效率分析。**

在上述 Kruskal 算法实现 C 语言程序代码中,代码主要时间在找最小权值边和判断是否形成环两个部分。在上述 Kruskal 算法中,每次查找最小权值边是遍历整个图中的边,时间复杂度为 $O(e)$,e 为图中边的数量。而 find()函数是用来判断两个顶点是否属于同一个连通分量的函数。一般情况

下,find()函数使用了并查集数据结构来实现。并查集的 find 操作是通过递归或迭代的方式找到某个元素所属的连通分量的根结点。在最坏情况下,find 操作的时间复杂度是 $O(\log_2 n)$,其中 n 是并查集中元素的数量,这里指图中顶点的数量。在上述 Kruskal 算法程序实现代码中,没有对边按权值大小排序,每次都要找到最小权值的边,每条最小权值的边都需要使用 find()函数来判断边的两个顶点是否属于同一个连通分量。由于 Kruskal 算法最坏情况要遍历所有的边,所以总的时间复杂度为 $O(e(e+\log_2 n))$。若单独对边的权值排序,平均时间赋值度为 $O(e\log_2 e)$,就不需要 $O(e^2)$ 的时间复杂度来找最小边权值,那么 Kruskal 算法总的所需时间复杂度为 $O(e\log_2 e)+O(e\log_2 n)$。

5.2.3 单源最短路径问题

1. 问题描述

给定一个有向带权图 $G=(V,E)$,其中每条边的权是一个非负实数。给定图 G 中的一个顶点 $v_0\in V$,称为源点。求源点 v_0 到 G 中其余各顶点的最短路径长度。这里的长度是指路上各边权之和。这个问题通常称为单源最短路径问题。

2. 问题分析

如图 5.9 所示的有向带权图 G,假设给定的源点为 1,计算源点 1 到其余各顶点之间的最短路径,计算结果见表 5.4。从图 G 中可以看出,源点 1 到顶点 2 有两条不同的路径(1,2)和(1,3,2)。路径(1,2)的长度为 10,路径(1,3,2)的长度为 7,显然源点 1 到顶点 2 的最短路径为后者。源点 1 到顶点 4 有 4 条不同的简单路径(1,2,4)、(1,3,4)、(1,3,2,4)和(1,3,5,4),路径长度分别为:12、11、9、12,显然最短路径为(1,3,2,4)。

为分析单源最短路径问题求解过程,给出如下符号定义:dist[i]表示源点到各目标顶点 i 的最短路径长度,初始值为源点到其余顶点有向边的权值,若不存在有向边则用无穷大(一个较大的数值)表示,本例中用 $M=100$ 表示。path[i]表示在最短路径上终点 i 的前一个顶点编号。集合 S 表示已求出最短路径的顶点的集合。集合 $T(T=V-S)$ 表示尚未确定最短路径的顶点集合,V 是图 G 中顶点的集合。二维数组 edge 表示图 G 的邻接矩阵。

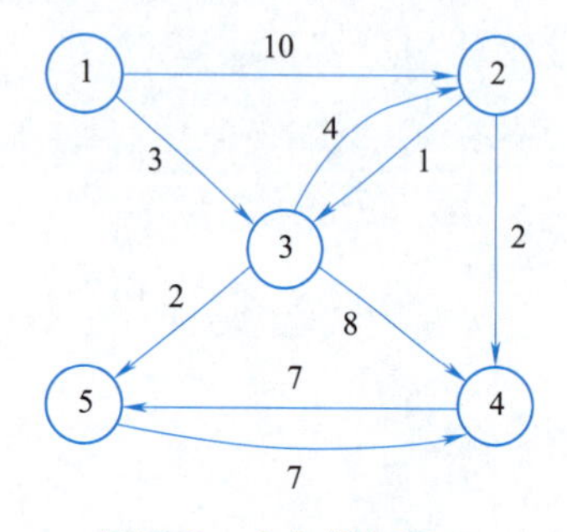

图 5.9 有向带权图 G

表 5.4 源点 1 到其余各顶点的最短路径及长度

源点	终点	最短路径	路径长度
1	1	无	
	2	(1,3,2)	7
	3	(1,3)	3
	4	(1,3,2,4)	9
	5	(1,3,5)	5

3. 贪心策略,Dijkstra 算法

Dijkstra(迪杰斯特拉)提出了一个按路径长度递增次序产生最短路径的贪心法,对于有向带权图 $G=(V,E)$ 的 Dijkstra 算法的步骤如下:

(1)令 $S=\{1\}$,$T=V-S$,T 中顶点 i 对应的距离值 dist[i]:若边 $<1, i>\in E$,dist[i]=edge[1][i],否则 dist[i] = ∞。

(2)从 T 中选取一个距离 S 最近的顶点,即 dist 值最小的顶点 k,加入 S,$T=V-\{k\}$,并对 T 中所剩下的所有顶点 i 的距离值 dist[i]进行修改:

$$\text{dist}[i]=\min\{\text{dist}[i],\text{dist}[k]+\text{edge}[k][i]\},i\in T$$

(3)重复上述步骤(2),直到 S 中包含所有顶点,即 $S=V$ 为止,这时 $T=V-S=\{\}$。

下面给出 Dijkstra 算法对有向带权图 5.9 中源点 1 到其余各顶点最短路径长度和最短路径的计算过程:

(1)源点 1 到自身没有路径,针对无自带回路的图(dist[1] = ∞),$S=\{1\}$,$T=\{2,3,4,5\}$,并初始化 dist 的值:dist[2] = 10,dist[3] = 3,dist[4] = ∞,dist[5] = ∞。

对于 path 数组,初始时,$(1,i)$有边存在 path[i] = 1,不存在边$(1,i)$,则 path[i] = -1。因此有 path[2] = 1,path[3] = 1,path[4] = -1,path[5] = -1。

(2)选取 dist 的最小值,dist[3] = 3,即 $k=3$,源点 1 到顶点 k 的最短距离值 dist 为 3,将 $S=S+\{3\}$,T = {2,4,5}。对 T 中顶点的 dist 和 path 的修改情况:

dist[2] = min{dist[2],dist[3] + edge[3][2]} = min{10,3 + 4} = 7,path[2] = 3;

dist[4] = min{dist[4],dist[3] + edge[3][4]} = min{∞,3 + 8} = 11,path[4] = 3;

dist[5] = min{dist[5],dist[3] + edge[3][5]} = min{∞,3 + 2} = 5,path[5] = 3;

(3)选取 dist 的最小值,dist[5] = 5,即 $k=5$,源点 1 到顶点 k 的最短距离值 dist 为 5,将 $S=S+\{5\}$,$T=\{2,4\}$。对 T 中顶点的 dist 和 path 的修改情况:

dist[2] = min{dist[2],dist[5] + edge[5][2]} = min{7,5 + ∞} = 7,path[2] = 3;

dist[4] = min{dist[4],dist[5] + edge[5][4]} = min{11,5 + 7} = 11,path[4] = 3;

(4)选取 dist 的最小值,dist[2] = 7,即 $k=2$,源点 1 到顶点 k 的最短距离值 dist 为 7,将 $S=S+\{2\}$,$T=\{4\}$。对 T 中顶点的 dist 和 path 的修改情况:

dist[4] = min{dist[4],dist[2] + edge[2][4]} = min{11, 7 + 2} = 9,path[4] = 2;

(5)选取 dist 的最小值,dist[4] = 9,即 $k=4$,源点 1 到顶点 k 的最短距离值 dist 为 9,将 $S=S+\{4\}$,$T=\{\}$。至此,$S=V$,$T=\{\}$,算法结束。

通过上述实例计算过程分析可知,Dijkstra 算法计算源点到目标顶点之间的最短路径并不是一次完成的,而是在已经得到的最短路径基础上,求出更远顶点的最短路径。按最短路径长度递增次序依次将集合 T 中的顶点加入已求得单源最短路径顶点集合 S,顶点 k 从 T 中加入 S 时的 dist[k]值才是源点到顶点 k 的最短路径长度。迭代计算结果见表 5.5。通过 path 值可以溯源到源点,即查看源点到目标点的路径。如 path[4]最终值 2,回溯 path[2]的最终值 3,再回溯 path[3] = 1 到达源点,即源点 1 到顶点 4 的路径为 1→2→3→4,长度 dist[4] = 9。

表 5.5 Dijkstra 迭代计算结果

迭代	S	k	2	3	4	5
初始	{1}	—	dist[2] = 10 path[2] = 1	dist[3] = 3 path[3] = 1	dist[4] = ∞ path[4] = -1	dist[5] = ∞ path[5] = -1
1	{1,3}	3	dist[2] = 7 path[2] = 3	—	dist[4] = 11 path[4] = 3	dist[5] = 5 path[5] = 3
2	{1,3,5}	5	dist[2] = 7 path[2] = 3	—	dist[4] = 11 path[4] = 3	—
3	{1,3,5,2}	2	—	—	dist[4] = 9 path[4] = 2	—
4	{1,3,5,2,4}	4	—	—	—	—

4. Dijkstra 算法正确性证明

设有向带权图 $G=(V,E)$,权值为非负数,源点 $v\in V$。定义 short[x]为源点 v 到顶点 x 的最短路径长度。S 是已经以求出最短路径的顶点集合。对于 $T=V-S$ 中的任意顶点 u，dist[u]表示源点 v 到 u 的当前最短路径长度(最后求的源点 v 到 u 的最短路径长度存储在 short[u]中)。dist 值会通过当前加入 S 的顶点不断修正的。对于任意的整数 k，当 Dijkstra 算法执行到第 k 步时，对于 S 中的顶点都有 dist[i] = short[i]，$i \in S$。使用数学归纳法证明。

(1)$k=1$ 时，因算法实现代码中设置 edge[i][i]属于无边相连时的值为无穷大，故 dist[1] = short[1] = ∞ 。

(2)假设算法对前 $k-1$ 步执行过程选择的顶点 i 都有 dist[i] = short[i]，则算法在第 k 步时选择的顶点 u 也有 dist[u] = short[u]。

反证法:假设源点 v 到顶点 u 存在一条更短的路径 $P=(v,...,a,...,b,...,u)$，并设 b 为沿路径 v 到 u 方向第一个 T 中的顶点，如图 5.10 所示。因为图 G 中所有边权值非负，定义顶点 b 到 u 的路径长度为 $d(b,...,u)$，则 $d(b,...,u)>0$，且路径 P 的长度 $d(P)$ = dist[b] + $d(b,...,u)$。由此可以得到 dist[b] < $d(P)$。且因假设 P 是一条更短的路径，有 $d(P)$ < dist[u]。通过推导发现有 dist[b] < dist[u]，这与第 k 步选择顶点 u 的前提矛盾，因为 Dijkstra 算法的贪心策略决定 dist[u]是源点 v 到当前 T 中所有顶点最短路径长度的最小值，所以结论 dist[u]就是源点 v 到顶点 u 的最短路径长度 short[u]，即 dist[u] = short[u]成立。

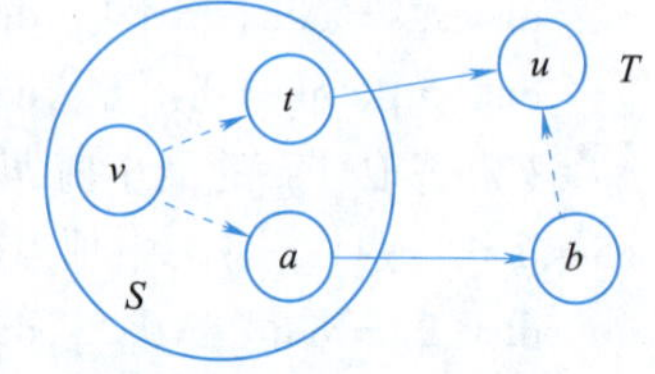

图 5.10 第 k 步 Dijkstra 算法正确性证明

5. Dijkstra 算法实现

Dijkstra 算法的 C 语言实现代码如下:

```
#include <stdio.h>
const int N=5;//顶点数
const int M=100;//用 100 代表无穷大,表示点与点之间无路可达
int  edge[N+1][N+1]={//邻接矩阵行和列下标从 1 开始
    {M,M,M,M,M,M},
    {M,M,10,3,M,M},
    {M,M,M,1,2,M},
    {M,M,4,M,8,2},
    {M,M,M,M,M,7},
    {M,M,M,M,7,M}
};
int dist[N+1];// dist[i]:顶点到源点的最短路径长度
int path[N+1];// path[i]:i 点通过 path[i]到达源点
void Dijkstra(int v0){//v0 是源点
     int i,j,k,min;
     int * s= (int * )malloc(sizeof(int)* (N+1));
     for(i=1;i<=N;i++){//初始化
          s[i]= 0;//s[i]=0 表示点 i 不在 S 集合中
          dist[i]=edge[v0][i]; //初值是源点 v0 到 i 的边的权值
          if(i!=v0&&dist[i]<M)  path[i]=v0;
             else   path[i]= -1;//没边置为 -1
     }
    s[v0]=1;//标记点 v0 已从集合 T 中加入到 S
    for( i=1;i<=N;i++){
          min=M;
        for( j=1;j<=N;j++)//找最小 dist[j]
```

```
                if (s[j]==0&&dist[j] < min )
                        { min=dist[j];k=j; }
            if(min == M)    return;
            s[k]=1; //标记点 k 已从集合 T 中加入到 S
            for( j=1;j<=N;j++)//修改 dist[j]
                    if(s[j]==0&&dist[j]>dist[k] + edge[k][j]){
                        dist[j]=dist[k]+edge[k][j];path[j]=k;
                    }
        }
}
void printPath(int i,int v0){//输出 i 点到源点 v0 的路径
    if(i==v0){  printf("% d",v0);}
    else {printPath(path[i],v0);printf(" -> % d",i);}
}
int main() {
    int v0 =1;//源点为顶点 v0
    Dijkstra(v0);
    for(int i =1;i <=N;i ++){
        if(dist[i] <M){//点 i 到源点 v0 有路径长度,则输出路径和路径长度
                printPath(i,v0);
                printf( " 的最短路径长度为:% d\n" ,dist[i] );
        }else printf( "没有% d 点到点% d 的路径! \n" ,v0,i);
    }
    return 0;
}
```

代码中用 $M=100$ 表示无边权值无穷大,N 为图的顶点数量,用邻接矩阵存储图,为配合数组下标和顶点编号顺序对应,数组范围设置为 $N+1$。Dijkstra(int v0)为算法核心代码,首先是初始化,接下来是找 dist 最小值和修改 dist 和 path 的值。printPath(int i,int v0)函数为溯源起点的递归输出过程。

6. 算法运行结果:

```
没有 1 点到点 1 的路径!
1 ->3 ->2 的最短路径长度为:7
1 ->3 的最短路径长度为:3
1 ->3 ->2 ->4 的最短路径长度为:9
1 ->3 ->5 的最短路径长度为:5
```

7. 算法效率分析

上述算法实现代码中的主循环为 $N-1$,每次从 T 中寻找一个最小 dist 值的顶点 k 加入 S,并修改 T 中剩余顶点的 dist 值。算法时间复杂度为 $O(n^2)$。若在寻找最小 dist 值过程使用一个堆来完成,则寻找最小值并重新调整堆时间为 $O(\log_2 n)$,则 Dijkstra 算法的时间复杂度为 $O(n\log_2 n)$。

5.2.4 糖果均分问题

1. 问题描述

某幼儿园班级正在举行一个分糖果活动,桌面上已放置有 N 堆糖果,编号分别为 1,2,...,N。每堆糖果数量不等,但总糖果数量为 N 的倍数。因初始放置的每堆糖果数量不均等,小朋友可以在任一堆上取出若干个糖果移动到相邻的糖果堆中,移动规则为:编号为 1 的堆中取出的糖果只能移动到编号为 2 的堆中;编号为 N 的堆中取出的糖果只能移动到编号为 $N-1$ 的堆中;其余堆中的糖果可以移动到相邻的左邻或右邻堆中。活动要求通过不断地移动相邻堆的糖果使得这 N 堆糖果数量一样多,最后移动次数最少的小朋友获胜。

2. 问题分析

假设桌面现有 $N=4$ 堆糖果,每堆糖果数量见表5.6。可以从编号为1的糖果堆中取出2颗放到编号为2的堆中,第一步后各堆糖果数量分别为:11,10,17,6;从编号为3的糖果堆中取出1颗放到编号为2的堆中,第二步后各堆糖果数量分别为:11,11,16,6;从编号为3的糖果堆中取出5颗放到编号为4的堆中,第三步后各堆糖果数量分别为:11,11,11,11。到此结束,各堆糖果数量已均衡,移动次数为3。

表5.6　桌面 $N=4$ 堆糖果初始放置数量

糖果堆编号	1	2	3	4
糖果堆数量	13	8	17	6

定义几个符号变量,candy[i]:表示当前编号为i的糖果堆中糖果数量,average为均分后每堆糖果的数量,count为最少移动次数。

3. 贪心选择策略

按照糖果堆编号从小到大顺序移动糖果。如果编号为i的堆中糖果数量不等于平均数average,则移动1次,即count+1,移动情况分为

(1)若candy[i]>average,则将candy[i]-average颗糖果从编号i的堆中取出移动到编号为i+1的堆中。

(2)若candy[i]<average,则将average-candy[i]颗糖果从编号i+1的堆中取出移动到编号为i的堆中。

为方便设计分析,将这两种情况统一看作是将candy[i]-average颗糖果从编号i的堆移动到编号i+1的堆,移动后有:candy[i]=average,candy[i+1]= candy[i+1]+ candy[i]-average。在从编号i+1的堆中取出糖果移动到编号为i堆的过程中,可能会出现编号i+1堆糖果数量小于0的情况。如 $N=3$ 的三堆糖果数量分别为:3,4,23。这时average=10,第1堆小于平均数,根据贪心策略,要从第2堆中取出7颗放到第1堆中,此时第2堆中只有4颗,取出7颗会变为负数,三堆糖果数量分别为:10,-3,23,这与现实情况不相符。但继续按照规则分析移动糖果过程,第2堆糖果数为-3,小于平均数,根据贪心策略,要从第3堆中取出13颗放到第2堆,则刚好三堆糖果数量都是10,最后结果是正确的。这表明在移动过程中,只是改变了移动的顺序,而移动次数没有改变,因此本问题的贪心策略是可行的。

贪心选择的第一步,考察第1堆糖果,如果第1堆正好是平均数则无须发生移动,移动增加次数为0。如果第1堆糖果数量不等于平均数,则一定要发生至少一次移动。若要将移动次数最少完成糖果的均分,则就应该一次性将第1堆多于平均数的糖果数量移动到后面堆去或者将第1堆少于平均数的糖果数量从后面堆中取出来补齐,并记录移动次数增加1次。若第1堆糖果数量不是平均数,则第一步做出的贪心选择总是包含在最优解中。因为不是平均数的第1堆糖果总是要经过至少1次移动才能变为平均数的,而第一步贪心选择做出的决策是只移动1次完成第1堆糖果的平均化。

完成第一步后,因第1堆已是平均数,后面剩下 $N-1$ 堆则变为原问题的一个子问题,子问题的最优解即糖果均分最少移动次数加上贪心策略第一步的移动次数即为原问题的最优解发生移动次数。糖果均分问题具有贪心法的贪心选择性质和最优子结构性质。

4. 算法实现

糖果均分问题的C语言程序实现如下:

```
#include <stdio.h>
```

```
int move(int n,int candy[]){
    int average=0;
    for(int i=1;i<=n;i++)
        average+=candy[i];
    average=average/n;
    int count=0;
    for(int i=1;i<n;i++){
        if(candy[i]!=average){
            count++;
            candy[i+1]=candy[i+1]+candy[i]-average;
        }
    }
    return count;
}
int main() {
    int n=4,candy[5]={0,13,8,17,6};
    move(n,candy);
    printf("最少移动次数为:%d\n",move(4,candy));
    return 0;
}
```

5. 算法效率分析

本算法主要是按编号顺序考察每堆糖果数量的耗时,循环次数为 n,时间复杂度为 $O(n)$。

小　结

贪心法是一种求解最优化问题的算法,其核心思想是在每一步选择中都采取当前状态下最优的选择,从而希望达到全局最优解。贪心法的特点包括:

(1)每一步都选择当前状态下的最优解。

(2)不回溯,不考虑未来可能的情况。

(3)只能解决一部分最优化问题。

贪心法通常适用于问题具有最优子结构的情况,即问题的最优解可以通过子问题的最优解来达到。使用贪心法解题的一般设计步骤,包括确定问题的贪心选择性质、构造问题的最优解决方案、证明最优解的贪心选择性质等。

贪心法不从整体的角度考虑问题,其所作的选择是某种意义上的局部最优情况,不一定能够达到全局最优。在有些情况下问题最优解难以获得时,用贪心法快速求得问题最优解的近似解往往能够给你更简单的算法设计和更低的算法复杂度。

习　题

一、选择题

1. 下列问题(　　)不能使用贪心法解决。

   A. 单源最短路径问题　B. n 皇后问题　C. 最小生成树问题　D. 背包问题

2. 贪心法基本要素有(　　)。

   A. 重叠子问题　B. 构造最优解　C. 贪心选择性质　D. 定义最优解

3. 背包问题的贪心法时间复杂度为(　　)。

A. $O(n2^n)$　　B. $O(n\log_2 n)$　　C. $O(2^n)$　　D. $O(n)$

4. 下列算法中不能解决0-1背包问题的是(　　)。

A. 贪心法　　B. 动态规划　　C. 回溯法　　D. 分支限界法

5. 贪心法与动态规划算法的共同点是(　　)。

A. 构造最优解　　B. 重叠子问题　　C. 贪心选择性质　　D. 最优子结构性质

二、简答题

1. 描述贪心法的基本要素。

2. 描述贪心法与动态规划算法的区别。

3. 举例几个贪心法能解决的问题和不能解决的问题。

4. 哈夫曼编码:设某文件由字符a、b、c、d、e、f构成,这些字符在文件中出现的次数比为20:10:6:4:44:16。简述使用哈夫曼算法构造最优编码的基本步骤;构建对应的哈夫曼树,并根据构造的哈夫曼树给出这组字符的哈夫曼编码。

三、算法设计题

1. 租独木舟问题:一群大学生到某水上公园游玩,在湖边可以租独木舟,各独木舟之间没有区别。一条独木舟最多只能乘坐两个人,且乘客的总重量不能超过独木舟的最大承载量。为尽量减少游玩活动中的花销,需要找出可以安置所有学生的最少的独木舟条数。编写一个程序,读入独木舟的最大承载量、大学生的人数和每位学生的重量,计算并输出要安置所有学生必需的最少的独木舟条数。

2. 取数游戏问题:给出$2n$个($n \leqslant 100$)个自然数。游戏双方分别为A方(计算机方)和B方(对弈的人)。只允许从数列两头取数。A先取,然后双方依次轮流取数。取完时,谁取得的数字总和最大即为取胜方;若双方的和相等,属于A胜。试问A方可否有必胜的策略?

3. 删数问题:从键盘输入一个高精度正整数num(num不超过200位,且不包含数字0),任意去掉s个数字后剩下的数字按原先后次序将组成一个新的正整数。编写一个程序,对给定的num和s,寻找一种方案,使得剩下的数字组成的新数最小。

例如,输入:51428397,5,输出:123。

4. 加油站问题:一辆汽车加满油后可以行驶n千米,旅途中有若干个加油站(加油站是已经确定好的),为了使沿途加油次数最少,设计一个算法,输出最好的加油方案。

第6章 回溯法

学习目标

◇ 理解深度优先搜索策略基本思想。
◇ 掌握回溯法基本思想。
◇ 理解回溯法与深度优先搜索策略的区别。
◇ 掌握回溯法搜索过程中的剪枝函数构建技巧。
◇ 掌握回溯法典型例题的问题分析方法和效率分析方法。
◇ 培养创新精神,增强面对挑战和探索未知领域的勇气和信心。

回溯法是一种通用的问题解决方法,它在计算机科学领域中具有广泛的应用。通常用于解决那些问题的解空间非常庞大,并且无法通过简单的算法或公式来求解的情况,比如组合优化问题、迷宫问题、n 皇后问题、0-1 背包问题、图的 m 可着色问题等。回溯法的基本原理是通过深度优先方式在问题的解空间中进行搜索,它会尝试所有可能的解决方案,并在每一步中进行选择、尝试和回溯,直到找到问题的解或者搜索完整个解空间。强调了在追求真理的道路上要积极探索、勇于创新的重要性。这种深度优先搜索式回溯法的时间复杂度较高,但它可以找到问题的所有解,因此在某些情况下是非常有用的。尽管回溯法存在一些局限性,但通过合理的优化策略如剪枝策略、启发式策略等,可以极大提高回溯法的效率,使其更加适用于实际应用。因此,深入理解和掌握回溯法对于计算机科学领域的研究和应用具有重要意义。

6.1 深度优先搜索策略

回溯法本质上是一种深度优先搜索的算法,回溯法在搜索中使用的是深度优先搜索策略加剪枝函数搜索策略。因此,本节先来探讨深度优先搜索策略。深度优先搜索(depth-first search,DFS)策略是一种常用的图遍历搜索算法,用于在图或树结构中搜索特定的目标。通过使用栈来模拟递归调用的过程,可以实现非递归的深度优先搜索算法,也可以直接使用递归方式实现深度优先搜索算法。这种搜索策略在解决各种问题中都有广泛的应用,特别是在图相关的算法中。它的基本思想是从起始结点开始,沿着一条路径一直向下搜索,直到无法继续下去,然后回溯到前一个结点,继续搜索其他路径,直到找到目标结点或者尝试了所有可能后确定最优解或确定没有解。

6.1.1 深度优先搜索算法基本思想

给定图 $G=(V,E)$，创建一个栈，用于存储待访问的结点；创建一个数组，用于存储每个结点访问状态。深度优先搜索策略的基本思想为

（1）初始化：任选一个结点 v 作为起始结点，将起始结点放入栈中。

（2）当栈不为空时，执行以下步骤：

①弹出栈顶结点为当前结点，访问当前结点并将其标记为已访问。

②若需要可以检查当前结点是否为目标结点，若是，则搜索结束，否则继续。

③获取当前结点的所有邻居结点。

④对于每个邻居结点，如果它未被访问，则将其放入栈中，并将其标记为已访问。

（3）重复步骤（2），直到找到目标结点提前结束，或者栈为空且没找到目标结点而搜索失败结束。

下面是深度优先搜索的非递归伪代码描述：

```
算法:深度优先搜索策略
输入:起始顶点
输出:搜索过程中遍历的顶点序列
DFS(start):
begin
    stack.push(start)   //将起始结点加入栈中
    visited[start]←true   // 标记相邻结点为已访问
    while stack is not empty do
        current←stack.pop()   // 弹出栈顶元素,并用 current 记录
        print current //处理结点
        if current=object then //若为目标结点,搜索结束
            return
        end if
        for each neighbor in current.neighbors do   //遍历当前结点的相邻结点
            if visited[current]=false   then   //如果相邻结点未被访问过
                stack.push(neighbor)   //将相邻结点加入栈中
                visited[neighbor]←true   // 标记相邻结点为已访问
            end if
        end for
    end while
end
```

在上述伪代码中，使用一个栈来存储待访问的结点。通过不断地弹出栈顶元素，并将其未访问的相邻结点加入栈中，直到栈为空，结束搜索。通过上述算法描述可以实现深度优先搜索的非递归算法。

由于深度优先搜索是一个递归的过程，深度优先搜索的递归实现可以通过以下的伪代码描述：

```
算法:深度优先策略
输入:起始顶点
输出:搜索过程中遍历的顶点序列
DFS(start):
begin
    visited[start]←true
    print start
    if start=object then //若为目标结点,搜索结束
```

```
        return
    end if
    for each neighbor in start.neighbors do
        if  visited[neighbor] = false  then
            DFS(neighbor)
        end if
    end for
end
```

在深度优先递归搜索算法伪代码中，首先将出发点标记为已访问，并处理出发点。并判断其是否为目标点，若其为目标点，则搜索结束。接下来，遍历当前结点的所有邻居结点，并对每个未被访问的邻居结点递归调用 DFS 函数。这样，就能够按照深度优先的顺序遍历整个图或树。

深度优先搜索的时间复杂度为 $O(|V|+|E|)$，其中 $|V|$ 表示结点的数量，$|E|$ 表示边的数量。在最坏情况下，需要遍历所有的结点和边。

6.1.2 图的深度优先遍历问题

1. 问题描述

从给定的连通图中某一顶点出发，沿着一些边访遍图中所有的顶点，且使每个顶点仅被访问一次，就叫作图的遍历（graph traversal）。已知一个无向图与对应的邻接矩阵如图 6.1 所示，请对此无向图中的顶点进行深度优先遍历。

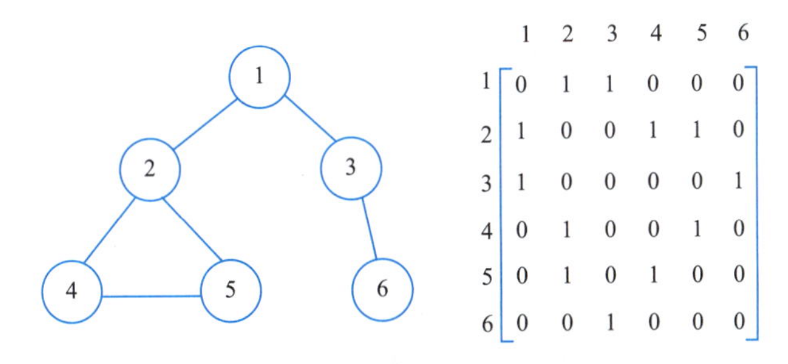

图 6.1　无向图与对应的邻接矩阵

2. 问题分析

由于图中可能存在回路，且图的任一顶点都可能与其他顶点相通，在访问完某个顶点之后可能会沿着某些边又回溯到了曾经访问过的顶点。为了避免重复访问，可设置一个标志顶点是否被访问过的辅助数组 visited。它的初始状态为 0，在图的遍历过程中，一旦某一个顶点 i 被访问，就立即让 visited[i]为 1，防止它被多次访问。

假设在图 6.1 所示的无向图中，1 为起始顶点，访问顶点 1，且置 visited[1] =1；通过其邻接矩阵可知，顶点 1 的下一个未被访问的邻接顶点为 2，访问顶点 2，且置 visited[2] =1；以 2 为起始顶点，顶点 2 的下一个未被访问的邻接顶点为 4，访问顶点 4，且置 visited[4] =1；以 4 为起始顶点，顶点 4 的下一个未被访问的邻接顶点为 5，访问顶点 5，且置 visited[5] =1；以 5 为起始顶点，其邻接顶点 2 和 4 都被访问过且无其他未被访问的邻接顶点，故回溯到 4 顶点，由于 4 顶点的邻接顶点都被访问过，继续回溯到 2 顶点，也因 2 顶点的邻接顶点都被访问过，继续回溯到 1 顶点；顶点 1 的下一个未被访问的邻接顶点 3，访问顶点 3，且置 visited[3] =1；以 3 为起始顶点，顶点 3 的下一个未被访问的邻接顶点为 6，访问顶点 6，且置 visited[6] =1；以 6 为起始顶点，其邻接顶点都被访问过，回溯到 3 顶点；以 3 为起始顶点，其邻接顶点都被访问过，回溯到 1 顶点；至此，1 顶点再无未被访问的邻接顶点。图中所有顶点访问完毕,即深度优先遍历序列为:1,2,4,5,3,6。

3. 算法复杂度分析

由于图的遍历采用深度优先算法进行,在图的深度优先遍历非递归算法中,通常使用栈来实现遍历过程。对于每个顶点,我们需要检查其邻居结点,并将其邻居结点入栈,然后继续遍历。如果一个结点有多个邻居结点,那么需要将这些邻居结点一个一个地入栈。假设图有 V 个顶点和 E 条边,那么在最坏情况下,每个顶点会被访问一次,并且每条边也会被访问一次(因为我们要检查每个顶点的邻居结点)。因此,图的深度优先遍历非递归算法的时间复杂度为 $O(|V|+|E|)$,空间复杂度为 $O(|V|)$。

若采用递归算法实现图的深度优先遍历,即递归顶点集 V,通过 DFS 遍历的空间复杂度为 $O(|V|)$,时间复杂度取决于图的存储结构。通过邻接矩阵表示图,则查找顶点的邻接顶点所需时间为 $O(|V|)$,总时间复杂度为 $O(|V^2|)$(邻接矩阵为方阵 $n\times n$);通过邻接表表示图(邻接表的概念可以参考数据结构教材),则查找所有顶点的邻接顶点所需时间为 $O(|E|)$,访问顶点所需时间为 $O(|V|)$,即总时间复杂度为 $O(|V|+|E|)$。

4. 算法实现

(1)图深度优先遍历非递归算法的 C 语言实现。

```
#include <stdio.h>
#include <SeqStack.h>  //栈操作文件
//结点数
#define M 6
//图的矩阵表示
int matrix[M][M] =
{  //1, 2, 3, 4, 5, 6
     0, 1, 1, 0, 0, 0,
     1, 0, 0, 1, 1, 0,
     1, 0, 0, 0, 0, 1,
     0, 1, 0, 0, 1, 0,
     0, 1, 0, 1, 0, 0,
     0, 0, 1, 0, 0, 0,
};
//访问标记,初始化为 0,
int visited[M] = {0};
SeqStack stack;  //定义栈
void dfs(int u){
    int current;
    initStack(&stack); //栈初始化
    push(&stack,u);  //入栈
    visited[u] =1;
    while(isNotEmpty(stack)){  //判栈非空
        pop(&stack,&current);  //出栈
        printf("%d-->",current);
        for(int i =0;i <M;i ++){
            if(visited[i] ==0 && matrix[current][i] ==1){
                    push(&stack,i);
                    visited[i] =1;
            }
        }
```

```
        }
}
int main()
{
    dfs(0);
    printf("\n ");
    return 0;
}
```

这段代码中用到的栈基本操作函数,请大家参考数据结构教材关于栈的基本原理章节。

(2)图深度优先遍历递归算法的C语言实现。

```
#include"stdio.h"
//结点数
#define M 6
//图的矩阵表示
int matrix[M][M] =
{  //1, 2, 3, 4, 5, 6
    0, 1, 1, 0, 0, 0,
    1, 0, 0, 1, 1, 0,
    1, 0, 0, 0, 0, 1,
    0, 1, 0, 0, 1, 0,
    0, 1, 0, 1, 0, 0,
    0, 0, 1, 0, 0, 0,
};
//访问标记,初始化为0,
int visited[M ] = {0};
void dfs(int u){
    visited[u] =1;
    printf("% d - -> ",u);
    for(int i =0;i <M;i ++){
            if(visited[i] ==0 && matrix[u][i] ==1)
                dfs(i);
    }
}
int main()
{
    dfs(0);
    printf("\n ");
    return 0;
}
```

6.1.3 迷宫问题

1. 问题描述

以一个 $m \times n$ 的矩形表示迷宫,0和1分别表示迷宫中的通路和障碍。求一条从入口到出口的通路,或者得出迷宫没有通路的结论。

2. 问题分析

首先,需要定义迷宫的数据结构。迷宫可以表示为一个二维数组,其中0表示可通行的路径,1表示墙壁或障碍物。还需要定义一个二维数组来记录访问过的结点,以避免重复访问。定义迷宫的入口为左上角,出口为右下角,在迷宫中,非边界的每个位置只能往上、下、左、右四个方向之一走。可以想象,在迷宫问题中,问题的解规模与迷宫中的有效路径成正比,在二维数组表示的迷宫中,当迷宫数组行列值较大时,有效路径可以特别多,如要求最短路径、时间效率非常低。本题仅找出一个从入口到出口的可行解。

3. 算法复杂度分析

深度优先搜索算法是一种解决迷宫问题的常用方法。它通过遍历所有可能的路径,直到找到终点或者所有路径都被尝试过为止。该算法从起点开始,选择一个方向前进,直到无法继续前进,然后回溯到上一个结点,选择另一个方向继续前进,直到找到终点或者所有路径都被探索过。其时间复杂度和空间复杂度如下:

时间复杂度分析,在迷宫问题的深度优先遍历算法中,我们通常使用递归或栈来实现搜索过程。假设迷宫的大小为 $m \times n$,其中 m 表示行数,n 表示列数。在最坏情况下,需要遍历迷宫中的每个格子,即 $m \times n$ 个格子。对于每个格子,需要检查其四个方向(上、下、左、右),并递归地或通过栈来遍历可达的路径。因此,迷宫问题的深度优先遍历算法的时间复杂度为 $O(m \times n)$。

空间复杂度分析,在深度优先遍历算法中,递归或栈的空间开销通常取决于递归深度或栈的最大深度。对于迷宫问题,递归或栈的深度最多达到迷宫中所有可达路径的最大长度。因此,迷宫问题的深度优先遍历算法的空间复杂度为 $O(m \times n)$。

这些复杂度分析是在最坏情况下给出的,实际运行时的复杂度可能会根据具体情况有所不同。

4. 算法实现

以下是迷宫问题深度优先搜索算法的 C 语言代码实现。

```
#include <stdio.h>
#define ROW 5
#define COL 5
int maze[ROW][COL] = {
     {0, 1, 1, 0, 0},
     {0, 1, 0, 1, 0},
     {0, 0, 0, 0, 0},
     {0, 1, 1, 1, 0},
     {0, 0, 0, 1, 0}
};
typedef struct {
     int row;
     int col;
} Cell;
int visited[ROW][COL];
Cell parent[ROW][COL];    //记录路径坐标
int isSafe(int x, int y) { //判断坐标点是否在界内且通路没有访问过
   if (x >= 0 && x < ROW && y >= 0 && y < COL && maze[x][y] == 0 && visited[x][y] == 0)
          return 1;
      return 0;
}
void printPath(Cell cell) {//递归输出起点到终点的路径
     if (parent[cell.row][cell.col].row == -1 && parent[cell.row][cell.col].col == -1) {
          printf("(%d, %d) ", cell.row, cell.col);
          return;
     }
```

```
        printPath(parent[cell.row][cell.col]);
        printf(" -> (% d, % d) ", cell.row, cell.col);
    }
    int dfs(int x, int y, int destX, int destY) {
        visited[x][y] =1;
        Cell cell = {x,y};
        if (x == destX && y == destY) {
            printf("最短路径为:");
            printPath(cell);
            return 1;
        }
        if (isSafe(x, y - 1)) {  //上
            parent[x][y -1] = cell;
            if( dfs2(x, y - 1, destX, destY))return 1;
        }
        if (isSafe(x, y + 1)) { //下
            parent[x][y +1] = cell;
            if(dfs2(x, y + 1, destX, destY))return 1;
        }
        if (isSafe(x + 1, y)) {//左
                parent[x +1][y] = cell;
                if(dfs2(x + 1, y, destX, destY))return 1;
        }
        if (isSafe(x - 1, y)) {//右
            parent[x -1][y] = cell;
            if(dfs2(x - 1, y, destX, destY))return 1;
        }
        return 0;
    }
    int main() {
        int startX =0, startY =0;
        int destX =4, destY =4;
        parent[0][0].row = -1;
        parent[0][0].col = -1;
        if(! dfs(startX, startY, destX, destY))
            printf("无法找到最短路径。\n");
        return 0;
    }
```

在上述代码中,定义一个 5×5 的迷宫,其中 0 表示可通行的路径,1 表示墙壁或障碍物;定义一个 5×5 的 visited 数组,用于记录访问过的结点;定义一个 Cell 坐标点结构体;定义了 parent 数组,用于记录可行解的经过的路径坐标;定义 isSafe(int x, int y)函数用于检查给定的坐标是否是一个安全的结点。一个坐标结点被认为是安全的,当且仅当它在迷宫的边界内,且是可通行的路径且未被访问过;定义 printPath(Cell cell)函数用于递归输出起点到终点路径的坐标;定义 dfs(int x, int y, int destX, int destY)函数进行深度优先搜索迷宫可行通路。dfs()函数是深度优先搜索算法的核心部分。在该函数中,首先检查当前结点是否是目标结点,如果是,则返回 1;然后,将当前结点标记为已访问,并按顺序尝试向上、向下、向左和向右四个方向进行递归搜索;如果找到了目标坐标,则输出路径上的结点坐标,并返回 1。如果没有找到最短路径,则返回 0。最后,在 main()函数中,定义了起点和

终点的坐标,并调用 dfs()函数来查找最短路径。如果找到了最短路径,则输出路径上的结点坐标,否则输出无法找到最短路径的提示。通过以上代码,可以实现迷宫问题深度优先搜索算法的可行路径输出。这个算法可以在解决迷宫问题时提供一个有效且可靠的解决方案。

6.2 回溯法基本思想

回溯法与深度优先搜索有着紧密的关系。回溯法是一种通过不断地尝试各种可能的解决方案来求解问题的方法。而深度优先搜索是一种遍历图或树的算法,它通过深度优先方式探索图或树的所有可能路径。在回溯法中,通常使用深度优先搜索方式来遍历所有的解空间。它通过递归的方式尝试所有的可能解,并在每一步选择一个可行解进行进一步探索。如果当前的解不可行,就回溯到上一步选择其他的解,直到找到一个可行解或者所有解都尝试完毕。回溯法求解问题的所有解时,需要回溯到解空间树的根结点,且根结点所有分支都被搜索遍历才结束,而当回溯法只需得到问题的一个解时,搜索到一个可行解即结束搜索。

回溯法(back tracking algorithm)也称试探法,需要把问题的解空间规划成为一棵解空间树,回溯法的基本思想是深度优先搜索这棵解空间树,在深度优先搜索过程中利用约束函数或限界函数避免不必要重复搜索的穷举式搜索算法。当遇到某一类问题时,它的问题可以分解,但是又不能得出明确的动态规划或是递归解法,此时可以考虑用回溯法解决此类问题。

微视频

解空间树

6.2.1 解空间树

一个复杂问题的解决方案是由若干个小的决策步骤组成的决策序列,解决一个问题的所有可能的决策序列构成该问题的解空间。应用回溯法求解问题时,首先应该明确问题的解空间。解空间中满足约束条件的决策序列称为可行解。一般来说,解任何问题都有一个目标,在约束条件下使目标达到最优的可行解称为该问题的最优解。

问题的解由一个不等长或等长的解向量 $\boldsymbol{x}=\{x_1,x_2,\cdots,x_n\}$ 组成,其中分量 x_i 表示第 i 步的操作。所有满足约束条件的解向量组构成了问题的解空间。如 3 个物品的 0-1 背包问题,其解空间为:{(0,0,0),(0,0,1),(0,1,0),(0,1,1),(1,0,0),(1,0,1),(1,1,0),(1,1,1),}。如图 6.2 所示四个城市的旅行商问题的解空间为:{(1,2,3,4,1),(1,2,4,3,1),(1,3,2,4,1),(1,3,4,2,1),(1,4,2,3,1),(1,4,3,2,1)}。

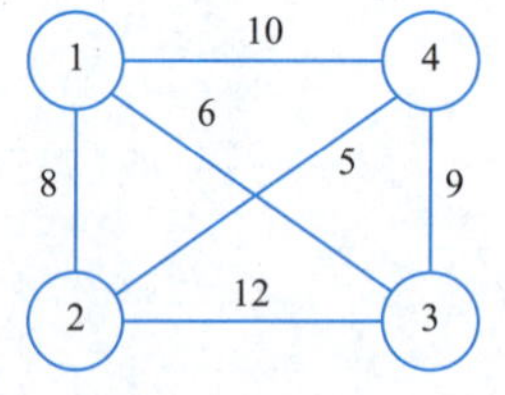

图 6.2 旅行商问题带权图

问题的解空间一般用树或图形式来组织,也称为解空间树或状态空间,树中的每一个结点确定所求解问题的一个问题状态。在有些树中,所有的结点都可能是解状态,而有些树中,只有叶子结点才是解状态。通常情况下,从根结点到叶子结点(不含搜索失败的结点)的路径构成了解空间的一个可能解。解空间树的生成过程通常是通过递归实现的。在每一层递归中,根据问题的限制条件和约束条件,生成当前结点的子结点。然后,继续递归地生成子结点的子结点,直到达到问题的终止条件。解空间树的每个结点都有一个状态,表示问题的当前状态。在回溯法中,通常使用深度优先搜索的方式遍历解空间树。在搜索过程中,通过剪枝操作来减少搜索的路径数量,提高算法的效率。回溯法的关键是在搜索过程中正确地进行状态的更新和回溯操作。当搜索到某个结点时,如果发现当前结点不满足问题的约束条件,就会进行回溯操作,返回到上一层结点,继续搜索其他可能的解。通过遍历解空间树,回溯法可以找到问题的所有解,或者找到满足特定条件的解。

回溯法的解空间树通常有两种:子集树和排列树。

(1)子集树

当所给的问题是从 n 个元素的集合 S 中找出满足某种性质的子集时,相应的解空间树称为子集树。例如,3 个物品的0-1 背包问题,可以用一棵完全二叉树表示其解空间,如图6.3 所示。第 i 层到 $i+1$ 层边上标记的值为解向量 x_i 分量的值,从根结点到叶子结点的路径经过的边上标记值序列,表示 0-1 背包问题的一个解向量。

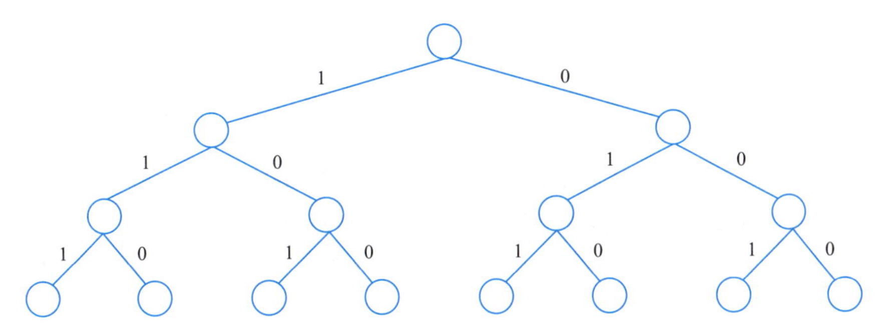

图 6.3　0-1 背包问题的解空间子集树

(2)排列树

当所给的问题是确定 n 个元素满足某种性质排列时,相应的解空间树称为排列树。例如,4 个城市的旅行商问题带权图见图 6.2,该旅行商问题的解空间排列树如图 6.4 所示。因为旅行商问题的起点城市和终点城市重复,一般在解空间向量表示中省去终点描述,n 个城市的旅行商问题解空间向量用 n 个分量表示。

回溯法搜索解空间树过程中,对于 n 个物品 0-1 背包问题,子集树一共有 $2^{n+1}-1$ 个叶子结点,遍历子集树算法需要 $O(2^n)$的时间复杂度;而对于 n 个城市的旅行商问题,因起点城市和终点城市固定,排列树产生 $n!$ 个叶子结点,搜索排列树需要 $O(n!)$时间复杂度。

定义解空间树中几个相关结点概念:

(1)扩展结点:一个正在产生子结点的结点称为扩展结点。

(2)活结点:一个自身已生成但其子结点还没有全部生成的结点称为活结点。

(3)死结点:一个所有子结点已经产生的结点称为死结点。

如图 6.5 所示,当从结点 s_i 搜索到结点 s_{i+1} 后,如果 s_{i+1} 变为死结点,则从结点 s_{i+1} 回退到 s_i,再从 s_i 找其他可能的路径,所以回溯法体现出走不通就退回上一步选择其他路径再走的思路。

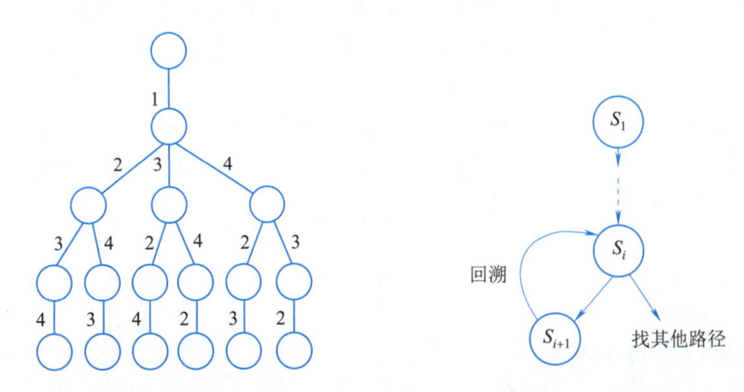

图 6.4　旅行商问题的解空间排列树　　图 6.5　回溯过程

若用回溯法求问题的所有解时,需要回溯到根结点,且根结点的所有可行的子树都要已被搜索完才结束。而若使用回溯法求任一个解时,只要搜索到问题的一个解就可以结束。

对于子集树问题的时间复杂度，需要根据每一个元素的状态取值即解向量 x_i 的取值范围确定，若解向量 x_i 一共有 m 种不同的可取值，一共有 m^n 种状态，每种状态都需要 $O(n)$ 的构造时间，最终时间复杂度为 $O(n\times m^n)$。当 x_i 一共有 n 种不同的可取值时，子集树问题变为排列树问题，最坏时间的时间复杂度为 $O(n^{(n+1)})$。子集树和排列树的空间复杂度都为 $O(n)$，递归深度为 n，所以系统栈所用空间为 $O(n)$。

微视频

回溯法框架

6.2.2 回溯法框架

以深度优先方式搜索整个解向量空间树效率比较低，通常有两种策略进行剪枝避免无效搜索，提高回溯法的搜索效率：一是用约束函数剪除不满足约束条件的不可行解子树；二是用限界函数剪去不能得到最优解的子树。约束函数和限界函数在回溯法中通常称为剪枝函数。例如，0-1 背包问题在考虑扩展左分支结点时，可以采用背包总重量的约束条件，剪去不满足约束条件的分支；而在考虑右分支结点扩展时，可以采用限界函数剪去不可能获得最优解的分支。

1. 回溯法基本步骤

通常回溯法解题包括以下步骤：

①定义问题的解空间：确定问题的解空间，即问题的所有可能解构成的集合。这需要根据具体问题来确定，可以是一个整数集合、一个字符串集合或其他形式的集合。

②确定易于搜索的解空间结构：通常为树或者图形式。

③确定剪枝函数：确定问题的约束条件或者进一步搜索的限界条件，即解空间中的每个解必须满足的条件。这些条件可以是数学等式、不等式或其他形式的条件。

④实现回溯法：根据问题的解空间、约束条件和搜索策略，以深度优先方式搜索实现回溯法。回溯法通常使用递归的方式来实现，每次递归都尝试一个解，如满足剪枝条件的情况下剪去子树分支，避免无效搜索，回退到上一个状态，否则继续递归。

⑤处理结果：在回溯法的递归过程中，可以根据需要对每个解进行处理，如输出解、保存解等。最终得到的解即为问题的解。

2. 算法框架

设问题的解是一个 n 维向量（$x[1],x[2],...,x[n]$），Constraint(i) 和 Bound(i) 表示当前扩展结点处的约束函数和限界函数。Constraint(i) 为 true 表示当前扩展结点处 x[1:i] 的取值满足问题的约束条件，若 Constraint(i) 为 false 则表示不满足约束条件，需要剪去该子树分支。Bound(i) 表示当前扩展结点处的 x[1:i] 的限界值，用来评估当前扩展结点处的 x[1:i] 可能取得的最优解与目标状态之间的距离。通过比较当前状态的限界值和当前已知的最优解，可以判断是否需要继续搜索该状态。如果当前扩展结点的限界值比已知的最优解还要差，则可剪去该子树分支。h[j] 表示当前扩展结点处 x[i] 的第 j 个可取值。print(x) 表示输出得到的可行解。start[i] 表示在当前扩展结点处未搜索过子树的起始编号，end[i] 表示在当前扩展结点处未搜索过子树的终止编号。

（1）迭代回溯法：采用树的非递归深度优先搜索的回溯法伪代码框架描述。

```
算法:迭代回溯法
输入:解向量 x 的取值范围
输出:可行解解向量 x 的值
Iterative_Backtrack(x):
begin
    i←1
    while i >0  do//还未回溯到头
        if start[i] < end[i]  then  //还有未搜索过的子结点
```

```
            for j←start[i] to end[i] do       //h[j]表示解向量分量x[i]的第j个取值
                x[i]←h[j]
                if Constraint(i) and Bound(i) then   //x[i]满足约束条件和限界函数
                    if x是一个可行解 then
                        print(x)
                    else        //进入下一层
                        i←i+1
                    end if
                end if
            end for
        else        //回溯,返回上一层
            i←i-1
        end if
    end while
end
```

(2)递归回溯:回溯法解空间树进行深度优先搜索,一般情况下用递归函数来实现回溯法比较简单,其中i为搜索深度,解空间树为子集树形式的递归回溯法的伪代码框架描述如下:

```
算法:子集树形式递归回溯法
输入:搜索层次i,x的取值范围
输出:可行解解向量x的值
backtrack(x, i)
begin
    if  i>n then
        print(x)
    else
        for j←start(i) to end(i) do //控制分支的数目,枚举i所有可能的路径
            x[i]=h[j]
            if Constraint(i) and Bound(i) then   //满足限界函数和约束条件
                backtrack(x,i+1)
            end if
        end for
    end if
end
```

一般解空间树为排列树形式的递归回溯法的伪代码框架描述如下:

```
算法:排列树形式递归回溯法
输入:搜索层次i,x的取值范围
输出:可行解解向量x的值
backtrack(x, i)
begin
    if  i>n then
        print(x)
    else
        for j←i  to n  do //枚举i所有可能的路径
            swap(x[i],x[j])
            if Constraint(i) and Bound(i) then   //满足限界函数和约束条件
                backtrack(x,i+1)
            end if
            swap(x[i],x[j])  //记得交换回来
```

```
            end for
        end if
    end
```

排列树形式的递归回溯法的伪代码描述中的 swap()是一个交换函数，对于一个排列，只要交换任意两数后就是一个新排列。第一个 swap()函数主要作用相当于构造新的排列，第二个 swap()函数的作用相当于回溯的过程。Constraint()和 Bound()分别是约束条件和限界函数(用于剪枝优化)。

6.3 回溯法的典型实例

6.3.1 饲料投喂问题

1. 问题描述

某农场有 n 头奶牛，假设每头奶牛仅有投喂或不投喂饲料两种选择，奶牛 i 需要投喂 w_i 千克饲料才能产出 v_i 千克牛奶。农场现有饲料总量为 C 千克，问如何投喂才能使得奶牛产奶量最大化？

2. 问题分析

农场奶牛饲料投喂问题是一个典型的 0-1 背包问题，假设农场有 $n=4$ 头奶牛，农场饲料总量 C 为 10 千克，奶牛 i 需要的饲料量 w_i 和能够产出的牛奶量 v_i 见表 6.1。

表 6.1 奶牛饲料量和产奶量

奶牛编号	饲料量 w_i	牛奶量 v_i
1	2	5
2	3	8
3	5	14
4	5	21

奶牛投喂的解空间向量可以表示为一个四元组 $\boldsymbol{x}=(x_1,x_2,x_3,x_4)$，$x_i$ 的值表示第 i 头奶牛投喂情况。由于每头奶牛仅有投喂或不投喂饲料两种选择，所以 x_i($i=1,2,3,4$，表示奶牛编号)只能取值为 0 或 1，$x_i=0$ 表示不投喂，$x_i=1$ 表示进行投喂。

用回溯法求解，需要生成一棵二叉树(子集树)来表示问题的解空间。因为有 4 头奶牛需要选择投喂，最多判断四次即可得到问题的一个可行解，因此，问题的解空间树高为 5(4+1)层，如图 6.6 所示。

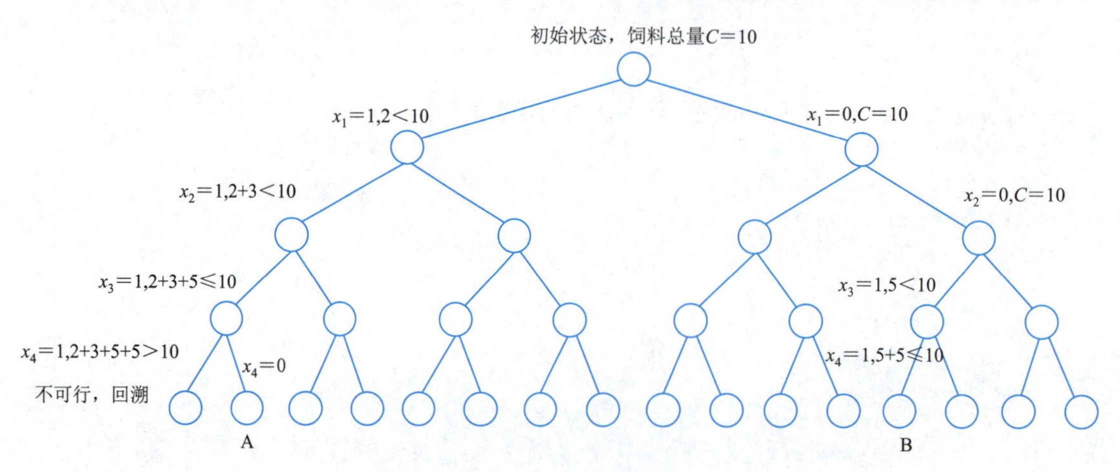

图 6.6 奶牛饲料投喂问题解空间树

解空间树的根结点往下每一层代表一头奶牛饲料投喂选择，每个状态结点有两个分支，左分支代表给奶牛投喂饲料 $x_i=1$，右分支代表奶牛 i 不投喂饲料，$x_i=0$。寻找最优投喂的执行过程如下：

(1)第一层选择左分支,对 1 号奶牛进行饲料投喂 $x_1=1,2<10$,可投喂。

(2)第二层选择左分支,对 2 号奶牛进行饲料投喂 $x_2=1,2+3<10$,可投喂。

(3)第三层选择左分支,对 3 号奶牛进行饲料投喂 $x_3=1,2+3+5\leqslant10$,可投喂。

(4)第四层选择左分支,对 4 号奶牛进行饲料投喂 $x_4=1$,因这时需要投喂的饲料量 $2+3+5+5>10$,不足以对 4 号奶牛进行投喂,不可行。需要回溯退回到第四层重新选择其右分支,4 号奶牛不投喂饲料,即 $x_4=0$,到达图 6.6 标记的 A 结点。至此得到一组结果 $\boldsymbol{x}=(1,1,1,0)$,这组投喂后产牛奶共 $5+8+14=27$ kg。将整个解空间树搜索完后,可得到最优投喂为标记 B 结点对应的结果 $\boldsymbol{x}=(0,0,1,1)$,此时投喂后的产奶量 $14+21=35$ kg。

3. 数学建模

奶牛饲料投喂问题与 0-1 背包问题等价,设 $x_i=1$ 表示给第 i 头奶牛喂饲料,$x_i=0$ 表示第 i 头奶牛不投喂饲料,C 表示农场总饲料量,则该问题的数学模型为

$$\text{目标函数:}\max\sum_{i=1}^{n}v_i x_i$$

$$\text{约束条件:s. t.}\begin{cases}\sum_{i=1}^{n}w_i x_i\leqslant C\\ x_i\in\{0,1\},1\leqslant i\leqslant n\\ w_i>0\end{cases}$$

其中 v_i 表示奶牛 i 投喂饲料 w_i 后的产量。

4. 算法描述

深度优先搜索回溯法求解的伪代码如下:

```
算法:深度优先搜索回溯法
输入:C,v[ ],w[ ],n
输出:最优值 bestv,最优解 bestx[ ]
//cw 表示当前已经喂食的饲料量,cv 表示当前已经产出的牛奶量,初始为 0
backtrack(i, cw, cv)
begin
    if i >n then
        if cw <=C and cv >bestV then
            bestv←cv        //记录下最优值
            for k←1 to n do //记录下最优解
                bestx[k]←x[k]
            end for
        end if
        return
    end if
    x[i]←1   //左分支
    backtrack(i +1, cw +w[i], cv +v[i])
    x[i]←0   //右分支
    backtrack(i +1, cw, cv)
end
```

在深度优先回溯法的伪代码描述中,if 语句表示当搜索到叶子结点时,得到一个 n 维的 0-1 向量或者说获得了一个解向量。若该解向量是合法的(已投喂的饲料量小于等于农场饲料总量)且比已产生的可行解要更优秀,则记录下当前最优值和当前最优解。接下来是进入左分支 x[i],1 表示投

喂，当前投喂饲料为 cw + w[i]，当前产奶量 cv + v[i]，并递归到下一层，考虑下一个编号奶牛的投喂状态即 backtrack(i+1, cw+w[i], cv+v[i])。若左分支退回后进入右分支 x[i]，0 表示不投喂，则当前投喂饲料和产奶量保持不变，并递归到下一层考虑下一个编号奶牛的投喂情况即 backtrack(i+1, cw, cv)。

5. 算法实现

深度优先搜索回溯法 C 语言实现。

```
int C=10,w[]={2,3,5,5},v[]={5,8,14,21},n=4,bestv=0,bestx[4],x[4];
void backtrack(int i,int cw,int cv){
    if(i==n){
        if(cv>bestv&&cw<=C){
            bestv=cv;
            for(int k=0;k<n;k++)bestx[k]=x[k];
        }
        return;
    }
    x[i]=1;
    backtrack(i+1, cw+w[i], cv+v[i]);
    x[i]=0;
    backtrack(i+1, cw, cv) ;
}
int main()
{
    backtrack(0,0,0);
    printf("bestv=%d\n",bestv);
    for(int k=0;k<n;k++)printf("%d  ",bestx[k]);
    printf("\n ");
    return 0;
}
```

6. 时间复杂度分析

深度优先搜索回溯法求解饲料投喂问题(0-1 背包问题)的时间复杂度分析，由图 6.6 可知，n 头奶牛投喂过程产生的解空间树，其结点总数为：$1+2+2^2+...+2^n=2^{n+1}-1\leqslant 2\times 2^n=O(2^n)$。对于深度优先搜索回溯法求解 0-1 背包问题(奶牛饲料投喂问题)的效率是比较低的，时间复杂度$O(2^n)$是一个指数数量级。若要提高执行效率，需要设计约束函数对解向量空间树进行剪枝，剪除那些不可能得出可行解的分支，以减少不必要的搜索。同时也需要设计限界函数对解空间树进行剪枝，剪除那些不可能得出最优解的分支，以减少不必要的搜索。

7. 算法优化

给定任意状态$[x_1,x_2,...,x_k]$，怎么来判断其子结点是否可能得出最优解？

如图6.7结点扩展状态图所示，当前状态A结点向下一层考虑扩展情况，若进入左分支结点 B，$x_{k+1}=1$，$\sum_{i=1}^{k+1}w_ix_i=\sum_{i=1}^{k}w_ix_i+w_{k+1}$。设 $cw=\sum_{i=1}^{k}w_ix_i$，若 $cw+w_{k+1}>C$(农场现有饲料总量)，则表示这时需要投喂的饲料量大于农场现有饲料总量，说明它不是一个合法的状态结点，不可能得到可行解。那么以结点 B 为根的所有分支都

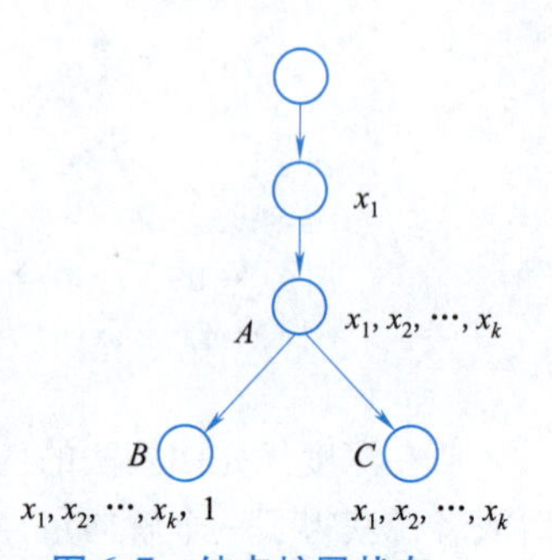

图 6.7 结点扩展状态

不需要去处理了，可以通过这个约束条件对结点 A 的左分支进行剪枝处理。而进入结点 A 的右分支结点 C，$x_{k+1}=0$，$cw=\sum_{i=1}^{k} w_i x_i \leqslant C$，当前已投喂饲料量不发生变化，也就是说对于右分支来说总是可行的，不需要约束条件。

进入结点 A 的右分支后，现有饲料余量为 $C-cw$，后续还未考虑的编号奶牛的产奶量为 $\sum_{i=k+2}^{n} v_i x_i$。进入 A 的右分支后投喂可能的最大产奶量为 $cv+\max\sum_{i=k+2}^{n} v_i x_i$，cv 为当前已投喂奶牛的产奶量。若 $cv+\max\sum_{i=k+2}^{n} v_i x_i \leqslant bestv$，bestv 为目前已知可行解的最优值，则说明进入结点 A 的右分支是不可能获得比当前可行解结果值 bestv 更好的结果值，也即不可能获得问题的最优解，因此可以将 A 的右分支进行剪枝处理。现在的问题是 $\max\sum_{i=k+2}^{n} v_i x_i$ 如何计算？因为这部分是还没有考虑投喂的奶牛最大产奶量，属于未知的，所以仅对其上限进行粗略的评估。常用的评估方法为 $\max\sum_{i=k+2}^{n} v_i x_i = \sum_{i=k+2}^{n} v_i$，这是在不考虑现有饲料余量的情况下，后面的奶牛全部产奶的总和，若 $cv+\sum_{i=k+2}^{n} v_i > bestv$，则进入结点 A 的右分支，否则进行剪枝处理。

采用剪枝函数优化的回溯法对农场奶牛饲料投喂问题进行求解伪代码描述。

```
算法:采用剪枝函数优化的回溯法
输入:C,v[],w[],n
输出:最优值 bestv,最优解 bestx[]
//cw 表示当前已经喂食的饲料量,cv 表示当前已经产出的牛奶量,初始为 0。
//剪枝函数返回值为当前已产出的牛奶量 cv 加上后面未投喂编号的奶牛全部投喂产出的牛奶量
bound(int i, int cv)
begin
     bv←cv;
     for  j←i  to  n  do
          bv←bv + v[j]
     end for
     return bv;
end
//回溯函数
void backtrack(int i, int cw, int cv)
begin
     if i =n then
           if cv >bestv then
                bestv←cv       //记录下最优值
              for k←1 to n do //记录下最优解
                   bestx[k]←x[k]
              end for
           end if
           return;
     end if
     if cw + w[i] <= C then //左分支进入条件
           cv←cv + v[i]
           cw←cw + w[i]
```

```
            x[i]←1;
            backtrack(i + 1, cw, cv)
            x[i]←0        //回溯
            cv←cv - v[i]
            cw←cw - w[i]
        end if
        if bound(i + 1, cv) >bestv then  //右分支进入条件,剪枝函数
            x[i]←0
            backtrack(i + 1, cw, cv)
        end if
end
```

采用剪枝函数优化的回溯法求解 0-1 背包问题(奶牛饲料投喂问题)的算法时间复杂度的上限为 $O(2^n)$,但由于有进入左分支的约束函数和进入右分支的限界函数,可以极大提高回溯法的效率。

采用剪枝函数优化的回溯法求解 0-1 背包问题(奶牛饲料投喂问题)的 C 语言实现:

```
int c=10,w[]={2,3,5,5},v[]={5,8,14,21},n=4,bestv=0,bestx[4],x[4]={0};
int bound(int i, int cw, int cv) {
     int bv=cv;
     for (int j=i; j<n; j++)
              bv += v[j];
     return bv;
}
//回溯函数
void backtrack(int i, int cw, int cv) {
     if (i==n) {
          if(cv>bestv&&cw<=c){
               bestv=cv;
               for(int k=0;k<n;k++)bestx[k]=x[k];
          }
          return;
     }
     if (cw+w[i] <=zc) {
          cv+=v[i];
          cw+=w[i];
          x[i]=1;
          backtrack(i + 1, cw, cv);
          x[i]=0;
          cv -= v[i];
          cw -= w[i];
     }
     if (bound(i + 1, cw, cv) >bestv) {
          x[i]=0;
          backtrack(i + 1, cw, cv);
     }
}
int main()
{
     backtrack(0,0,0);
```

```
    printf("bestv = % d\n",bestv);
    for(int k = 0;k < n;k ++)printf("% d  ",bestx[k]);
    printf(" \n ");
    return 0;
}
```

8. 进一步算法优化

为了对进入右分支的限界函数进一步优化，考虑现有饲料余量下精准评估 $\max\sum_{i=k+2}^{n} v_i x_i$ 的值。可以在问题处理前，将奶牛编号按单位重量投喂饲料的牛奶产出量的降序重新将奶牛进行编号。按照剩下还未考虑的奶牛顺序，只要饲料还够，就进行投喂，并计算其产奶量；当考虑到某头奶牛时，剩下的饲料不足投喂它，则用剩下的饲料对它进行部分投喂，并计算部分投喂可能的产奶量，并将产奶量累计计算结果作为 $\max\sum_{i=k+2}^{n} v_i x_i$ 的评估值，相较前面不考虑剩余饲料量的评估会更为精准。这种评估限界函数的 *C* 语言实现如下：

```
//前提条件:奶牛编号按照单位投喂饲料产出的牛奶量进行降序重新排序。
//剪枝限界函数的 C 语言代码
double bound(int i, int cw, int cv) {
    double bv = cv;
    int tw = cw;
    for (int j = i; j < n; j ++) {
        if (tw + w [j]  <= c) {
            bv += v [j];
            tw += w[j];
        } else {
            double rc = c - tw;
            bv += (rc*  v[j]) / w[j];
            break;
        }
    }
    return bv;
}
```

6.3.2 *n* 皇后问题

1. 问题描述

在一个 $n\times n$ 个方格的棋盘中，需要放置 n 个皇后，根据国际象棋的规则，任意两个皇后不能处在同一行、同一列或同一斜线上，否则两个皇后会彼此攻击。图 6.8 所示为 $n=4$ 个皇后的合理摆放方案，试给出满足条件的所有摆放方案。

图 6.8 $n=4$ 皇后的一个摆放方案

2. 问题分析

用一个 n 元组 x[1],x[2],... x[n]表示 n 皇后问题的解，其中 x[i]表示皇后 i 放置在棋盘的第 i 行的第 x[i]列上。由于不允许将两个皇后放在同一列，所以 x[i]互不相同。由于 i 表示皇后的行顺序，故不同皇后不会在同一行。对于两个皇后不在同一斜线上，可以把棋盘看作一个行列的平面直角坐标，同一斜线表示斜率为 +1 或 -1。故 n 皇后问题的约束条件为

①$x[i] \neq x[j],\ i \neq j$;

②$x[i]-i \neq x[j]-j$(斜率 -1)$\rightarrow i-j \neq x[i]-x[j]$;

③x[i] + i ≠ x[j] + j(斜率 +1)→i - j ≠ x[j] - x[i]。

将②和③合并为一个条件：|i - j| ≠ |x[i] - x[j]|。

以一个4皇后问题为例，4皇后问题的部分解空间树如图6.9所示，显然 n 皇后问题的解空间树为子集树。首先按行的先后顺序摆放皇后，即第 i 行放置皇后 i。再考虑第 i 行具体的 x[i] 列上放置皇后 i，x[i] 取值范围为{1,2,3,4}，根据约束条件来判断 i 和 x[i] 的取值是否可以做深度优先回溯搜索，用符号 × 标记不可行解被剪枝处理。

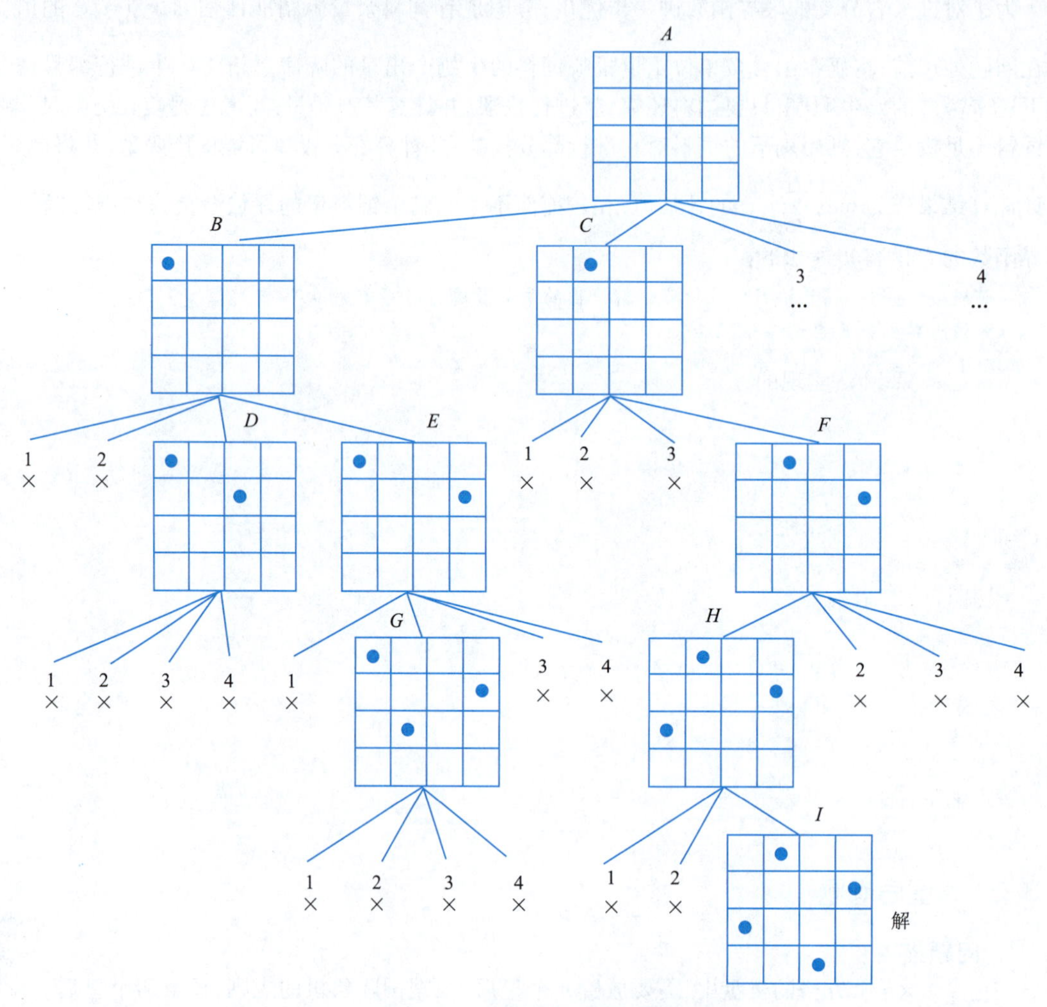

图 6.9　$n=4$ 皇后的部分解空间树

初始状态为空棋盘，空棋盘为解空间树根结点 A。先在棋盘的第1行第1列(1,1)处放置一个皇后1，通过约束条件判断发现可行，产生子结点 B。

然后观察第2行上皇后2的放置情况，根据约束条件判断皇后2在第1列和第2列都无法放置，故剪枝处理，不产生子结点，尝试第3列，皇后2在(2,3)可行，产生其子结点 D。

继续观察第3行皇后3的放置情况，根据约束条件发现皇后3在第3行上无论哪列都无法放置，全部被剪枝处理。

这时候进行回溯，回到结点 D 的父结点 B 处，将皇后2放置在(2,4)位置可行，产生其子结点 E。

继续观察第3行皇后3的放置情况，根据约束条件发现皇后3在第3行第1列上无法放置，被剪枝处理，尝试第2列，皇后3在(3,2)位置可行，产生其子结点 G。

继续观察皇后4在第4行放置情况，根据约束条件发现皇后4在第4行上无论哪列都无法放置，全部被剪枝处理。

这时回溯到G的父结点E，继续观察皇后3在第3行的放置情况，根据约束条件发现皇后3在第3行第3列上无法放置，被剪枝处理，同理第4列也无法放置被剪枝处理。

继续回溯到E的父结点B，这时皇后2在第2行的所有列均考虑完毕，继续回溯到B的父结点A，将皇后1放置到第1行的第2列(1,2)为可行，产生其子结点C。

皇后2在第2行的第1、2、3列均不可行，被剪枝处理，皇后2放置在(2,4)可行，产生其子结点F。

继续观察皇后3在第3行的情况，皇后3放置在(3,1)可行，产生其子结点H。

继续观察皇后4在第4行的情况，皇后4在第4行的第1、2列均不可行，被剪枝处理，皇后4放置在(4,3)可行，产生其子结点I。

到此四个皇后全部摆放完成，得到问题的一个可行解。若n皇后问题只需要得到一个可行解，则直接结束。否则继续回溯整个问题的解空间树，直至所有分支考察完毕即回溯到根结点A，且A已无分支结点考察而结束。

3. 算法实现

采用迭代回溯法实现的n皇后问题，C语言代码如下：

```
#include<stdio.h>
#include"math.h"
//用一维数组存储,解决行冲突,数组下标为行数,数组值为列数
int x[10]={0};
int count=0;//记录解的个数
int  judge(int k){//判断第k行某个皇后是否发生冲突,发生冲突就跳过
    int i=1;
    while(i<k) { //循环i到k-1之前的皇后;
        if(x[i]==x[k]||abs(x[i]-x[k])==abs(i-k))//存在列冲突或对角线冲突
            return 0;
        i++;
    }
    return 1;
}
void iteration_queen(int n){
    int i,k=1; //k为当前行号,从第一行开始
    x[1]=0;//x[k]为第k行皇后所放的列号
    while(k>0)  {
        x[k]++;  //首先从第一列开始判断
        while(x[k]<=n&&! judge(k))
            x[k]++;//如果第i行皇后放置x[k]列不可行,则考虑下一列
        if(x[k]<=n)  {
            if(k==n){//输出所有解
                for(i=1;i<=n;i++)
                    printf("(%d,%d)  ",i,x[i]);
                count++;
                printf("--------这是其中第%d个解",count);
                printf("\n");
            } else{//判断下一行
                k++; x[k]=0;
```

```
            }
        }else k--;//没找到,回溯
    }
    return ;
}
int main(){
    int n;
    printf("请输入皇后数:");
    scanf("% d",&n);//n 最大值不超过 10
    queen(n);
    return 0;
}
```

采用递归回溯法的 n 皇后问题 C 语言编程代码如下:

```
void recursion_queen (int t,int n){
    if(t>n){
            for(int i=1;i<=n;i++)
                    printf("(% d,% d)  ",i,x[i]);
            count++;
            printf("--------这是其中第% d 个解",count);
            printf("\n");
    }else
            for(int i=1;i<=n;i++){
                    x[t]=i;
                    if(judge (t))
                    recursion_ queen (t+1,n);
            }
}
```

4. 时间复杂度分析

n 皇后问题实际上就是在解向量 $x_1,x_2,...,x_n$ 的全排列中找到符合条件的解,当整个解空间向量被全部搜索时,需要时间为 $O(n!)$。另外,由 judge()函数可以看出每选择一个位置,需要对沿列方向主副对角线方向进行判断,随着层次增加而增加,判断次数为:$1+2+3+...+n=(n+1)\times n/2$,因此,$n$ 皇后问题最坏时间复杂度为 $O(n^2\times n!)$,即 $O(n^{n+2})$。由于剪枝函数的存在,实际运行时要远小于 $O(n^{n+2})$。

微视频

花草种植问题

6.3.3 花草种植问题

1. 问题描述

在一大片农田中有多个花草的种植区域,这些种植区域通过田埂连接,如图 6.10 所示。现需要将每个种植区域种上一种颜色的花草,但相邻区域不能种植同一种颜色的花草。目标是找到一种最优的花草种植方案,使得各个种植区域使用最少的花草颜色区分开来。

2. 问题分析

这个问题可以看作是一个图的 m 可着色问题。其中每个种植区域看成一个结点,相邻的种植区域之间结点用无向边相连,农田种植区映射为如图 6.11 所示的无向图。需要为每个结点选择一种颜色,使得相邻结点的颜色不同,并且希望使用的颜色数量尽可能少。

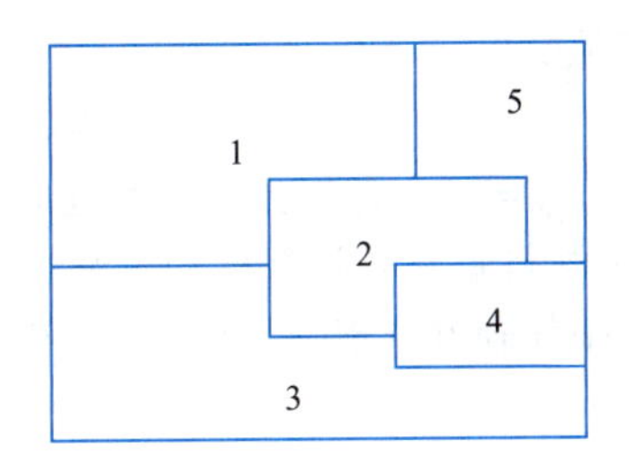

图 6.10 农田种植区

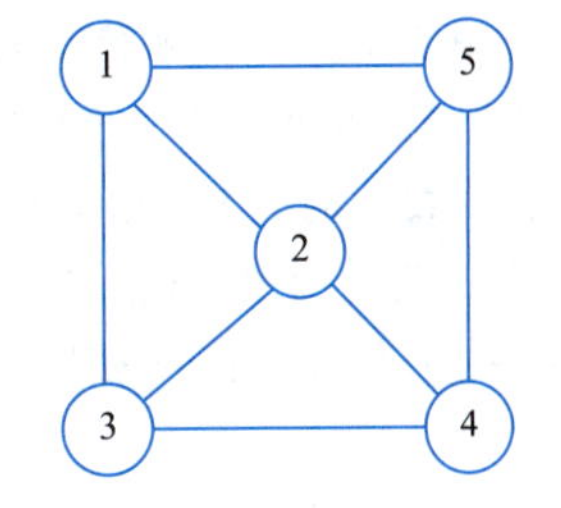

图 6.11 无向图

假设给定无向连通图 $G=(V, E)$ 和 m 种不同的颜色，其中 V 表示结点集合，E 表示边集合，用这些颜色为图 G 的各顶点着色，每个顶点着一种颜色。若一个图最少需要 m 种颜色才能使图中每条边连接的两个顶点着不同颜色，则称这个数 m 为该图的色数。求一个图的色数 m 的问题称为图的 m 可着色优化问题。目标是为每个结点 $v \in V$ 分配一个颜色，使得相邻结点不具有相同的颜色，并且使用的颜色数量最少。

设图 $G=(V,E)$，$|V|=n$，颜色数 $=m$，图 G 用邻接矩阵 edge 存储表示，用整数 $1,2,\cdots,m$ 来表示 m 种不同的颜色。顶点 i 所着的颜色用 x[i]表示，则可用一个 n 元组 x[1]，x[2]，. . . ，x[n]表示花草种植问题的解，其中 x[i]表第 i 块区域种植花草的颜色种类，x[i] ∈ [1，m]。

解空间树为子集树，是一棵 $n+1$ 层的完全 m 叉树，在解空间树中做深度优先搜索，约束条件：如果 edge [i][j] = 1，x[i] ≠ x[j]，j ∈ [1，n]。花草种植问题解空间深度优先搜索过程如图 6.12 所示。

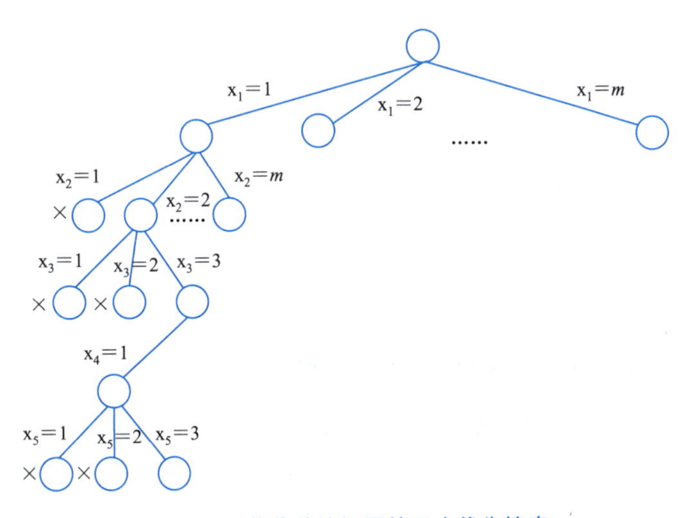

图 6.12 花草种植问题的深度优先搜索

由根结点向下搜索，第 1 个结点着色为 1 颜色，即 x[1] = 1。

然后搜索第 2 个结点的着色，x[2] = 1，因结点 2 与结点 1 相邻，着色相同不符合题目要求被剪枝舍去。第 2 个结点按顺序选择其他颜色，x[2] = 2，可行。

继续向下搜索第 3 个结点的着色，x[3] = 1，因结点 3 与结点 1 相邻，着色相同不符合题目要求被剪枝舍去；第 3 个结点按顺序选择其他颜色，x[3] = 2，因结点 3 与结点 2 相邻，着色相同不符合题目要求被剪枝舍去；第 3 个结点按顺序选择其他颜色，x[3] = 3，可行。

继续向下搜索第 4 个结点的着色，x[4] = 1，可行。

继续向下搜索第 5 个结点的着色，x[5] = 1，因结点 5 与结点 1 相邻，着色相同不符合题目要求被剪枝舍去；第 5 个结点按顺序选择其他颜色，x[5] = 2，因结点 5 与结点 2 相邻，着色相同不符合题目要求被剪枝舍去；第5个结点按顺序选择其他颜色，x[5]=3，可行。

此时，搜索已经完成，得到问题的一个可行解：x[1]=1，x[2]=2，x[3]=3，x[4]=1，x[5]=3。

若在所示第i结点的着色时，当x[i]=1到x[i]=m全部选择完毕后还未找到可行的颜色，则需要回溯到前一个结点即第i-1个结点，让i-1结点重新选择其他颜色继续进行。若回溯到第1个结点，且第1个结点一直选择x[1]=m后还是未找到可行颜色，则问题m不可着色。

3. 算法实现

回溯法求解农作物种植问题的C语言实现。

```
#include <stdio.h>
#define n 5 //图的顶点数
intedge [n][n] = {//图的邻接矩阵
        {0, 1, 1, 0, 1},
        {1, 0, 1, 1, 1},
        {1, 1, 0, 1, 0},
        {0, 1, 1, 0, 1},
        {1, 1, 0, 1, 0}
    };
int x[n]; //解向量
int m=3;//着色颜色种类数
//剪枝函数
int isColorValid(int i, int color) {
     for (int j=0; j<n; j++) {
          if (edge[i][j] && x[j] == color) {
               return 0; // 颜色冲突
          }
     }
     return 1; //颜色有效
}
int backtrack(int i) {
     if (i==n) {
          for (int i=0; i <n; i++) {
               printf("结点 %d: 颜色 %d\n", i+1, x[i]); //结点编号从1开始
          }
          return 1; // 所有结点都已着色
     }
     for (int color=1; color <= m; color++) {
               x[i]=color;
               if (isColorValid(i, color)) { backtrack(i + 1);return 1;}
     }
     return 0; //未找到有效的着色方案
}
int main() {
     if (backtrack(0))
          printf("哈哈,找到一种有效的着色方案! \n");
     else
          printf("不存在有效的着色方案! \n");
     return 0;
}
```

4. 时间复杂度分析

花草种植问题即图的 m 可着色问题，全部搜索的情况下其解空间树中有 $\sum_{i=0}^{n-1} m^i$ 个结点。对于每一个结点，在最坏情况下，用 isColor 检查当前扩展结点的每个子结点的可行性需要的时间为 $O(nm)$。故回溯法求解图的 m 可着色问题的时间复杂度上界为 $(mn)\sum_{i=0}^{n-1} m^i = nm(m^n-1)/(m-1) = O(nm^n)$。

6.3.4 路线选择问题

微视频
路线选择问题

1. 问题描述

在一个矿场有 n 个采矿区，矿场每天需要将各个矿区采的矿石运回处理。矿车从矿石处理车间出发，依次经过每个采矿区一次将其采的矿石装车，然后运回到矿石处理车间。矿场各个采矿区之间的距离已知。如何进行路线选择，使得矿石回收的运输路线总长度最短。请用回溯法求解矿石回收运输路线选择问题。

2. 问题分析

这个问题是典型的旅行商问题，需要找到一条最短矿石回收路径，依次访问每个采矿区一次，并最终回到矿石处理车间。通过解决矿场 TSP 问题，可以优化运输车辆的行驶路线，减少行驶时间和成本，提高矿石回收效率。设矿场各个采矿区的分布如图 6.13 所示。图中结点 A 为矿石处理车间，结点 B、C、D、E 为四个采矿区，图中顶点之间边上权值表示两个点之间的距离，单位为千米。

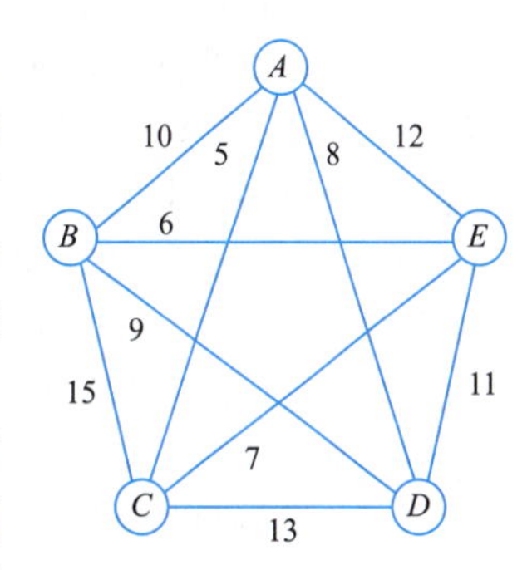

图 6.13 矿场采矿区分布

TSP 问题的解空间树是一棵排列树。由于只有 5 个顶点，规定矿石运输车总是从矿石处理车间 A 顶点出发，那么依据排列组合可以得到 24 种不同的运输路线选择方案，比如 $ABCDEA$，$ACDBEA$ 等。故该问题的解空间排列树如图 6.14 所示。

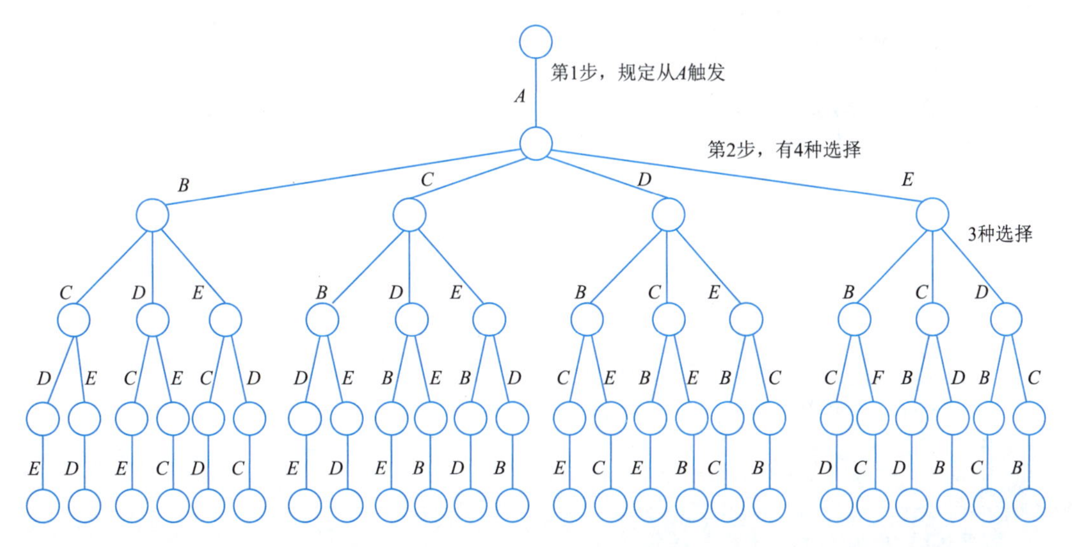

图 6.14 路线选择问题的解空间排列树

第 1 步，规定从矿石处理车间顶点 A 出发，一共有四种选择，可选择一个经过顶点（比如顶点 B）。第 2 步有三种选择，可选择一个经过顶点（比如顶点 C）。第 3 步有两种选择，继续选择一个经过顶点(比如顶点 D),第4步只能选择叶子结点 E,最后由叶子结点 E 回到出发顶点 A。由此产生路径选择问题的一个可行解 $ABCDEA$,路径长度为61。

为方便描述回溯法在本题中的应用,定义几个变量含义:

edge[n][n]:表示TSP问题图的邻接矩阵。

v[n]:表示顶点序列,初值为{0,1,2,3,4},将图6.13中的顶点 A,B,C,D,E 映射为数字编号0,1,2,3,4,方便与C语言中的数组下标关联。同时 v 中顶点的一个排列即是一个解向量。

bestv[n]:存储最优路径顶点序列。

NoEdge:NoEdge = -1,用-1表示两个顶点之间无边相连。

INF:无穷大,实际用一个较大值赋值。

bestc:表示最优路径长度,初值为INF。

cc:表述当前路程长度,初值为0。

回溯法开始时 v=[0,1,3,…,n-1],v[0:n-1]有两重含义,v[0:i-1]代表前i步按顺序经过的顶点,v[i:n-1]代表还未经过的顶点。i=n-1时,处在排列树的叶结点的父结点上,此时算法检查图中从顶点v[n-2]到顶点v[n-1]一条边和从顶点v[n-1]到顶点v[0]是否都存在一条边。若这两条边都存在,则发现了一个TSP问题的回路。当回路长度小于当前最优值bestc时,更新当前最优值bestc和当前最优解bestv。在深度优先搜索解空间树过程中,第i+1步选择经过顶点时,只能在未经过顶点序列v[i]~v[n-1]中进行选择。设j∈[i:n-1],算法需要判断这条回路的费用是否优于已经找到的当前最优回路的费用bestc作为剪枝函数,约束条件为顶点v[i-1]到顶点v[j]有边关联且当前已经过顶点序列路径长度加上顶点v[i-1]到顶点v[j]边的长度小于当前最优值bestc,即edge[v[i-1]][v[j]] ! = NoEdge && cc + edge[v[i-1]][v[j]] < bestc。满足约束条件则继续下一步探索,算法进入排列树下一层搜索,否则被剪枝处理。

3. 算法实现

根据排列树形式的递归回溯框架,采用C语言编程实现路线选择问题的程序代码如下:

```
#include <stdio.h>
#define n 5  //顶点数
#define INF 10000 //设置10000表示无穷大
#define NoEdge -1 //两点间无边,相连权值为-1
intedge[n][n]={  //图的邻接矩阵
     {-1, 10, 5, 8, 12},
     {10, -1, 15, 9, 6},
     {5, 15, -1, 13, 7},
     {8, 9, 13, -1, 11},
     {12, 6, 7, 11, -1}
     };
int v[n]={0,1,2,3,4},//顶点序列
     bestv[n],//最优路径
     bestc=INF,//最优路径长度,初值为一个较大值
     cc=0;//当前路程长度
void swap(int * a,int * b){
     int t=* a;* a=* b;* b=t;
}
void Backtrack(int i){
   if (i==n-1) { //进行一系列判断,注意进入此步骤的层数应是叶子结点的父结点
          if (edge[v[i-1]][v[i]] !=NoEdge && edge[v[i]][0] !=NoEdge &&(cc + edge
[v[i-1]][v[i]] + edge[v[i]][0]<bestc ||bestc == INF)) {
```

```
                for (int j =0; j <n; j ++) bestv[j] =v[j];
                bestc =cc + edge[v[i -1]][v[i]] + edge[v[i]][0];
            }
        }else {
          for (int j =i; j <n; j ++)//未经过的顶点 v[i] ~v[n -1]
             //是否可进入 v[j]子树? 剪枝
             if (edge[v[i -1]][v[j]] != NoEdge && (cc + edge[v[i -1]][v[j]] <bestc ||
bestc == INF)) {
                  //搜索子树
                      swap(&v[i], &v[j]);
                      cc + = edge[v[i -1]][v[i]];
                      Backtrack(i +1);
                      cc - = edge[v[i -1]][v[i]];
                      swap(&v[i], &v[j]);
              }
          }
    }
    void printPath()
    {
        printf("最短路程为:% d\n",bestc);
        printf("路线为:");
        for(int i =0; i <n; ++i)
              printf("% c  ",bestv[i] +'A');
       printf( "A\n" );
    }
    int main() {
        Backtrack(1);
        printPath();
        return 0;
    }
```

程序运行结果:

```
最短路程为:35
路线为:A  C  E  B  D  A
```

4. 算法效率分析

算法 Backtrack 在最坏情况下需要访问整个解空间树全部结点才能得到问题的最优解,更新当前最优解 $O((n-1)!)$次,每次更新 bestx 需计算时间 $O(n)$,从而整个算法的计算时间复杂度为 $O(n!)$。

小　结

回溯法是一种常用的解决问题的算法思想,通常用于解决组合优化、搜索和排列等问题。在回溯法中,尝试在构建的解空间中搜索问题的解,并在深度优先搜索过程中进行剪枝,以避免不必要的搜索。当找到一个解或者确定当前路径无法达到目标时,会回溯到上一步,尝试其他可能的选择。它通过尝试所有可能的解决方案来找到最优解。

回溯法解题的基本步骤为

(1)针对所给的问题,定义问题的解空间。

(2)确定易于搜索的解空间树。

(3)以深度优先方式搜索解空间,并在搜索过程中用剪枝函数减少不必要搜索。

回溯法的主要特征:

(1)递归:回溯法通常使用递归来实现。它通过不断地尝试不同的选择,直到找到解决方案或者确定无解。

(2)状态树:回溯法可以看作是在一个解空间状态树上进行搜索。每个结点表示一个状态,通过不同的选择转移到下一个状态,直到找到解决方案或者无法继续。

(3)剪枝:为了减少搜索空间,回溯法通常会使用剪枝技术。当发现当前状态不可能达到解决方案时,可以提前终止搜索,减少不必要的计算。

(4)可行性判断:在每一步的选择中,回溯法会进行可行性判断,确定当前选择是否符合问题的限制条件。如果不符合,会回溯到上一步进行其他选择。

(5)深度优先搜索:回溯法通常使用深度优先搜索策略,即尽可能深入地搜索当前路径,直到找到解决方案或者无法继续。

习　题

一、简答题

1. 简述回溯法的基本原理。
2. 简述子集树形式的递归回溯法的伪代码框架。
3. 回溯法常用于解决哪些类型的问题?
4. 如何通过剪枝来优化回溯法?

二、算法填空题

1. 设计 n 皇后问题的回溯法。

(1)用一个二维数组 chessboard[N][N]存储皇后的位置,chessboard[i][j]=1 表示棋盘第 i 行第 j 列放有皇后,否则值为 0。

(2)用 isValid()函数对该位置能不能放皇后进行判断,backtracking()为回溯函数。

```
#include <stdio.h>
const int MAXN =10;
int sum =0; //摆放方案的总数
int isValid(int chessboard[MAXN][MAXN], int n, int row, int col){
     for (int i =0; i <row; i ++) {  //判断是否同列
          if (chessboard[i][col] == 1) //不用再判断是否是同一行,行范围 1 ~ row -1
               return 0;
     }
     for (int i =row - 1, k =col - 1; i >= 0 && k >= 0; i --, k --) {
          if (chessboard[i][k] == 1) // 判断与主对角线平行的对角线,即左上的斜线
               return 0;
     }
     for (int i =row - 1, k =col + 1; i >= 0 && k<n; i --, k ++) {
          if (chessboard[i][k] == 1) // 判断与次对角线平行的对角线,即右上的斜线
               return 0;
     }
     return 1;
}
void backtracking(int chessboard[MAXN][MAXN], int n, int row){
```

```
        if(row == n) { //所有行都放了皇后
            for(int i =0;i <n;i ++){//输出棋盘状态
                for(int j =0;j <n;j ++)
                    printf("% 4d",chessboard[i][j]);
                printf("\n");
            }
            printf("\n");
            sum ++;
            return;
        }
        for (int i =0; i <n; i ++) { //对该行每一列测试放皇后
            if (______(1)______) {
                ______(2)______;
                backtracking(chessboard, n, row + 1); // 进行下一行的放置
                ______(3)______; // 回溯
            }
        }
}
int main() {
    int n;
    scanf("% d",&n);
    int chessboard[MAXN][MAXN] = {0};
    backtracking(chessboard, n, 0);
    printf("sum =% d\n", sum);
    return 0;
}
```

2. 设计一个子集和回溯法。

(1)设集合 data = $\{x_1, x_2, \cdots, x_n\}$ 是一个正整数集合，c 是一个正整数，子集和问题判定是否存在 data 的一个子集 $data_1$，使 $data_1$ 中的元素之和为 c。

(2)若 data = {11,13,24,7}，c = 31，则满足问题要求的子集有{11,13,7}和{24,7}。

(3)左剪枝：当前子集和 + 当前考察整数 data[i]是否超过 c。

(4)右剪枝：当前子集和 + 剩余所有整数总和是否大于等于 c。

```
#include <stdio.h>
int sum =0,c =31;//当前子集和为 sum
const int n =4;
int x[n],data[n] = {11,13,24,7};//x[i] =1 表示选择数据 data[i]
int remain_sum(int i) {//剩余所有整数之和
    int rs = sum;
    for (int j =i; j <n; j ++)
        rs + = data [j];
    return rs;
}
void backtrace(int i){
    if(i ==n){
        if(sum ==c){
            for(int i =0;i <n;i ++)
                if(____(1)____)
                    printf("% 4d",data[i]);
```

```
            printf("\n");
        }
    }else{
        if(sum+data[i]<=c){
            ____(2)____;
            x[i]=1;
            backtrace(i+1);
            ____(3)____;
        }
        if(______(4)______){
            x[i]=0;
            backtrace(i+1);
        }
    }
}
int main(){
    backtrace(0);
    return 0;
}
```

第7章 分支限界法

学习目标

◇ 理解广度优先搜索策略基本思想。
◇ 理解队列式和优先队列式分支限界法基本思想。
◇ 理解分支限界法与回溯法的区别。
◇ 掌握分支限界法的剪枝函数构建技巧。
◇ 掌握分支限界法典型例题的问题分析方法和效率分析方法。
◇ 培养创新思维和灵活应变能力,提升决策力和判断力。

分支限界法与回溯法类似,都是建立解空间树来搜索问题的解,都需要设置限界函数来避免不必要的搜索以提高搜索效率。回溯法的求解目标是找出解空间树中满足约束条件的所有解,而分支限界法的求解目标则是找出满足约束条件的一个解,或是在满足约束条件的解中找出在某种意义下的最优解。强调的是一种"知难而进,知止而行"的重要思想。由于求解目标不同,导致分支限界法和回溯法对解空间树的搜索方式也不同。回溯法是用深度优先方式搜索问题的解空间树,而分支限界法是通过广度优先或最小耗费(最大效益)函数优先方式搜索问题的解空间树。另外,在回溯法中,每个结点可以有一次及以上的机会成为活结点,而在分支限界法中,每一个活结点只有一次机会成为扩展结点。活结点一旦成为扩展结点,就一次性产生其所有相邻结点。在这些相邻结点中,导致不可行解或导致非最优解的结点被舍弃,其余结点被加入活结点表中。此后,从活结点表中取下一结点成为当前扩展结点。为有效选取下一个扩展结点,提高搜索效率,为每一个活结点计算一个限界函数值,根据该限界函数值选取最有利的那个活结点作为扩展结点,并重复上述结点扩展过程。这个过程一直持续到找到所需的解或活结点表为空时为止。这种方法称为分支限界法。

7.1 广度优先搜索策略

分支限界法的"分支"就是采用广度优先的策略依次搜索扩展结点的所有分支,即所有相邻结点,根据剪枝限界函数将不满足约束条件的结点舍去,其余结点加入活结点表,然后从表中选择一个结点作为下一个扩展结点继续搜索的过程。为此,本节先介绍广度优先搜索策略基本思想。广度优先搜索(breadth first search,BFS)是一种用于图形数据结构的遍历算法,它从给定的起始顶点开始,以广度优先的方式一层一层搜索图中的结点,直到找到目标结点或遍历完整个图。广度优先搜索是一种分层的搜索过程，每向前走一步可能访问一批顶点，不像深度优先搜索那样有往回退的情况。因此，广度优先搜索不是一个递归的过程，其算法也不是递归的。为了实现逐层访问，算法中使用了一个队列，以记忆正在访问的这一层和上一层的顶点，以便于向下一层访问。这一算法也是很多重要的图的算法的原型，BFS 算法在求解最短路径、连通性、拓扑排序等问题中具有重要应用。

微视频

BFS思想

7.1.1 广度优先搜索算法思想

给定图 $G=(V,E)$，创建一个队列，用于存储待访问的结点；为避免重复访问，需要创建一个辅助数组 visited[ ]，给被访问过的结点加标记。广度优先搜索策略的基本步骤为

（1）初始化，将起始结点放入队列中，并将其标记为已访问。

（2）当队列不空，执行以下步骤：

①从队列中取出一个结点。

②检查该结点是否是目标结点。如果是，则搜索结束。

③如果该结点不是目标结点，则将其所有未被访问过的邻居结点放入队列中，并标记它们为已访问。

（3）重复步骤（2），直到找到目标结点搜索成功而结束，或者队列为空且没有找到目标结点，搜索失败而结束。

广度优先搜索算法策略的伪代码描述：

```
算法:广度优先搜索策略
输入:起始结点,目标结点
输出:搜索过程中遍历的结点序列
BFS(start, target)
begin
    创建队列 Q,并初始化队列
    创建标记数字 visited[ ],并初始化为 false
    Q.queueAppend(start)              //起始出发点入队,queueAppend 入队操作
    visited[start]←true               //置已访问标记
    while  not Q.isEmpty()  do        //isEmpty()判队空操作
        node←Q.queueDel()             //  queueDel 出队操作
        print  node
        if node  == target  then
            统计或处理
            return true
        end if
        for neighbor in node.neighbors  do          //枚举 node 的所有相邻结点
            if visited[neighbor] = false then       //相邻且没有被访问过的结点
                Q.queueAppend(neighbor)             //入队
                visited[neighbor]←true              //置已访问标记
            end if
        end for
    end while
    return false
end
```

时间效率分析：采用邻接表存储图进行广度优先搜索，算法的时间复杂度为 $O(|V|+|E|)$，其中 $|V|$ 是结点的数量，$|E|$ 是边的数量。这是因为需要遍历所有的结点和边。邻接矩阵存储的图进行广度优先搜索算法，每个结点查找的邻接顶点所需时间为 $O(|V|)$，则总时间复杂度为 $O(|V^2|)$。

空间复杂度为 $O(|V|)$，因为需要使用一个队列和一个辅助数组来存储结点和访问状态。

在这个伪代码框架中，使用一个队列来存储待访问的结点，并使用一个辅助数组 visited[ ]来记录已经访问过的结点。从起始结点开始，并将其加入队列和已访问集合中。然后，开始循环直到队列为空。在每次循环中，从队列中取出一个结点，并检查它是否是目标结点。如果是，进行统计或处理，并返回 true 表示找到了目标结点。否则，遍历该结点的所有相邻结点，并将未被访问过的邻结点加入队列，并标记已访问状态。如果循环结束后队列为空，函数返回 false 表示没有找到目标结点。

7.1.2　关系网络问题

1. 问题描述

设有 n 个人，从 0 开始给他们编号为 $0\sim n-1$，其中有一些人相互认识，一些人互相不认识。但互不相识的两个人可以通过他们共同认识的人来相识（比如 A 认识 B，B 认识 C，那么 A 可以通过 B 来认识 C）。现在 x 想要认识 y，求出 x 最少需要通过多少人才能认识 y。

图 7.1 为一个 $n=6$ 的相识关系网，从图中可以看出 A 与 B 相互认识，A 与 C 相互认识，B 与 D 相互认识，C 与 E 相互认识，E 与 F 相互认识，D 与 F 相互认识。现在 A 想要认识 F，求出 A 最少需要通过多少人才能认识 F。

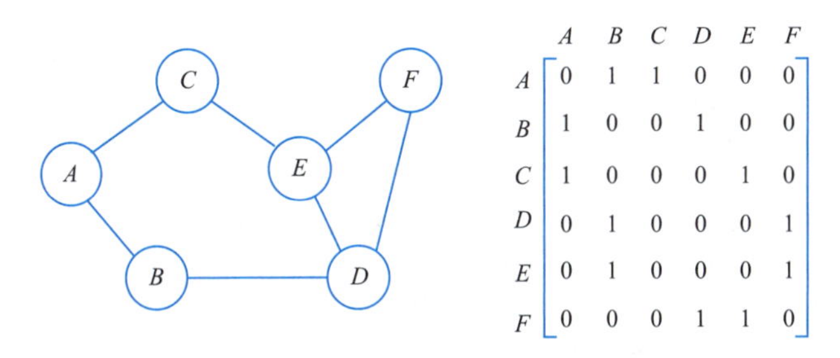

图 7.1　相识关系网与对应的邻接矩阵

2. 问题分析

首先明确这是一个广度优先搜索的问题，即从结点 A 出发，前往结点 F 的哪条路径最短？结点 $A\sim F$ 的编号为 0 ~ 5。结合本题 $n=6$，设 x 为 A 即编号为 0 的人，y 为 F 编号为 5 的人；关系网图对应的邻接矩阵用数组 relationship_net 表示，relationship_net[i][j] = 1 表示 i 与 j 相互认识，relationship_net[i][j] = 0 表示 i 与 j 相互不认识关系。

首先，A 进入队列。

A

取队首元素 A，搜索 A 认识的人，显然 A 认识 B、C；则 B、C 入队列，A 出队列。

B,C

接着开始取队首元素 B，搜索 B 认识的人，由图 7.1 可知，B 认识 A、D，其中 A 已经被标记过了，因此 D 入队列，B 出队列。

C,D

接着开始取队首元素 C，搜索 C 认识的人，由图 7.1 可知，C 认识 A、E；A 已经被标记过了，因此 E 入队列，C 出队列。

D,E

接着开始取队首元素 D，搜索 D 认识的人，由图 7.1 可知，D 认识 B、E、F；B、E 已经被标记过了，

因此 F 入队列,D 出队列。

E,F

接着开始取队首元素 E,搜索 E 认识的人,由图 7.1 可知,E 认识 C、D、F;由于 C、D、F 都已经被标记过了,因此 E 出队列。

F

接下来开始取队首元素 F,目标结点 F 出现,搜索也就结束了。

A 通过 B 找到 D,再通过 D 找到 F,因此最少需要通过 2 个人。

关系网问题的 C 语言代码实现如下:

```c
#include <stdio.h>
#include <SeqQueue.h>   //队列操作文件
#define n 6 // n表示共有多少人,设n=6
int relationship_net[n][n] = {  //n人之间的认识关系网邻接矩阵
        {0, 1, 1, 0, 0, 0},
        {1, 0, 0, 1, 0, 0},
        {1, 0, 0, 0, 1, 0},
        {0, 1, 0, 0, 0, 1},
        {0, 1, 0, 0, 0, 1},
        {0, 0, 0, 1, 1, 0}
};
int visited[n] = {0},num[n] = {0};
//visited数组标记是否找过,num数组表示通过几个人认识对方
int x=0,y=4;  /x表示开始,y表示结束
SeqQueue Q; //定义队列
int bfs(int x){ //从x结点开始搜索
        queueInit(&Q);  //初始化队列
        queueAppend(&Q,x);  //x结点入队列
        num[x]=0; visited[x]=1;  //一开始通过0个人认识,把x结点标记为找过
        while(isQueueEmpty(Q)!=1)  //如果队列非空
        {
            int i=getQueue(Q);  //队首元素为i
            if(i==y){ return num[i]-1;}
            //如果i==y表示找到了,这个时候即通过了num[i]-1个人
            for(int j=0;j<n;j++){ //如果没有找到,看看这个人认识哪些人
            // relationship_net [i][j]==1表示认识,visited[j]表示这个人没找过
                if(relationship_net[i][j]==1&&visited[j]==0){
                    queueAppend(&Q,j);       //把它认识的人放进队列
                    num[j]=num[i]+1;      //num的值加1
                    visited[j]=1;        //这个人被标记成1
                }
            }
            queueDel(&Q,&i);  //当前这个人已经搜索完了,出队列
        }
}
int main(){
        printf("%d\n",bfs(x));  //调用bfs进行搜索
}
```

7.1.3　迷宫问题

1. 问题描述

给定一个由 $M \times N$ 个方格组成迷宫,求一条从指定入口到出口的迷宫路径。假设如图 7.2 所示的一个 5×20 方格迷宫,图中左上角为迷宫入口,右上角为迷宫的出口位置,迷宫内黑色方格表示障碍物,白色方格表示可行通道。

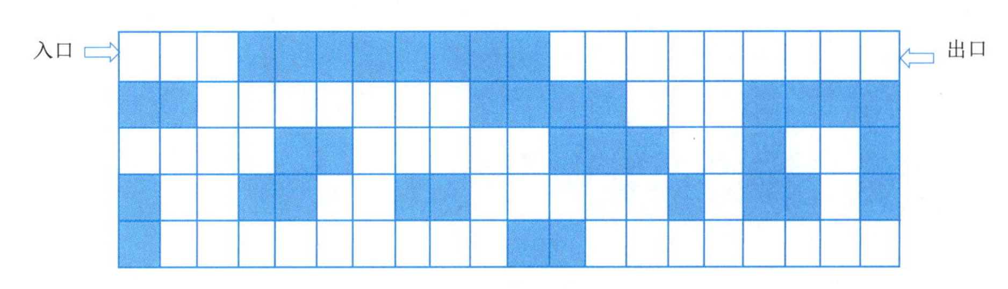

图 7.2　5×20 方格迷宫

2. 问题分析

图 7.2 所示的迷宫中每个方格可映射为图形中的一个结点,相邻(上下左右四个方向)的两个白色方格意味着图形中两个结点相邻,用一条无向边相连,这样可构成一个无向连通图。迷宫问题转换为从入口结点开始搜索无向图终点目标结点的一个搜索问题。解决此搜索问题的方法可用第 6 章的深度优先搜索策略或回溯搜索策略。本节使用广度优先搜索策略解决此问题,优先搜索距离入口起点近的坐标位置,可以找到最短路径。广度优先搜索使用队列来保存待搜索的结点,保证了结点的搜索顺序。

3. 算法实现

因为搜索图的每个结点为迷宫中的一个坐标点,故先定义一个 Cell 结构体,由 row,col 和 len 三个成员构成,表示迷宫中坐标点的坐标值和距入口的长度值。队列的元素也改为 Cell 类型,为此在下列 C 语言程序实现代码中,给出了队列的基本操作函数定义。根据前面广度优先搜索策略的伪代码算法框架,迷宫问题广度优先搜索策略 C 语言实现如下:

```
#include <stdio.h>
//迷宫坐标以及该坐标距入口的距离
typedef struct {
    int row, col, len;
} ElemType;
//---------------队列定义与队列基本操作------------------------------
#define  MaxSize 100
typedef  struct{
          ElemType  queue[MaxSize];//元素空间
          int rear;//当前表尾位置
          int front;//表头
          int count;
}SeqQueue;
  //初始化
  void   queueInit(SeqQueue * Q){
        Q->count =0;   Q->front =0;   Q->rear =0;
   }
   //入队
```

```
int   queueAppend(SeqQueue * Q, ElemType  e){
    if(Q->front==Q->rear && Q->count>0)return 0;
    Q->queue[Q->rear]=e;
    Q->rear=(Q->rear+1)% MaxSize;
    Q->count++;
    return 1;
}
//出队
int  queueDel( SeqQueue * Q, ElemType  * e){
    if(Q->front==Q->rear && Q->count==0)return 0;
    * e=Q->queue[Q->front];
    Q->front=(Q->front+1)% MaxSize;
    Q->count--;
    return 1;
}
//判断队列空？若队列空为1,非空为0
 int  isQueueEmpty(SeqQueue Q){
       if(Q.front==Q.rear && Q.count==0)return 1;
       return 0;
 }
//----------------------迷宫广度优先搜索------------------------
//迷宫信息,(nx,ny)迷宫大小,(start_x, start_y)迷宫入口,(des_x, des_y)迷宫出口
int nx=5, ny=20, start_x=0, start_y=0, des_x=0, des_y=19;
int maze[5][20]={
    {0,0,0,1,1,1,1,1,1,1,1,0,0,0,0,0,0,0,0,0},
    {1,1,0,0,0,0,0,0,0,1,1,1,1,0,0,0,1,1,1,1},
    {0,0,0,0,1,1,0,0,0,0,0,1,1,1,0,0,1,0,0,1},
    {1,0,0,1,1,0,0,1,1,0,0,0,0,0,1,0,1,1,0,1},
    {1,0,0,0,0,0,0,0,0,0,1,1,0,0,0,0,0,0,0,0}
};
int visited[5][20]={0};//是否走过的标记
ElemType parent[5][20];//记录下每一步的父结点坐标
int dx[4]={ -1,1,0,0 };//扩展的方向(dx,dy),顺序为上下左右
int dy[4]={ 0,0, -1,1 };
SeqQueue Q; //声明队列 Q
int bfs(int x, int y){
    ElemType current, next;
    current.row=x; current.col= y; current.len=0;
    visited[current.row][current.col]=1;//记录入口走过标记,入口的父结点为(-1, -1)
    parent[current.row][current.col].row=-1;parent[current.row][current.col].col=-1;
    queueInit(&Q);//初始化队列
    queueAppend(&Q,current);//入队
    while (! isQueueEmpty(Q)){//队列非空,循环
        queueDel(&Q,&current);//出队,出队元素 current
        for (int i=0; i<4; i++) {//上下左右四个方向扩展结点
            next.row=current.row + dx[i];
            next.col=current.col + dy[i];
            next.len=current.len + 1;
            if (next.row == des_x &&next.col == des_y) {
```

```
                parent[next.row][next.col] = current;
                return next.len;//找到目标
            }
            if (next.row<0 ||next.row>=nx ||next.col<0 ||next.col>=ny) continue;//越界
            if (visited[next.row][next.col] == 1) continue;//走过
            if(maze[next.row][next.col]==1)continue;//不可走
            parent[next.row][next.col] = current;
            visited[next.row][next.col] = 1;
            queueAppend(&Q,next);
        }
    }
    return -1;
}
void printPath(ElemType cell) {//递归输出起点到终点的路径
    if (parent[cell.row][cell.col].row == -1 && parent[cell.row][cell.col].col == -1) {
        printf("(%d, %d) ", cell.row, cell.col);
        return;
    }
    printPath(parent[cell.row][cell.col]);
    printf("-> (%d, %d) ", cell.row, cell.col);
}
int main(){
    ElemType pos = {des_x,des_y};
    int len = bfs(start_x, start_y);
    if(len!= -1){
        printf("len = %d\n",len);
        printf("The path is:\n");
        printPath(pos);
    }else printf("is not path! \n");
    return 0;
}
```

迷宫问题的入口坐标(0,0),出口坐标(0,19),程序运行结果如下:

```
len = 27
The path is:
(0,0) -> (0,1) -> (0, 2) -> (1, 2) -> (1, 3) -> (1, 4) -> (1, 5) -> (1, 6) -> (2, 6) ->
(2, 7) -> (2, 8) -> (2, 9) -> (3, 9) -> (3, 10) -> (3, 11) -> (3, 12) -> (4, 12) -> (4, 13) ->
(4, 14) -> (4, 15) -> (3, 15) -> (2, 15) -> (1, 15) -> (0, 15) -> (0, 16) -> (0, 17) -> (0, 18)
-> (0, 19)
```

len = 27 表示最少需要走 27 步才能达到迷宫出口,程序输出的坐标为迷宫寻找出口的最短路线,将程序输出的坐标点标记在迷宫地图上,如图 7.3 所示。

本程序中给出了队列的定义和基本操作函数,(nx, ny)为迷宫大小,(start_x, start_y)为迷宫入口坐标,(des_x, des_y)为迷宫中终点出口位置坐标。二维数组 maze 记录迷宫信息,0 为白色方格,1 为迷宫黑色方格障碍。一维数组 dx 和 dy 为当前结点搜索方向,每个结点最多上下左右四个搜索方向,程序会根据坐标点结点是否不在迷宫内(越界)、是否走过坐标、是否为邻接结点等判断下一个搜索方向。二维数组 visited 记录搜索结点是否已经走过标记。二维数组 parent 记录下搜索路线,bfs()函数为广度优先搜索操作,printPath()函数利用递归方式将入口起点到目标终点的路线进行输出。

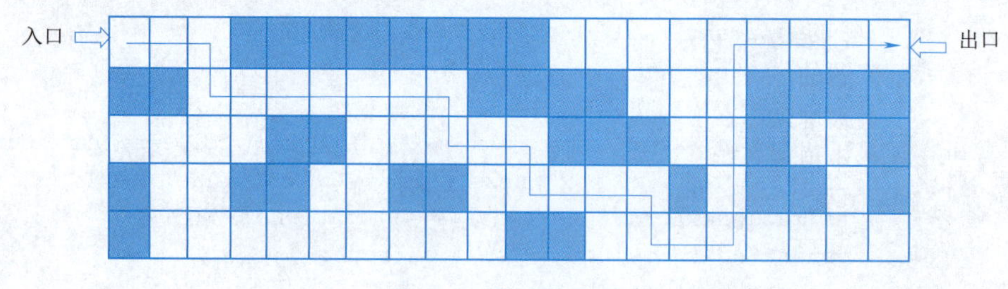

图 7.3 迷宫路线图

7.2 分支限界法基本思想

分支限界法也是把问题的解空间转化成了图或者树的结构表示,然后使用广度优先或最小耗费(最大效益)优先策略搜索问题的解空间树,解空间树主要有子集树和排列树。分支是使用广度优先策略,依次生成扩展结点的所有分支(子结点)。限界是在结点扩展过程中,计算结点的上界或下界,搜索的同时剪掉某些分支,提高搜索效率。

7.2.1 分支限界方式

分支限界法根据从活结点表中选择下一个扩展结点的方式,可分为队列式分支限界和优先队列式分支限界。

1. 队列式(FIFO)式分支限界法

常规的广度优先策略,将活结点表组织成一个队列,并按队列先进先出原则选取下一个结点成为当前扩展结点,以队列存储活结点。

队列式分支限界法的基本思想如下:

(1)首先将初始状态结点放入活结点队列中。

(2)若队列非空,则重复下列步骤:

①出队,将出队结点作为当前扩展结点。

②判断当前扩展结点是否为目标结点,若是目标结点,则搜索到一个可行解而结束。

③对当前扩展结点进行扩展。在扩展结点时,一次性产生它的所有子结点,并利用剪枝函数检测,把满足约束和限界条件的子结点依次加入活结点队列。

(3)直到队列为空,则搜索失败结束。

队列式分支限界搜索策略的优势在于它能够有效地管理和控制搜索过程中的状态结点。通过使用队列,可以按照先进先出的原则对结点进行扩展,从而保证搜索过程的有序性。与广度优先搜索不同的是队列式分支限界法不搜索已被判断为不能导致可行解或不能导致最优解的结点为根的子树,这样的结点不被加入活结点队列。

2. 优先队列式分支限界法/最小耗费优先分支限界法(LC)

将活结点表组成一个优先队列,按照优先队列中指定的结点优先级,选取优先级最高的结点作为当前扩展结点,以优先队列存储活结点。结点的优先级常用一个与该结点相关的限界函数值来表示。

该策略与队列式分支限界法的主要区别是:优先队列式分支限界法的活结点表组成一个优先队列,每个活结点入队时会计算其优先级,优先级最高的活结点位于队首位置。优先队列通常采用堆数据结构来组织,通过维护堆属性,可以保证优先队列的入队操作时按结点元素优先级重新排序,也即队列中优先级最高的结点元素始终位于队列首部位置。每次出队的队首结点总是当前队列中具有优先级最高(最有利)的结点成为当前扩展结点,使搜索朝着解空间树有最优解的分支方向快速推进,以便快速找到问题的最优解。在算法实现时,最大优先队列规定限界函数值较大的结点优先级较高,通常用一个大根堆来实现最大效益优先原则;最小优先队列规定限界函数值较小的结点优先级较高,通常用一个小根堆来实现最小耗费优先原则。

优先队列式分支限界法的基本思想:

(1)确定合理的限界函数,并根据限界函数确定问题的目标函数的上(下)界,又称耗费函数值或代价值。

(2)初始化一个空的优先队列 H,并将初始状态加入队列。

(3)初始化一个变量 best_score 为正无穷大(初始化最优解),用于保存当前找到的最优解。

(4)当队列 H 不为空时,执行以下步骤:

①从队列 H 中取出一个状态 node,并将其从 H 中删除。

②if node 结点对应更优的解 then 更新当前最优解 best_score 的值。

③for node 的每一个子结点 child:

a. 计算 child 结点的优先级值。

b. if child 满足解的约束条件且耗费函数值不超过目标函数的当前限界 then。

c. 将 child 加入队列 H。

(5)直到找到所需的解或队列 H 为空。

(6)返回这时的 best_score 作为最优解。

7.2.2 分支限界法与回溯法的区别

分支限界法和回溯法都是在问题的解空间树上搜索问题的解。分支限界法与回溯法的求解目标不同,回溯法求解目标是找出解空间树中满足约束条件的所有解,而分支限界法求解目标则是找出满足约束条件的一个解或满足约束条件的解中找出使某一目标函数值达到极大或极小的解,即某种意义下的最优解。由于求解目标不同,导致分支限界法与回溯法在解空间树上的搜索策略也不相同,回溯法以深度优先方式搜索解空间树,而分支限界法以广度优先或最小耗费优先方式搜索解空间树。分支限界法与回溯法对当前扩展结点的方式也不同,回溯法中结点可以多次成为扩展结点,在所有可行子结点都遍历后才出栈;分支限界法中每一个活结点只有一次机会成为扩展结点,扩展后的结点会出队,且扩展时会一次性产生其所有子结点,并利用剪枝函数舍去导致不可行解或导致非最优解的子结点,剩余的子结点被加入活结点表队列中。另外,回溯法深度优先以栈来动态存储活结点,而分支限界法用队列或优先队列方式存储活结点,相对占用空间较大。表 7.1 列出了分支限界法与回溯法的一些区别。

表 7.1 分支限界法与回溯法区别

方法	求解目标	存储结构	扩展方式	搜索策略
回溯法	找出满足条件的所有解	栈:动态存储根到当前扩展结点的路径,占用空间较小	结点可以多次成为扩展结点,一般仅通过约束条件剪枝	深度优先
分支限界法	找出满足条件下的某个/最优解	队列/优先队列:需要存储所有活结点的路径,占用空间较大	结点只能成为一次扩展结点,一般通过约束条件和目标函数限界来剪枝	广度/LC优先

7.2.3 剪枝函数

分支限界法是一种在解决组合优化问题时常用的策略。它通过将问题划分为一个个子问题,并对每个子问题进行搜索和剪枝,最终找到全局最优解。其中,剪枝函数是分支限界法中非常重要的一环,它的作用是在搜索过程中,通过一系列的条件判断,排除掉一些明显不可能包含可行解或不可能达到最优解的分支,从而减少搜索空间,提高搜索效率。

分支限界法的剪枝函数也称限界函数,目的是提供一个评定候选扩展结点的方法,以便确定哪个结点最有可能在通往目标的最佳路径上。限界函数很大程度上决定了算法的效率。同一问题可以设计不同的限界函数。队列式分支限界法中,常以约束条件作为限界函数,满足约束条件才可入队,不满足约束条件的舍弃。优先队列式或最小耗费(LC)分支限界法中,在设计最小耗费函数时,可以尝试增加以下约束。

(1)耗费函数,用来计算以当前搜索结点为根的可行解可能达到的极值,是以当前结点为根的子树的所有可行解的一个上(下)界,其作用是估计当前分支的最优解,从而帮助决定是否需要继续搜索。对于极大化组合优化问题,耗费函数在父结点的值不小于子结点的值。而对于极小化组合优化问题则相反,耗费函数则用来计算当前结点为根的子树的所有可行解的一个下界,在该可行解的路径上父结点的值不大于子结点的值。

(2)限界值,它用于评估当前解的优劣程度,从而确定是否需要进一步扩展解空间。耗费函数与限界值不同,耗费是对当前结点的一个估计,是选择当前分支后可能达到的最大值。限界值一般理解为目前已得到可行解目标函数的极值,极大组合优化问题限界值的初值一般为0,而极小化问题的限界值初值为无穷大。通过比较当前分支的耗费函数值和限界值,来判断是否继续扩展解空间。如果当前分支的耗费函数值小于限界,那么可以放心地剪掉该分支,因为在该分支下找不到比当前最优解更好的解。这样可以大大减少搜索空间,提高算法的效率。如果当前分支的耗费函数值大于限界值则得到更优的目标函数值,应用这个耗费函数值更新限界值。

因为分支限界法的剪枝函数除了以问题约束条件为剪枝函数外,还提出了最小耗费函数与限界值的约束,能够剪除更多的分支,极大提高了搜索的效率,因而也被称为分支限界法。在第6章的农场奶牛饲料投喂问题中已经提出了左分支的约束条件,还增加了右分支的两种限界值评估方法。这种分析限界值的方法也可以用于分支限界法求解经典0-1背包问题。

(3)启发式函数,当然在搜索过程中,也可以不设置耗费代价函数,而是设计一个启发式函数。启发式函数也是一种评估函数,用于估计当前分支的优劣程度。在分支限界法中,通过启发式函数对每个分支进行评估,并根据评估结果决定是否继续探索该分支。通常一个启发式限界函数$f(x)$可以由两个部分构成:①从起始结点到结点x的已经损耗值$g(x)$;②从结点x到达目标的期望耗损值$h(x)$。即$f(x)=g(x)+h(x)$,通常$g(x)$的构造容易,而$h(x)$的构造较难。

7.2.4 分支限界法基本步骤

经过上述讨论,可知分支限界法求解问题的基本步骤如下:

(1)明确问题。在设计分支限界法之前,需要明确问题的目标和约束条件。这包括确定问题的目标函数以及任何限制条件,例如资源约束或限制变量的取值范围。

(2)建立搜索树。搜索树是分支限界法的核心数据结构,它表示问题的解空间。搜索树的每个结点都代表一个子问题,其中包含了已经做出的决策和可能的决策。根据问题的特性,可以选择不同的搜索树结构,例如子集树或排列树。

(3)确定分支规则。分支规则用于将当前结点分解为更小的子问题。这通常涉及选择一个变量，并根据该变量的可能取值将当前结点分支为多个子结点。分支规则的选择对算法的效率和最终结果有很大的影响，因此需要仔细考虑。

(4)确定限界函数。限界函数用于评估每个子问题的上界和下界。上界表示该子问题的最优解的上限，而下界表示该子问题的最优解的下限。通过计算限界函数，可以确定哪些子问题不需要进一步探索，从而减少搜索空间。

(5)选择下一个结点。在搜索树中，需要选择下一个要探索的结点。这通常涉及选择具有最有希望的限界函数值的结点。通过选择具有更好限界函数值的结点，可以更快地接近最优解。

(6)更新限界函数。在探索一个结点后，可能会发现更好的限界函数值。在这种情况下，需要更新限界函数，并相应地更新搜索树中其他结点的限界函数。

(7)重复步骤(5)和步骤(6)，直到找到最优解或搜索树为空。在搜索树为空时，意味着已经探索完所有可能的解，并且找不到更好的解决方案。

设计分支限界法的基本步骤可以根据具体问题的特性进行调整和优化。通过合理地选择分支规则和限界函数，并使用适当的剪枝策略，可以提高算法的效率和准确性。

分支限界法的主要实现逻辑如图7.4所示。

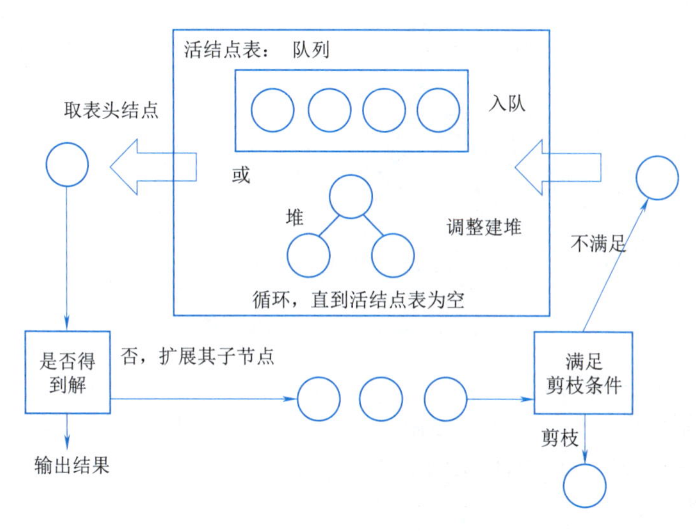

图7.4 分支限界法实现逻辑

7.3 分支限界法的典型实例

7.3.1 装载问题

1. 问题描述

一个农场需要将大量农产品运输到市场上去，假设农场现有 n 种不同的农产品和一辆载重量为 c 的车辆，农产品 i 的重量为 w_i，价值为 v_i，每种农产品只有装车和不装车两种选择。如何选择装入车辆的农产品，使得车辆不超重的情况下一次装下的农产品总重量最大。

2. 问题分析

以 $n=4$ 种农产品为例，车辆载重量 $c=10$，每种农产品的重量 $W=\{6,7,2,4\}$，即 $w_1=6,w_2=7$，$w_3=2,w_4=4$。4种农产品的装载可以表示为一个四元组 $\boldsymbol{x}=(x_1,x_2,x_3,x_4)$，$x_i$代表第 i 种农产品装车的数量，由于每种农产品装载只有装与不装两种情况，所以 x_i($i=1,2,3,4$，表示农产品种编号)只能等于0或1,其中0表示不装车,1表示装入车辆。第i种农产品能否装入车辆,要看车上已装农产品的重量加上第 i 种农产品的重量是否超过车辆的载重量。

装载问题是一个特殊的0-1背包问题,不难列出此问题的数学模型。对于 n 种不同类农产品的装载问题,可以将此问题的解定义为一个 n 元组 $\boldsymbol{x}=(x_1,\ldots,x_i,\ldots,x_n)$,$x_i=0$ 表示第 i 种农产品不装入车辆,$x_i=1$ 表示第 i 种农产品装入车辆。

目标函数:$\max\sum_{i=1}^{n} w_i x_i$,约束条件为 $\sum_{i=1}^{n} w_i x_i \leqslant c, x_i \in \{0,1\}, w_i>0, i=1,2,\ldots,n$。其中,$w_i$ 表示第 i 种农产品的重量,c 为车辆载重量。

4类农产品装载问题的解向量空间树如图7.5所示,解空间树中根结点向下的每一层代表一种农产品的选择情况,每个状态结点有两个分支,左分支代表第 i 种农产品装入车辆,$x_i=1$;右分支代表第 i 种农产品不装入车辆,$x_i=0$。在图7.5解空间树中给出了4类农产品装载问题的全部解。

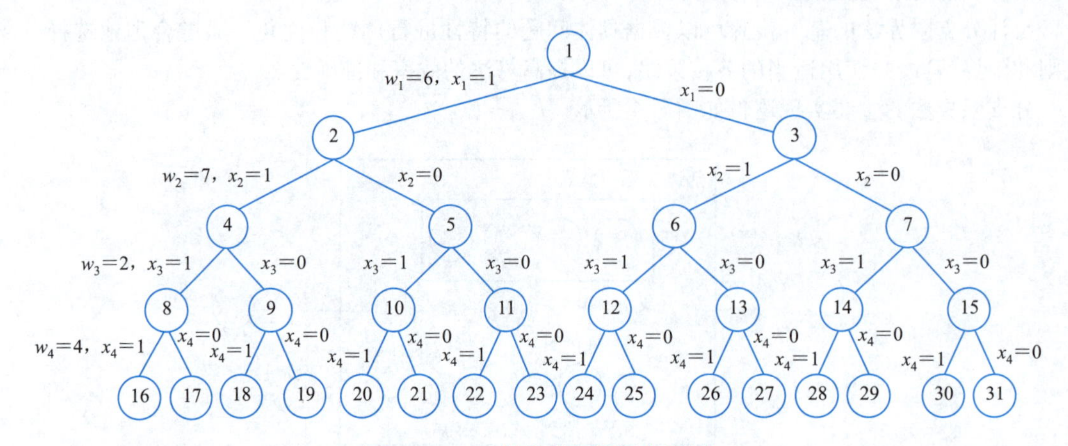

图7.5 $n=4$ 的装载问题解空间树

使用分支限界法求解农产品装载问题,是不需要遍历整个解空间树的,可以通过约束函数剪枝,剪除那些不可能得到可行解的分支,而通过限界函数来剪除那些不可能得到最优解的分支。为更好地描述分支限界法在本题中的应用,设定以下符号含义:

c:表示车辆的载重量。

x_i:表示第 i 种农产品装入车辆的数量,取值0或1。

w_i:表示第 i 种农产品的重量。

w_t:表示当前已装入车的农产品总重量。

bestw:表示当前车上装载的农产品重量的最优值。

$[w_t,k]$:表示解空间树上一个结点的状态,即从第1种农产品到第 k 种农产品完成装载选择时,该结点表示的车辆上农产品总重量为 w_t。

$\mathrm{W}_t(\boldsymbol{x})$:表示解向量 $\boldsymbol{x}$ 时,车辆装载的农产品总重量。

给定任意状态$[w_t,k]$,怎么来判断其子结点是否可能得出可行解?约束函数剪枝过程如图7.6所示。

根据图7.6来考虑当前状态结点 A 的子结点扩展过程。扩展 A 结点的左子结点,$x_{k+1}=1, w_t'=w_t+w_{k+1}$,如果这时 $w_t'>c$,说明装入车辆的农产品重量超过了车辆的载重量,显然这是不可行的,需要被剪枝处理。而扩展 A 结点的右子结点,$x_{k+1}=0, w_t\leqslant c$,装载的农产品重量与父结点 A 是一样的,因此扩展右子结点是可行的。这就是约束函数剪枝过程。

给定任意状态$[w_t,k]$,怎么来判断其子结点是否可能得出最优解?限界函数剪枝过程如图7.7所示。

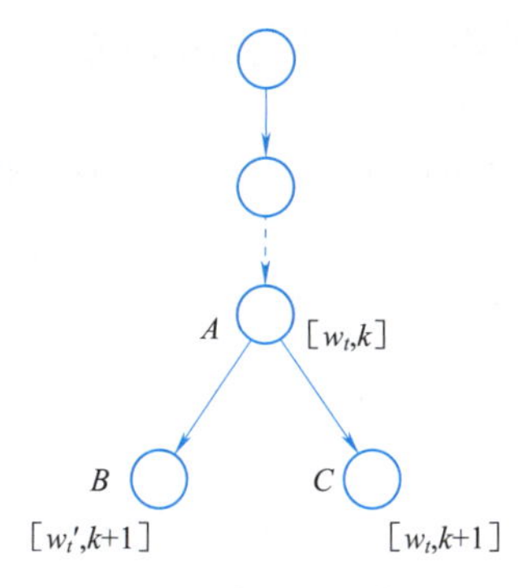

图 7.6 约束函数剪枝过程

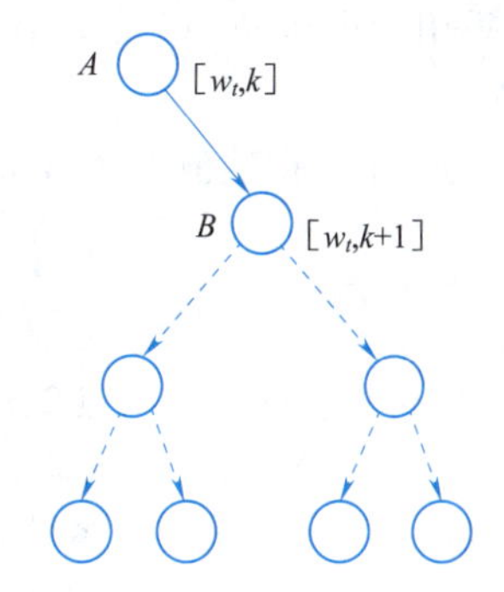

图 7.7 限界函数剪枝过程

根据图 7.7 来考虑当前状态结点 A 的子结点扩展过程。扩展 A 结点的右子结点，$x_{k+1}=0$，其右子结点 B 的状态为$[w_t,k+1]$。设装载问题的解向量为 $\boldsymbol{X}=[\boldsymbol{x}_1,\boldsymbol{x}_2]$，其中 $\boldsymbol{x}_1=[x_1,x_2,\ldots,x_k,0]$，$\boldsymbol{x}_2=[x_{k+2},\ldots,x_n]$。向量 $\boldsymbol{x}_1$ 表示第 1 种农产品到第 $k+1$ 种农产品的装车情况，是目前已得到的农产品装车结果；向量 $\boldsymbol{x}_2$ 表示从第 $k+2$ 种农产品到第 n 种农产品的装车情况，是还未考虑过的未知装车结果。对于解向量 $\boldsymbol{X}$ 装载农产品的总重量：$w_t(\boldsymbol{X}) = \sum_{i=1}^{k+1} w_i x_i + \sum_{i=k+2}^{n} w_i x_i = w_t(\boldsymbol{x}_1) + w_t(\boldsymbol{x}_2)$，第 1 种农产品到第 $k+1$ 种农产品装入车后的重量为 $w_t(\boldsymbol{x}_1)=w_t$，第 $k+2$ 种农产品到第 n 种农产品装入车后的重量是未知的，用 $w_t(\boldsymbol{x}_2)$ 表示。因此，只能去估计 $w_t(\boldsymbol{x}_2)$ 值的一个上界 bound$(\boldsymbol{x}_2)$，上界函数 bound$(\boldsymbol{x}_2)\geqslant w_t(\boldsymbol{x}_2)$。bestw 表示当前已得到的最优值，如果 $w_t(\boldsymbol{x}_1)$ + bound$(\boldsymbol{x}_2)\leqslant$bestw，则表示当前已装车的农产品总重量加上未装车农产品重量的上界值比当前已知的最优解值还要小。因此，可以判定以 A 为根的结点扩展其右子结点是不可能得到问题的最优解的，可以剪去 A 结点的右分支。那么，如何来估算 bound$(\boldsymbol{x}_2)$呢？可以将未装车的农产品全部装入，得到 bound$(\boldsymbol{x}_2) = \sum_{i=k+2}^{n} w_i$。这就是限界函数剪枝过程。

扩展 A 结点的左子结点，$x_{k+1}=1$，$w_t'=w_t+w_{k+1}$，根据上述上界函数分析可知，当 A 结点能被扩展，说明扩展 A 结点的左子结点后的上界不会发生变化。因此，左子结点装载重量的上界与其父结点的上界一样，不需要进行判定。

限界函数分析过程，对于 bestw 值什么时候去获取？如果按照回溯法分析过程，当得到问题第一个完整解向量时，将这个可行解的值记作第一个 bestw 的值。但是，得到完整向量的可行解需要搜索到解空间树的叶子结点才能完成，对于基于广度优先搜索的分支限界法，只能对后续的叶子结点进行限界函数剪枝，而剪枝对于叶子结点来说已经没有实际意义。因此，这样获取的 bestw 无实际效果。实际上，在扩展任意结点 k 的左分支时，若其左分支是一个可行解，将该左子结点之后的农产品装载全部选择不装车，也可以得到一个完整的解向量，即$[x_1,\ldots,x_k,1,\{0\}]$。可以以这样一个可行解的值作为 bestw 的值，因此，在扩展左分支时，只要可行（车辆不超重），就及时更新 bestw 的值。

采用队列式分支限界法搜索 $n=4$ 种农产品（$c=10$，$W=\{6,7,2,4\}$，农产品种编号 1 ~ 4）的装载问题，队列中的结点元素如下所示。定义一个结点元素：

```
struct node{
    int wt;//已装入车的农产品的重量
    int bound;//剩余未装车农产品的总重量
    int k;//当前被处理农产品种编号
};
```

对于左子结点采用约束函数 $w_t \leqslant c = 10$ 作为剪枝策略，右子结点采用限界函数 w_t + bound > bestw 作为剪枝策略。

(1)初始结点 1 的三个数据项值为(0,19,0)，即 $w_t = 0$，bound = 19，$k = 0$。bestw 初值为 0。初始结点 1 入队。

1(0,19,0)

(2)取队首结点 1，扩展它的左子结点 2，$w_t = 0 + 6 = 6 < 10$，满足约束条件是可行的，$x_1 = 1$，结点 2 的三个数据项值为(6,13,1)，结点 2 入队，同时修改 bestw = 6。然后再来扩展它的右子结点 3，w_t + bound = 0 + 13 > bestw = 6，满足限界条件是可行的，$x_1 = 0$，结点 3 的三个数据项为(0,13,1)，结点 3 入队。左右子结点扩展完毕，队首结点 1 出队。

2(6,13,1),3(0,13,1)

(3)取队首元素结点 2，扩展它的左子结点 4，$w_t = 6 + 7 = 13 > 10$，不满足约束条件，是不可行的，结点 4 被剪枝处理。然后再来扩展它的右子结点 5，w_t + bound = 6 + 6 > bestw，满足限界条件是可行的，$x_2 = 0$，结点 5 的三个数据项为(6,6,2)，结点 5 入队。左右子结点扩展完毕，队首结点 2 出队。

3(0,13,1),5(6,6,2)

(4)取队首结点 3，扩展它的左子结点 6，$w_t = 0 + 7 < 10$，满足约束条件是可行的，$x_2 = 1$，结点 6 的三个数据项值为(7,6,2)，结点 6 入队，同时修改 bestw = 7。然后再来扩展它的右子结点 7，w_t + bound = 0 + 6 < bestw = 7，不满足限界条件，是不可能产生最优解的，结点 7 被剪枝处理。左右子结点扩展完毕，队首结点 3 出队。

5(6,6,2),6(7,6,2)

(5)取队首结点 5，扩展它的左子结点 10，$w_t = 6 + 4 = 10$，满足约束条件是可行的，$x_3 = 1$，结点 10 的三个数据项值为(10,2,3)，结点 10 入队，同时修改 bestw = 10。然后再来扩展它的右子结点 11，w_t + bound = 6 + 2 < bestw = 10，不满足限界条件，是不可能产生最优解的，结点 11 被剪枝处理。左右子结点扩展完毕，队首结点 5 出队。

6(7,6,2),10(10,2,3)

(6)取队首结点 6，扩展它的左子结点 12，$w_t = 7 + 4 > 10$，不满足约束条件，是不可行的，结点 12 被剪枝处理。然后再来扩展它的右子结点 13，w_t + bound = 7 + 2 < bestw = 10，不满足限界条件，是不可能产生最优解的，结点 13 被剪枝处理。左右子结点扩展完毕，队首结点 6 出队。

10(10,2,3)

(7)取队首结点 10，扩展它的左子结点 20，$w_t = 10 + 2 > 10$，不满足约束条件，是不可行的，结点 20 被剪枝处理。然后再来扩展它的右子结点 21，w_t + bound = 10 + 0 = bestw = 10，是一个最优解，结点 21(10,0,4)为叶子结点，结点 21 入队。左右子结点扩展完毕，队首结点 10 出队。

21(10,0,4)

(8)取队首结点 21，发现已为叶子结点，不用进行结点扩展，结点 21 直接出队。

(9)队列为空，循环结束。

采用队列式分支限界法求解装载问题所产生的解空间树如图 7.8 所示，被剪枝处理结点在图中用符号 × 表示。

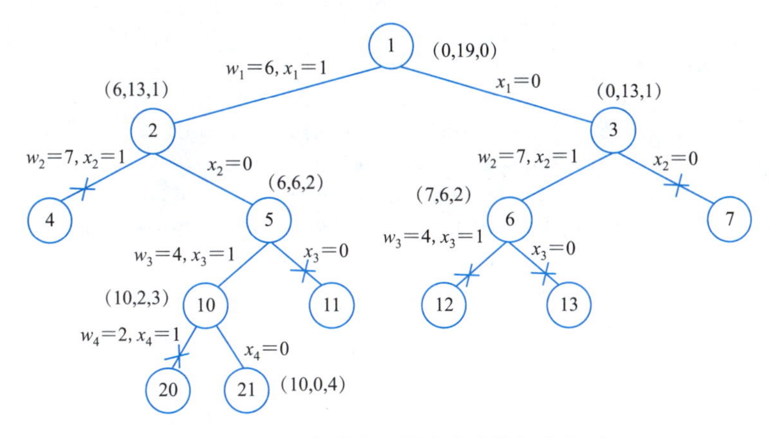

图7.8　队列式分支限界法生成的解空间树

3. 算法实现

队列式分支限界法求解装载问题的C语言实现代码如下，队列操作代码与迷宫问题算法实现中描述的部分完全一样，这里省去队列操作代码。为方便构造最优解，在结点元素结构体中增加了两个数据项：lchild 标记左子结点，* parent 指向父结点指针。

```
#include <stdio.h>
#include <stdlib.h>
#include <string.h>
typedef  struct Node{
    int Wt;//已装入车的农产品的重量
    int bound;//剩余未装车农产品的总重量
    int k;//当前被处理农产品种编号
    int  lchild;//左子结点标记为1,右子结点标记为0,方便构造最优解方案
    struct Node * parent;//父结点标记,方便构造最优解方案
} ElemType;
int w[5] = {0,6,7,4,2},c =10,bestw =0,sumW =19,n =4;//装载问题初值
ElemType * optNode;//最优解指针
int LoadingBrandchBound(){
     SeqQueue Q;
     ElemType * headNode,* leftNode,* rightNode; //队首结点,左子结点和右子结点
     headNode = (ElemType * )malloc(sizeof(ElemType ));//初始结点
     headNode ->Wt =0;
     headNode ->bound = sumW;
     headNode ->k =0;
     headNode ->parent =NULL;
     queueInit(&Q); //初始化队列
     queueAppend(&Q,* headNode);//初始结点入队
     while(!isQueueEmpty(Q)){
          headNode = (ElemType * )malloc(sizeof(ElemType ));
          memcpy(headNode,&getQueue(Q),sizeof(ElemType));//取队首结点
          if(headNode ->k ==n){//判断队首结点为叶子结点?
               optNode  =headNode; //将 optNode 指针指向可行解叶子结点
               if(headNode ->Wt <c&&headNode ->Wt >bestw){
                    bestw =headNode ->Wt;
                    optNode  =headNode;//将 optNode 指针指向最优解叶子结点
```

```
            }
        }else{
            if(headNode->Wt+w[headNode->k+1]<=c){//满足约束函数,扩展左子结点
                leftNode=(ElemType *)malloc(sizeof(ElemType));
                leftNode->k=headNode->k+1;
                leftNode->Wt=headNode->Wt+w[headNode->k+1];
                leftNode->bound=headNode->bound-w[headNode->k+1];
                leftNode->parent=headNode;
                leftNode->lchild=1;//左子结点标记
                queueAppend(&Q,* leftNode); //入队
                if(leftNode->Wt>bestw)
                    bestw=leftNode->Wt;//更新 bestw 为当前可行解值
            }
            if(headNode->Wt+headNode->bound-w[headNode->k+1]>=bestw)
{//扩展右结点
                rightNode=(ElemType *)malloc(sizeof(ElemType));
                rightNode->k=headNode->k+1;
                rightNode->Wt=headNode->Wt;
                rightNode->bound=headNode->bound-w[headNode->k+1];
                rightNode->parent=headNode;
                rightNode->lchild=0;//右子结点标记
                queueAppend(&Q,* rightNode);//入队
            }
        }
        queueDel(&Q,headNode);//出队
    }
    return bestw;
}
void printPath(ElemType * node) {//递归输出最优方案
    if (node->parent==NULL) return;
    printPath(node->parent);
    if(node->lchild==1)printf("%d  ", w[node->k])//左子结点表示选择该种农产品装入车辆
}
int main(){
    printf("最优值=%d\n",LoadingBrandchBound());
    printf("最优解方案\n");
    printPath(optNode);
    printf("\n");
}
```

程序运行结果:

```
最优值=10
最优解方案
6  4
```

4. 算法效率分析

转载问题的分支限界法的时间复杂度可以表示为 $O(2^n)$,其中 2 表示分支因子(即每个结点的子结点个数),n 是问题的深度或者搜索树的高度。在最坏情况下,分支限界法需要遍历整个搜索树,因此时间复杂度是指数级别的。然而,对于具体的装载问题实例,实际的时间复杂度可能会受到问题规模、约束条件和剪枝函数等因素的影响。因此,对于装载问题的分支限界法,需要根据具体情况进行具体分析,以确定其时间复杂度。

7.3.2 单源最短路径问题

1. 问题描述

给定带权有向图 $G=(V,E)$,其中每条边的权是非负实数。另外,还给定 V 中的一个顶点,称为源。现在要计算从源到所有其他各顶点的最短路长度。这里路的长度是指路上各边权之和。这个问题通常称为单源最短路径问题。如图 7.9 所示的有向图 G,每一条边都有一个非负权值,求源点 S 到图中各个结点之间的最短路径。

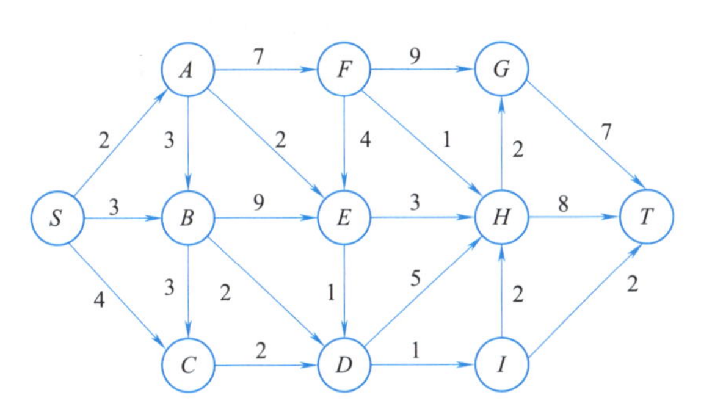

图 7.9 有向带全图 G

2. 问题分析

采用优先队列式分支限界法求解单源最短路径问题,构建一个小根堆(在堆关系中堆顶元小于等于左右基元)来存放活动结点表,堆中结点的值即图中结点的优先级用源点到该结点的当前路径长度表示。算法从图 G 的源结点 S 和空优先队列开始。结点 S 被扩展后,它的后继结点被依次插入堆中。此后,算法从堆中取出具有最小当前路径长度的结点作为当前扩展结点,并依次检查与当前扩展结点相邻的所有结点。如果从当前扩展结点 i 到结点 j 有边可达,且从源出发,途经结点 i 再到结点 j 的所相应的路径长度小于已得到的源点到结点 j 的长度,则将该结点作为活结点插入到活结点优先队列(堆)中,否则被舍去处理。这个结点的扩展过程一直继续到活结点优先队列(堆)为空时为止。若结点 j 作为活结点插入到小根堆(优先队列)中时,堆中已存在一个活结点 j,那么,因为后插入的结点 j 具有更高的优先级(距离源点 S 具有更短的距离),后插入的结点 j 会被优先扩展。当堆中前面已存在的结点 j 在之后的操作中再被扩展时,所有扩展的结点会因为具有长的距离而全部被剪枝舍去处理。

初始时源点到其余各结点之间距离 dist[i]设置为无穷大,当然源点本身的 dist[S] =0,并将源点 S 加入优先队列(堆),图 7.9 的邻接矩阵存储到二维数组 edge 内。判断优先队列(堆)不空,则循环执行如下步骤:

取当前堆顶元素结点 i,并从堆中删除元素结点 i。对结点 i 的所有邻接点 j 进行判断,若 dist[i] + edge[i][j] < dist[j],则将 j 结点加入优先队列(堆),并更新 dist[j] = dist[i] + edge[i][j]。直到优先队列(堆)为空而结束循环。

采用优先队列式分支限界法搜索有向图 7.9 中源点 S 到各个结点之间的最短路径问题所产生的解空间树详细形成过程如下图所示。其中结点旁边的数字表示源点 S 到该结点的当前路径长度。因所有的边权值都非负,结点的当前路径长度也是解空间树中以该结点为根的子树中所有结点对应的路径长度的一个下界。所以,在扩展结点过程中,若发现一个结点的下界不小于当前已找到的源点到该结点的路径长度,则该结点被剪枝舍去,在图中该结点下方用符号 × 表示。

(1)开始时优先队列(堆)只有源点 S,源点 S 出堆。扩展结点 A、B、C,并更新路径长度,将扩展的结点加入优先队列(堆),结点加入队列的过程中会重新调整建堆。此时的解空间树如图 7.10 所示。

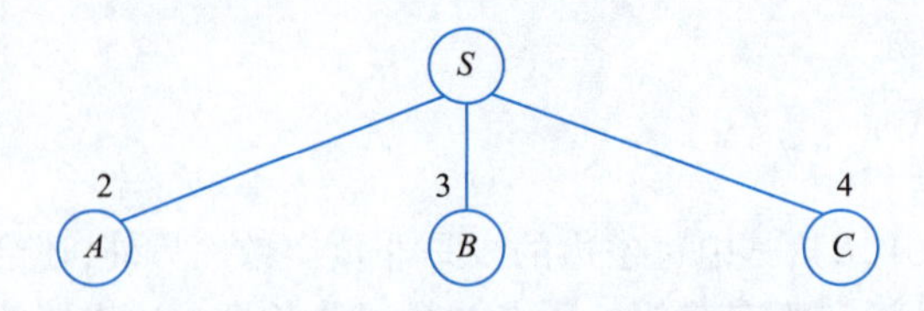

图 7.10 对源点 S 扩展后的解空间树

（2）因为是以结点的 dist[i]值作为优先队列（堆）的优先级，小根堆的堆顶元为 A 结点，堆中元素序列为 A、B、C。对 A 进行扩展，dist[A] + edge[A][B] > dist[B]，剪枝舍去 A 的可扩展结点 B，将 A 的可扩展结点 E、F 加入优先队列（堆），加入队列的过程中会重新调整建堆。此时的解空间树如图 7.11 所示。

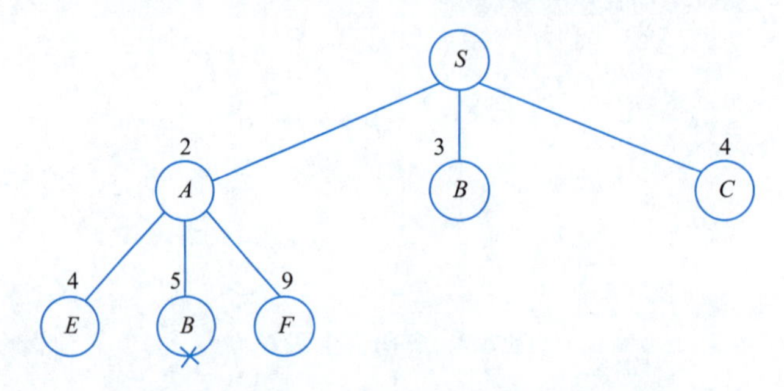

图 7.11 对结点 A 进行扩展后的解空间树

（3）此时，优先队列（堆）的堆顶元为优先级最小的结点 B，堆中元素序列为 B、C、E、F。对结点 B 进行扩展，可扩展结点有 C、D、E，但只有结点 D 满足约束条件加入优先队列，加入优先队列的过程中会重新调整建堆。B 的可扩展结点 C、E 被剪枝舍去。此时的解空间树如图 7.12 所示。

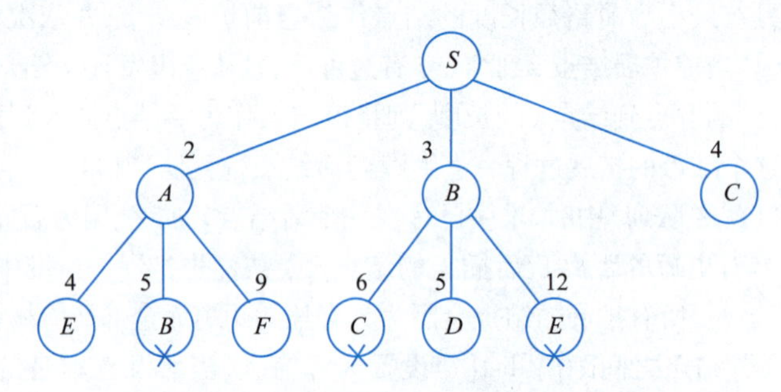

图 7.12 对结点 B 进行扩展后的解空间树

（4）此时，堆中元素序列为 C、D、E、F，优先队列（堆）的堆顶元为优先级最小的结点 C，C 的可扩展结点 D 不满足约束条件被剪枝舍去。此时的解空间树如图 7.13 所示。

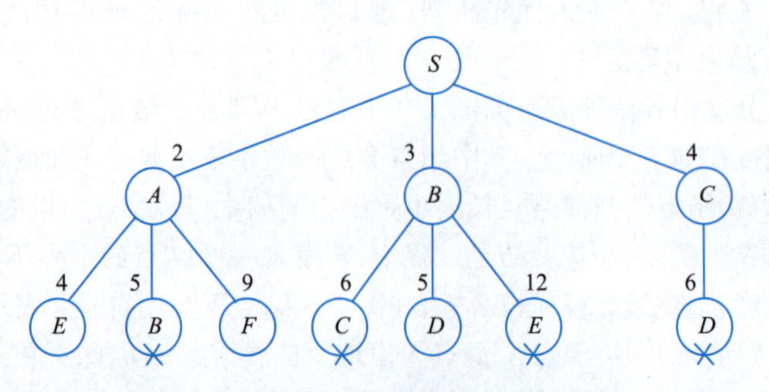

图 7.13 对结点 C 进行扩展后的解空间树

(5)此时,堆中元素序列为 E、D、F。优先队列(堆)中的堆顶元为结点 E,E 的可扩展结点有结点 D 和结点 H,结点 D 因不满足约束条件被剪枝舍去,E 的可扩展结点 H 加入优先队列(堆)。此时的解空间树如图 7.14 所示。

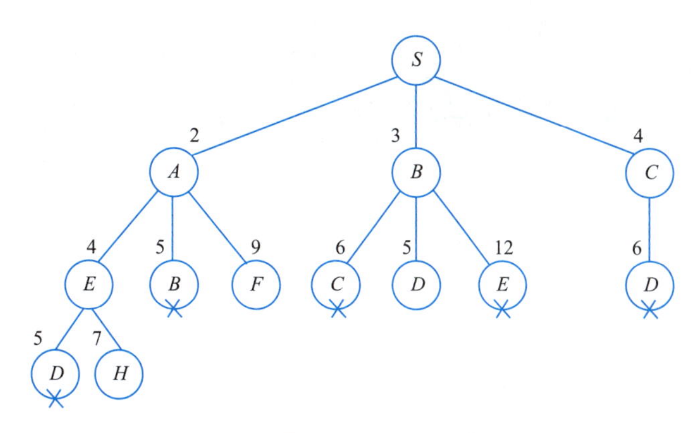

图 7.14　对结点 E 进行扩展后的解空间树

(6)此时的堆中元素序列为 D、F、H。优先队列(堆)中的堆顶元为结点 D,D 的可扩展结点 I 和 H。D 的可扩展结点 H 因不满足约束条件被舍去,D 的可扩展结点 I 加入优先队列(堆)。此时的解空间树如图 7.15 所示。

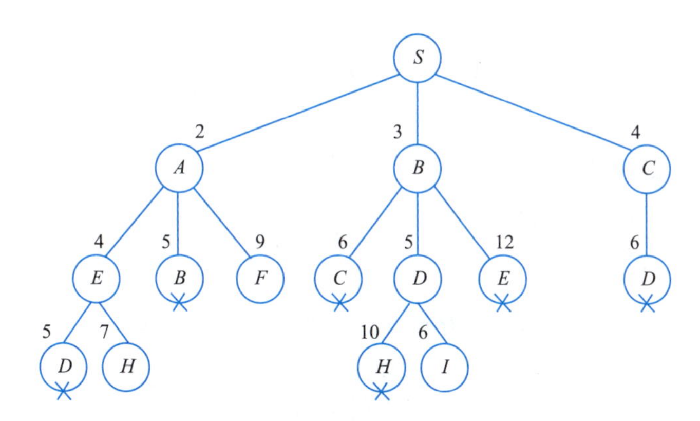

图 7.15　对结点 D 进行扩展后的解空间树

(7)结点 I 加入优先队列(堆)后因具有最高的优先级,成为堆顶元,此时堆中元素序列为 I、F、H。结点 I 的可扩展结点有结点 H 和结点 T。计算优先级后,发现 I 的可扩展结点 H 不满足约束条件被剪枝舍去,I 的可扩展结点 T 加入优先队列(堆)。此时的解空间树如图 7.16 所示。

(8)结点 T 加入优先队列(堆)后,此时,堆中元素序列为 H、F、T。结点 H 具有最高优先级成为当前堆顶元。H 的可扩展结点有结点 G 和结点 T,H 的可扩展结点 T 不满足约束条件被剪枝舍去,H 的可扩展结点 G 加入优先队列(堆)。此时的解空间树如图 7.17 所示。

(9)此时,此时堆中元素序列为 T、F、G。结点 T 具有最高优先级,成为优先队列(堆)中的堆顶元。此时,若问题是求解源点 S 到终点 T 的最短路径,则已得到问题的解,可以提前结束循环。若需要求源点到图中所有结点的最短路径长度,则还需要继续执行,直到优先队列(堆)为空才结束循环。由于结点 T 没有可扩展的结点,直接出队(堆)后结点 G 成为当前堆顶元,此时堆中元素序列为 G、F。结点 G 的可扩展结点有结点 T,且不满足约束条件被剪枝舍去。此时的解空间树如图 7.18 所示。

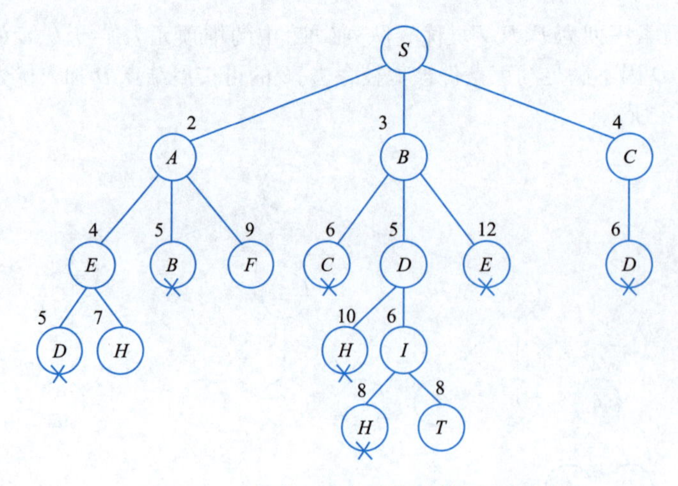

图 7.16　对结点 *I* 进行扩展后的解空间树

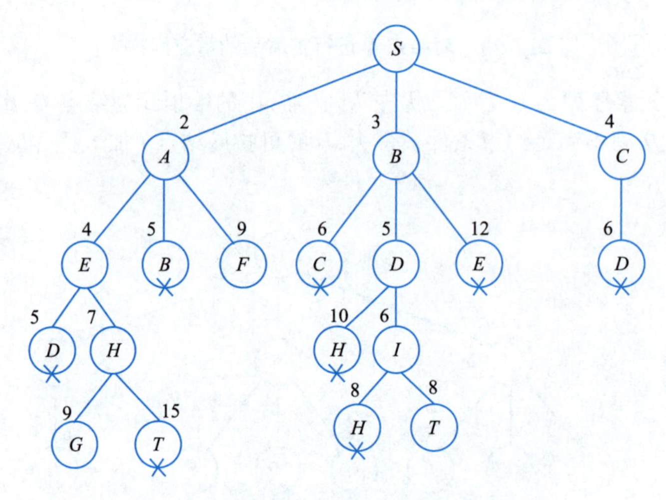

图 7.17　对结点 *H* 进行扩展后的解空间树

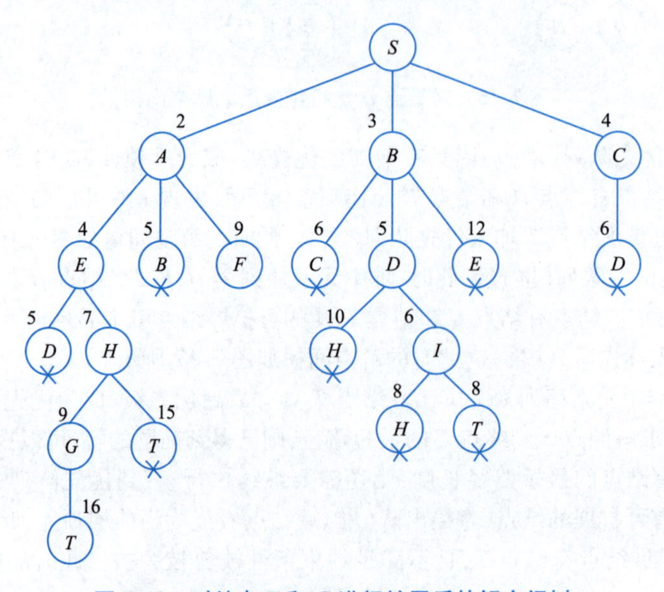

图 7.18　对结点 *T* 和 *G* 进行扩展后的解空间树

(10)到了此时,优先队列(堆)只剩下一个结点 F,也是当前堆顶元,其扩展结点 E 结点 H 和结点 G,且都不满足约束条件被剪枝舍去。此时的解空间树如图 7.19 所示。

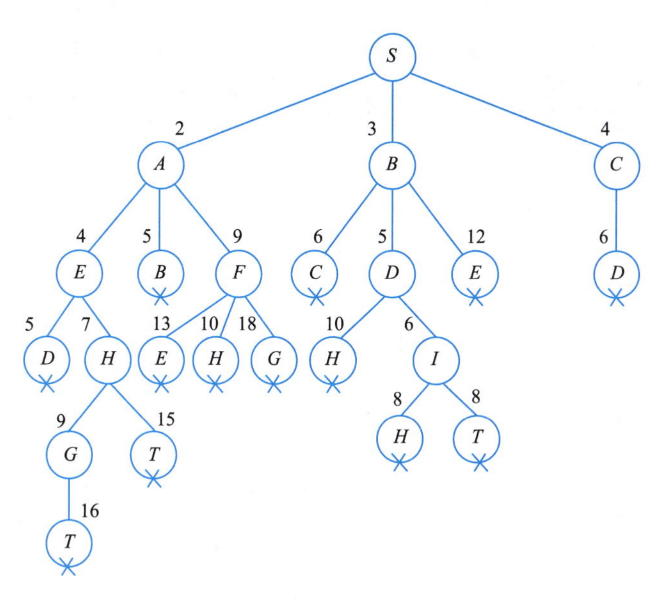

图 7.19　对结点 F 进行扩展后的解空间树

(11)此时优先队列(堆)为空,循环结束,至此单源最短路径求解全部完成。

3. 算法实现

优先队列式分支限界法的单源最短路径问题求解 C 语言完整实现代码如下:

```
#include <stdio.h>
#include <stdlib.h>
typedef struct { //定义图中结点结构(编号,和源点到该结点的长度)
    int num;//解空间中结点的编号。一个结点对应于一条路
    int length;//路的长度。
}PathNode;
//--------------------优先队列(堆)的基本操作-----------------------
//定义堆结构
typedef struct {
    PathNode * array; //存储堆元素的数组
    int size;  //堆的大小
    int capacity; //堆的容量
} Heap;
//创建堆
Heap* createHeap(int capacity) {
    Heap* heap = (Heap* )malloc(sizeof(Heap));
    heap -> array = (PathNode * )malloc(capacity * sizeof(PathNode));
    heap -> size = 0;
    heap -> capacity = capacity;
    return heap;
}
//交换元素
void swap(PathNode* a, PathNode* b) {
    PathNode temp = * a;
```

```
        * a = * b;
        * b = temp;
    }
    //比较元素大小,a > b 则返回值大于 0
    int cmp(PathNode a, PathNode b){
        return a.length - b.length;
    }
    //向下调整堆
    void heapAdjust (Heap* heap, int i) {
        intsmallest = i; // 初始化最小值为根结点
        int left = 2 * i + 1; //左子结点
        int right = 2 * i + 2; //右子结点
        //如果左子结点比根结点小,则更新最小值
        if (left < heap -> size && cmp(heap -> array[left] , heap -> array[smallest]) < 0)
            smallest = left;
        //如果右子结点比最小值小,则更新最小值
        if (right < heap -> size && cmp(heap -> array[right], heap -> array[smallest]) < 0)
            smallest = right;
        //如果最小值不是根结点,则交换根结点和最小值,并继续向下调整堆
        if (smallest != i) {
            swap(&heap -> array[i], &heap -> array[smallest]);
            heapAdjust (heap,smallest);
        }
    }
    //堆中插入元素
    void insertElement(Heap* heap, PathNode value) {
        if (heap -> size == heap -> capacity) {
            printf("Heap is full. Cannot insert more elements. \n");
            return;
        }
        heap -> size ++;
        int i = heap -> size - 1;
        heap -> array[i] = value;
        //向上调整堆
        while (i !=0 &&cmp( heap -> array[(i - 1) / 2], heap -> array[i]) < 0) {
            swap(&heap -> array[i], &heap -> array[(i - 1) / 2]);
            i = (i - 1) / 2;
        }
    }
    //删除元素
    void deleteElement(Heap* heap, PathNode value) {

        //将要删除的元素与最后一个元素交换
        swap(&heap -> array[0], &heap -> array[heap -> size - 1]);
        heap -> size - -;
        //向下调整堆
        heapAdjust (heap,0);
    }
    //判队空
```

```
int isHeapEmpty(Heap * heap){
      if(heap->size==0)return 1;
      return 0;
}
//获取堆顶元
PathNode  getHeapTop(Heap * heap){
     return heap->array[0];
}
//------------------------有向图最短路径------------------------
//图的邻接矩阵
intedge[11][11]={
// s, a, b, c, d,  e, f, g, h,  i, t
{ 0, 2, 3, 4, -1, -1, -1, -1, -1, -1, -1},
{ -1, 0, 3, -1, -1, 2, 7, -1, -1, -1, -1},
{ -1, -1, 0, 3, 2, 9, -1, -1, -1, -1, -1},
{ -1, -1, -1, 0, 2, -1, -1, -1, -1, -1, -1},
{ -1, -1, -1, -1, 0, -1, -1, -1, 5, 1, -1},
{ -1, -1, -1, -1, -1, 0, -1, -1, 3, -1, -1},
{ -1, -1, -1, -1, -1, 4, 0, 9, 1, -1, -1},
{ -1, -1, -1, -1, -1, -1, -1, 0, -1, -1, 7},
{ -1, -1, -1, -1, -1, -1, -1, 2, 0, -1, 8},
{ -1, -1, -1, -1, -1, -1, -1, -1, 2, 0, 2},
{ -1, -1, -1, -1, -1, -1, -1, -1, -1, -1, 0},
};
int start=0,end=10,n=11;//起始结点编号为0,终点结点编号为10,共11个结点
int dist[11]; //源点到其余各个结点的最短距离长度
int prev[11];//记录前驱结点编号,以便输出路径经过的结点
//单元最短路径函数
void ShortPath() {
   Heap* heap=createHeap(n); //创建堆——优先队列,用于存储活结点的表
   PathNode first,next;
   for(int i=0;i<n;i++)dist[i]=999; //源点到结点i的最短距离
   first.num=start;  //计算顶点v到其他顶点的最短路
   first.length=0;
   prev[start]= -1;dist[start]=0;
   insertElement(heap, first); //入队
   while(1){
      if(isHeapEmpty(heap)) break; //堆空,则结束循环
           first=getHeapTop(heap);deleteElement(heap,first);//获取堆顶元,并删除堆元 first
           for(int i=0;i<n;i++){//搜索孩子结点,并将可行的结点插入优先队列——堆
               if(edge[first.num][i]>0 && (first.length+edge[first.num][i])<dist[i]){
                     dist[i]=first.length+edge[first.num][i];
                     prev[i]=first.num;
                     next.num=i;
                     next.length=dist[i];
                     insertElement(heap, next);
               }
           }
   }
```

```
    }
    //递归输出源点到终点的路径
    void printPath(int i){
        if(prev[i] == -1){
            printf("S ");//起点结点字母
            return;
        }
        printPath(prev[ i]);
        if(i!=end)
            printf("% c - ->",i +0x40);//按结点编号输出对应字母
        else
            printf("T");//终点结点字母
    }
    int main(){
        ShortPath() ;
        printf("Path:\n");
        for(int i =1;i <n;i ++){
            printPath(i);
            printf(",len =% d\n",dist[i]);
        }
    }
```

在本程序中首先定义了一个图中结点结构体,包括结点编号和源点到结点距离两个成员。以结点元素为数据类型构建了一个堆,并实现了堆的基本操作,包括堆的创建 createHeap、调整建堆 heapAdjust、插入堆元素 insertElement、删除堆元素 deleteElement、判堆空 isHeapEmpty 以及获取堆顶元 getHeapTop 等等。函数 ShortPath()为优先队列式分支限界法最短路径问题,数组 prev 记录每个结点最短路径上的前驱结点编号,递归函数 printPath()用于输出源点到各个结点的最短路径,最短路径长度记录在数组 dist 中。程序输出结果:

```
Path from source point to endpoint:
Path:S A ,len =2
Path:S B ,len =3
Path:S C ,len =4
Path:S B D ,len =5
Path:S A E ,len =4
Path:S A F ,len =9
Path:S A E H G ,len =9
Path:S A E H ,len =7
Path:S B D I ,len =6
Path:S B D I T,len =8
```

4. 算法效率分析

单源最短路径问题采用 Dijkstra 算法思想进行优先级计算,优先队列式分支限界求解在最坏情况下时间复杂度为 $O((n+e)\log_2 n)$,其中 n 是顶点数,e 是边数。这是因为 Dijkstra 算法使用优先队列来维护当前的最短路径估计值,每次从优先队列中选择最短路径估计值最小的顶点进行松弛操作,然后更新优先队列。优先队列的插入和删除最小值操作的时间复杂度为 $O(\log_2 n)$。在稀疏图中,e 的数量通常与 n 的平方级别相当;在稠密图中,e 的数量可能接近于 n 的平方级别,因此时间复杂度可以近似为 $O(n^2\log_2 n)$。

7.3.3 八数码问题

微视频

八数码问题

1. 问题描述

在 3×3 的九宫棋盘格内，放置着数码为 1～8 的 8 个棋牌，剩下一个空格，只能通过棋牌向空格的移动来改变棋盘的布局。用数字 0 表示棋盘空格，棋牌向空格移动可以看成数字 0 的反向移动，数字 0 在中间位置可选择上下左右四个方向移动，当数字 0 在边界格子时，移动不能越界。现已知棋盘格的初始状态和目标状态，如图 7.20 所示。要求通过若干次移动将初始状态变成目标状态，试找出合法的移动序列。

2	8	0
1	6	3
7	5	4

初始状态

1	2	3
8	0	4
7	6	5

目标状态

图 7.20 八数码棋盘的初始状态和目标状态

2. 问题分析

八数码问题是一种经典的搜索问题，从初始状态开始，若利用队列式分支限界法可以实现逐层搜索，约束条件即数字 0 向上下左右四个方向的移动不能越界，且扩展的子结点状态不能是队列中出现过的状态。当问题有解时，一定能找到解。在搜索过程中，为了陷入无穷循环的搜索无解的初始状态，可以设置一个的搜索深度值，超过这个深度则判定为无解结果。具体的搜索过程如图 7.21 所示，状态结点旁边圈中数字表示搜索时活结点的顺序，当搜索到目标时结束搜索，搜索深度为 4（根结点为初始状态，深度为 0）。

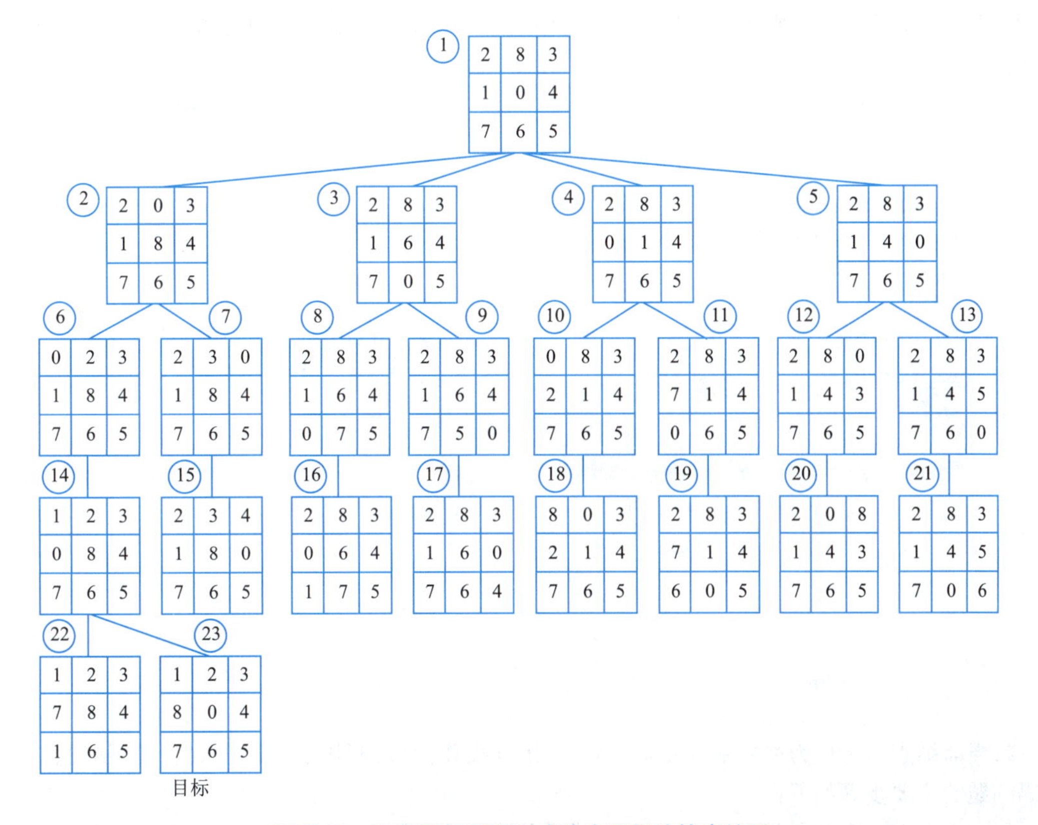

图 7.21 八数码问题队列式分支限界法搜索结果

从搜索过程图 7.21 可以看出，从根部结点开始扩展。首先访问的是根结点的子结点们，然后从子结点们逐一扩展到下一层的子结点们，直到搜索到目标解，或者搜索层次超过约定的数值无法继续扩展而结束。这样，对于层次位于叶子结点附近的集合，能有一个公平的概率被搜索到。队列式分支限界法求解八数码问题除约束条件外没有其他剪枝条件,与广度优先搜索是一样的,数字 0 选择的移动方向概率是均等的,这是一种无差别的等概率的选择搜索的分支。在八数码问题中,由于扩展的方向有上下左右四种情况,结点扩展的分支较为平衡,但当目标距离根结点很远时,几乎需要搜索完整个解空间树才能到达目标结点,效率很低,且存储活结点表的队列空间消耗巨大。

八数码问题采用无差别的选择搜索分支路径不合理,因为每一条路径上找到目标解的概率是不一样的或者说每一条路径上找到目标解的可能移动步数是不同的。且除了搜索深度超过规定步数被判定无解外,没有明确的剪枝函数可以剪去被扩展的结点。所以需要考虑一种启发式搜索函数,对每个可扩展结点估算一个到达目标解的代价作为优先级,使得能够最大可能搜索到目标解的路径上优先搜索,即对被扩展的结点进行一个优先级判断,最先搜索具有优先级最高(最快到达目标解)的结点。然后利用优先队列式分支限界策略,将扩展的子结点按估算的优先级加入优先队列(堆),每次选择优先级最高的堆顶元结点进行扩展,使得搜索方向能纵深快速到达目标解。

在本章 7.2.3 节介绍了启发式限界函数的设计方法,一个启发式限界函数 $f(x)=g(x)+h(x)$。

选择根结点到当前结点 x 的深度(已走过的步数)作为 $g(x)$。将当前结点 x 的数字与目标结点数字进行比较,统计当前结点 x 与目标结点的数字在位置上匹配的个数,越多表示距离目标越近。换句话理解,当前结点 x 与目标结点数字在位置上不匹配的个数越少表示当前结点距离目标解越近。选择当前结点 x 状态中各数字不在目标位置的个数作为 $h(x)$。即启发式函数 $f(x)=g(x)+h(x)$,$g(x)$ 表示已走的步数,$h(x)$ 估算到达目标最少的步数。定义结点状态结构体和启发式函数如下:

```
typedef struct sstate {//结点状态结构体
    int board[N][N]; //状态数据
    int zero_i, zero_j;//数字 0 的坐标
    int depth;//状态深度
    int priority;//状态优先级
} State;
State goal = {{{1, 2, 3}, {8, 0, 4}, {7, 6, 5}}};
//计算不在目标数字个数,这个数字越小,表示当前结点距离目标解可能越近
int num_Not_Place(State state) {   // state 当前状态,goal 目标状态
    int distance = 0;
    for (int i = 0; i < N; i ++) {
        for (int j = 0; j < N; j ++) {
            if (state.board[i][j] != goal.board[i][j]) {
                distance ++;
            }
        }
    }
    return distance;
}
```

将当前结点状态作为堆的基本元素,构造一组堆操作函数,利用优先队列式分支限界法求解八数码问题的主要步骤如下:

(1)定义状态表示:使用一个 3×3 的二维数组来表示八数码的状态,其中 0 代表空格。

(2)定义状态扩展:对于当前状态,可以将空格上下左右四个方向上的数字与空格进行交换,生成新的状态。

(3)定义状态评估函数:使用一种启发式函数来评估当前状态与目标状态之间的差距,例如不在目标位置数字的个数。

(4)定义优先级队列:使用一个优先级队列来存储待扩展的状态,按照状态评估函数的值进行排序,通过堆的创建、插入操作完成。

(5)进行搜索:从初始状态开始,将其加入优先级队列。每次取出队列中优先级最高的状态将满足约束条件的结点进行扩展,并利用定义的启发式评估函数计算每个扩展结点状态优先级,将扩展生成的状态按优先级加入队列(堆)中。循环这个过程,直到找到目标状态或队列为空。

使用启发式函数的优先队列式分支限界法搜索过程如图 7.22 所示,结点旁边带圈数字表示结点扩展的顺序,优先级 g 和 h 的计算值也标注在结点旁边。

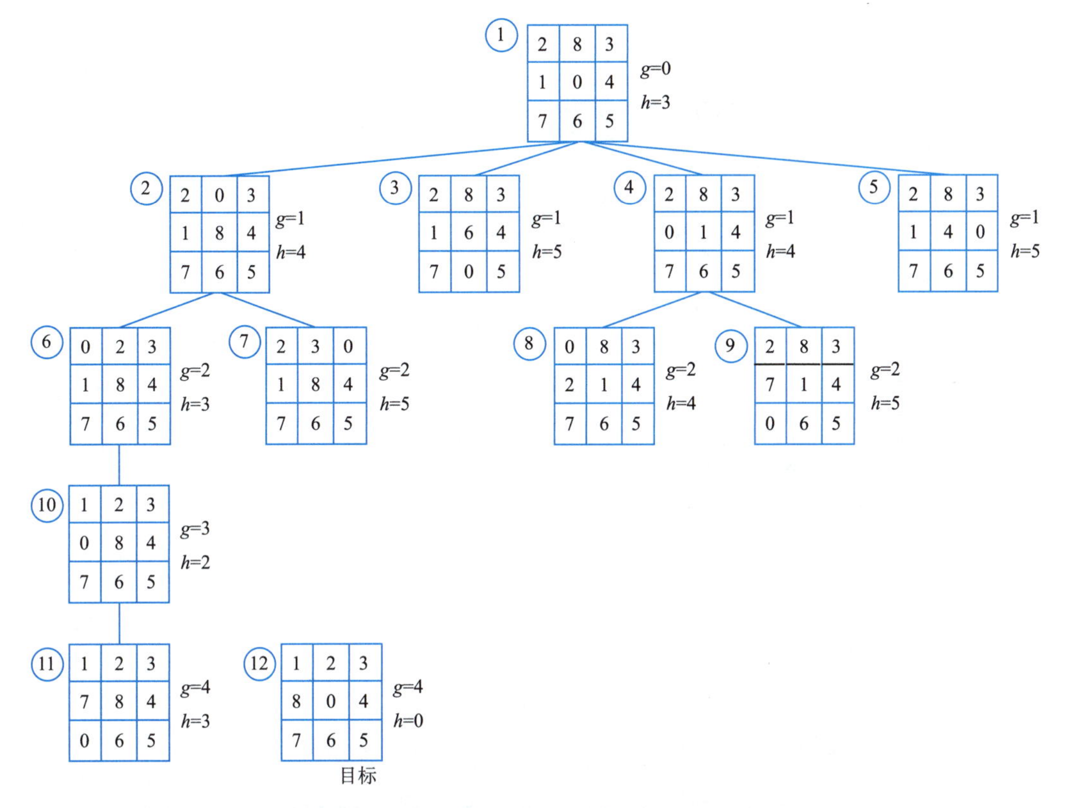

图 7.22　八数码问题优先队列式分支限界法搜索过程

第一步,起始结点 $g=0,h=3,f=g+h=3$。扩展起始结点,并出堆。被扩展结点有②③④⑤,它们的 g 都是 1,h 分别是 4、5、4、5,f 的值分别为 5、6、5、6。这四个结点入堆后的堆顶元为结点②。

第二步,当前堆顶元结点②出堆,并扩展,被扩展结点有⑥和⑦,结点⑥的 $f=2+3=5$,结点⑦的 $f=2+5=7$。这两个结点入堆。

第三步,此时堆顶元为结点④,出堆并扩展,被扩展结点有⑧和⑨,结点⑧的 $f=2+4=6$,结点⑨的 $f=2+5=7$。结点⑧和⑨入堆。

第四步,此时堆顶元为⑥,出堆并扩展,被扩展结点有⑩,结点⑩的 $f=3+2=5$,结点⑩入堆。

第五步,此时堆顶元为结点⑩,出堆并扩展,被扩展结点有⑪和⑫,结点⑪的 $f=4+3=7$,结点⑫的 $f=4+0=4$。结点⑪和⑫入堆。

第六步,此时,堆顶元为⑫,出堆,发现是目标,搜索结束。

3. 算法实现

以下是一个完整的 C 语言实现代码示例,前一部分是堆的基本操作函数,与本节前面的单源最短路径问题是相似的,主要有堆初始化 createHeap()建堆函数、判断堆空 isHeapEmpty()函数、向下调整建堆 heapAdjust()函数、出堆 deleteElement()函数、入堆 insertElement()函数。不同的只是堆元素结构不同,另外两个元素大小比较 cmp()函数中比较结点状态元素的优先级大小,两个元素内容相同比较 is_duplicate()函数中比较结点状态的各个数字是否相同。后一部分是评估到达目标结点状态代价函数 num_Not_Place()、目标状态判断函数 is_goal_state(),状态结点是否已扩展判断函数 is_state_generated()、结点扩展操作函数 expand_state()、优先队列(堆)式分支限界法求解八数码问题 solve_eight_puzzle()函数、递归输出初态到目标棋盘状态的 printPath()函数。

```
#include <stdio.h>
#include <stdlib.h>
#define N 3
#define Total_States 1000//不妨设总的状态数不超过 1000
typedef struct sstate {
    int board[N][N];
    int zero_i, zero_j;//数字 0 的坐标
    int depth;
    int priority;
} State;
//------------------------堆的基本操作--------------------------
//定义堆结构
typedef struct {
    State * array; //存储堆元素的数组
    int size;   //堆的大小
    int capacity; //堆的容量
} Heap;
//创建堆
Heap* createHeap(int capacity) {
    Heap* heap = (Heap* )malloc(sizeof(Heap));
    heap->array = (State * )malloc(capacity * sizeof(State));
    heap->size = 0;
    heap->capacity = capacity;
    return heap;
}
//交换元素
void swap(State* a, State* b) {
    State temp = * a;   * a = * b;   * b = temp;
}
//比较元素大小,priority 小的元素优先级更高
int cmp_priority(State a, State b){
    return b.priority - a.priority;
}
//判断两个元素是否相同,相同返回 1
int is_duplicate(State s1, State s2) {
        int duplicate = 1;
        for (int j = 0; j < N&&duplicate; j ++) {
            for (int k = 0; k < N; k ++) {
                if (s1.board[j][k] != s2.board[j][k]) {
                    duplicate = 0;
                    break;
```

```
                }
            }
        }
    return duplicate;
}
//向下调整堆
void heapAdjust(Heap* heap, int i) {
    int largest = i; //初始化最大值为根结点
    int left = 2 * i + 1; //左子结点
    int right = 2 * i + 2; //右子结点
    //如果左子结点比根结点大,则更新最大值
    if (left < heap -> size && cmp_priority(heap -> array[left],heap -> array[largest]) > 0)
        largest = left;
    //如果右子结点比最大值大,则更新最大值
    if (right < heap -> size && cmp_priority(heap -> array[right],heap -> array[largest]) > 0)
        largest = right;
    //如果最大值不是根结点,则交换根结点和最大值,并继续向下调整堆
    if (largest != i) {
        swap(&heap -> array[i], &heap -> array[largest]);
        heapAdjust(heap, largest);
    }
}
//插入元素
void insertElement(Heap* heap, State value) {
    if (heap -> size == heap -> capacity) {
        printf("Heap is full. Cannot insert more elements. \n");
        return;
    }
    heap -> size ++;
    int i = heap -> size - 1;
    heap -> array[i] = value;
    //向上调整堆
    while (i != 0 &&cmp_priority( heap -> array[ (i - 1) / 2], heap -> array[i]) < 0) {
       swap(&heap -> array[i], &heap -> array[ (i - 1) / 2]);
       i = (i - 1) / 2;
    }
}
//删除元素
void deleteElement(Heap* heap, State value) {
    int i;
    for (i = 0; i < heap -> size; i ++) {
        if (is_duplicate(heap -> array[i] ,value))
            break;
    }
    if (i == heap -> size) {
        printf("Element not found in heap. \n");
        return;
    }
    //将要删除的元素与最后一个元素交换
    swap(&heap -> array[i], &heap -> array[heap -> size - 1]);
    heap -> size - -;
```

```
        //向下调整堆
        heapAdjust(heap, i);
    }
    //判队空
    int isHeapEmpty(Heap * heap){
        if(heap->size==0)return 1;
        return 0;
    }
    //获取堆顶元
    State  getHeapTop(Heap * heap){
        return heap->array[0];
    }
    //-------------------八数码问题,分支限界法-------------------------
    State goal = {{  //目标状态
        {1, 2, 3},
        {8, 0, 4},
        {7, 6, 5}}};
    State Closed[Total_States];//保存扩展结点状态数组
    int Closed_Size=0;
    int prev[Total_States];//记录父结点序号,以便输出移动序列状态
    //计算不在目标数字个数——A算法
    int num_Not_Place(State state) {
        int distance=0;
        for (int i=0; i<N; i++) {
            for (int j=0; j<N; j++) {
                if (state.board[i][j] !=goal.board[i][j]) {
                    distance ++;
                }
            }
        }
        return distance;
    }
    //判断状态是否为目标状态
    int is_goal_state(State state) {
        for (int i=0; i<N; i++) {
            for (int j=0; j<N; j++) {
                if (state.board[i][j] !=goal.board[i][j]) {
                    return 0;
                }
            }
        }
        return 1;
    }
    //查找state在已扩展状态序列中的位置,不存在则返回-1
    int is_state_generated(State state){
        int i;
        for (i=0; i <Closed_Size; i++)
            if (is_duplicate(Closed[i] ,state))
                return i;
        return -1;
    }
```

```
//扩展状态
void expand_state( Heap* queue,State state){
    int directions[4][2] ={{ -1, 0}, {1, 0}, {0, -1}, {0, 1}}; //上下左右四个方向
    int parent =is_state_generated(state);//获取当前扩展结点的扩展位置
    for (int i =0; i <4; i ++) {
        int new_i =state.zero_i + directions[i][0];
        int new_j =state.zero_j + directions[i][1];
        if (new_i > = 0 && new_i <N && new_j > = 0 && new_j <N) {
            State new_state =state;
            new_state.board[state.zero_i][state.zero_j] =new_state.board[new_i][new_j];
            new_state.board[new_i][new_j] =0;
            new_state.zero_i =new_i;
            new_state.zero_j =new_j;
            new_state.depth ++;
    //计算优先级 =深度 +距离目标距离(不在位数字个数) //manhattanDistance(new_state);
            new_state.priority =new_state.depth +num_Not_Place(new_state);
            if (is _state_generated(new_state) == -1){//如果结点没扩展过,则加
                入堆。
                insertElement(queue,new_state);
                prev[ Closed_Size] =parent;//记录下被扩展的子结点的父结点序号
                Closed[Closed_Size ++ ] =new_state;//记录下被扩展的子结点
            }
        }
    }
}
//递归输出初始状态到目标状态的移动过程
void printPath(int x){
    if(prev[x] == -1){
        for(int i =0;i <N;i ++){
            for(int j =0;j <N;j ++)
                printf("% 3d",Closed[x].board[i][j]);
            printf("\n");
        }
        printf("\n");
        return;
    }
    printPath(prev[x]);
    for(int i =0;i <N;i ++){
            for(int j =0;j <N;j ++)
                printf("% 3d",Closed[x].board[i][j]);
            printf("\n");
        }
    printf("\n");
}
//分支限界法求解八数码问题
void solve_eight_puzzle(State initial_state) {
    Heap * queue =createHeap(Total_States);
    insertElement(queue,initial_state );
    Closed[Closed_Size ++] =initial_state;
    prev[0] = -1;
    while (! isHeapEmpty(queue)) {
```

```
            State current_state = getHeapTop(queue); deleteElement(queue, current_state);
            if (is_goal_state(current_state)) {
                printf("哈哈,找到解! \n");
                printf("移动步数:% d\n", current_state.depth);
                int x = is_state_generated(goal);
                printPath(x);
                return;
            }
            if(current_state.depth > 50)break;//移动的步数超过 50 步,认定无解
            expand_state( queue, current_state);
        }
        printf("很遗憾,未找到解! \n");
    }
    int main() {
        State initial_state = {
            {{2,8,3},
             {1,0,4},
             {7,6,5}},
             1,1, 0, 0
        };
        solve_eight_puzzle(initial_state);
        return 0;
    }
```

扩展的结点状态全部保留在 Closed 数组中,prev 数组记录扩展过程中的前驱状态结点序号,利用递归 printPath()函数,将初态到目标状态路径上的每一步结果状态输出:

```
哈哈,找到解!
移动步数:4
  2  8  3
  1  0  4
  7  6  5

  2  0  3
  1  8  4
  7  6  5

  0  2  3
  1  8  4
  7  6  5

  1  2  3
  0  8  4
  7  6  5

  1  2  3
  8  0  4
  7  6  5
```

4. 算法改进

其实上述定义的启发式搜索函数 $f(x)$ 还不算优秀,不妨假设数字移动不受阻拦情况下,一个不在位的数字如距离目标位置较远,移动到目标位置需要的步数会很多,而与目标位置相邻的不在位

数字,一步就移动到位,但根据 $h(x)$ 定义,这两者的值是一样的。所以不能简单地统计不在位数字个数,需要 $h(x)$ 函数进一步优化。定义 $h^*(x)$ 为全部不在位数字与目标位置的距离之和,再加上当前搜索深度 $g(x)$,来优化本问题的启发式函数 $f(x)=g(x)+h^*(x)$。经过优化后的启发式函数采用优先队列式分支限界策略求解八数码问题的算法称为 A* 算法,优化之前的算法称为 A 算法。与 A 算法的 $h(x)$ 比较,A* 算法的 $h^*(x)$ 不仅考虑了不在位数字的个数,也考虑了不在位数字距离目标数字位置之间的距离(移动次数),具有更快沿着目标解路径搜索能力,搜索效率更高效。

A* 算法中的 $h^*(x)$ 统计不在位数字与目标位置的距离也称曼哈顿距离,是通过计算每个数字当前位置与目标位置之间的水平和垂直距离之和来评估当前状态与目标状态之间的差异。具体计算方法如下:

(1)遍历当前状态的每个数字,找到其在目标状态中的位置。

(2)计算当前数字的水平距离:目标列数 - 当前列数。

(3)计算当前数字的垂直距离:目标行数 - 当前行数。

(4)将水平距离和垂直距离相加,得到当前数字的曼哈顿距离。

(5)遍历所有数字的曼哈顿距离,将它们相加,得到整个状态的曼哈顿距离。

以下是一个计算曼哈顿距离的 C 语言函数:

```
//计算曼哈顿距离——A* 算法
int manhattanDistance(State state) {
    int distance = 0;
    for (int i = 0; i < 3; i ++) {
        for (int j = 0; j < 3; j ++) {
            int value = state.board[i][j];
            if (value != 0) {
                int goalX, goalY;
                //寻找目标位置
                for (int x = 0; x < 3; x ++) {
                    for (int y = 0; y < 3; y ++) {
                        if (goal.board[x][y] == value) {
                            goalX = x; goalY = y; break;
                        }
                    }
                }  //计算横向距离和纵向距离
                distance + = abs(i - goalX) + abs(j - goalY);
            }
        }
    }
    return distance;
}
```

将 manhattanDistance()函数代替 A 算法 C 语言实现代码中的 num_Not_Place()函数,即可实现A* 算法搜索。采用 A* 算法的优先队列式分支限界法求解八数码问题的搜索过程如图 7.23 所示,结点旁边带圈数字表示结点扩展的顺序,同时在结点旁边也标注了优先级的计算值。

5. 算法效率分析

A 算法和 A* 算法都是一种基于图的搜索算法,它们使用启发式函数来评估每个状态的优先级,并选择优先级最高的状态进行扩展。在最坏情况下的时间复杂度也是指数级别的,即 $O(b^d)$,其中 b 是分支因子,d 是搜索树的深度。但由于它们利用了启发式函数来指导搜索,通常能够以较低的时间复杂度找到最优解。一个好的启发式函数可以大幅度地减少搜索空间,从而降低时间复杂度。针对八数码问题,改进后的 A* 算法启发式函数比 A 算法的结果要优秀很多,A* 算法在实际应用中通常能够取得较好的效果。

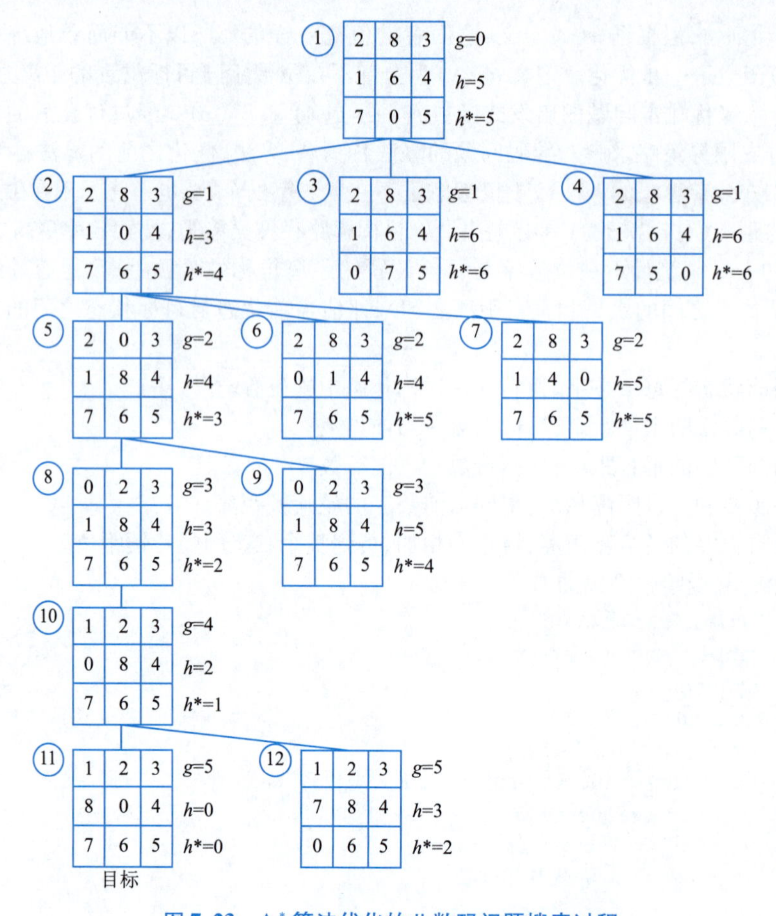

图 7.23　A* 算法优化的八数码问题搜索过程

小　　结

分支限界算法是按照广度优先的方式对解空间树进行搜索，从而求得最优解的算法。在搜索过程中，采用剪枝限界函数估算当前扩展结点所有相邻子结点的目标函数可能取值，舍去那些导致不可行解或导致非最优解的子结点，其余加入活结点表中，再依次从活结点表中选取目标函数取得极值的结点成为当前扩展结点，重复上述过程，直到找到问题的最优解或活结点表为空为止。

在分支限界法搜索过程中，每一个活结点最多只有一次机会成为扩展结点，一旦成为扩展结点，就一次性产生所有的相邻子结点。活结点表的实现通常有两种形式：(1)普通的队列，即先进先出队列；(2)是优先级队列，按照某种优先级决定哪个结点为当前扩展结点。为了加速搜索的过程，在每一个活结点处，计算一个剪枝限界函数值，并根据函数值，从当前活结点表中选择一个最有利的结点作为扩展结点，使得搜索朝着解空间上最优解的分支进行推进，以便尽快地找出一个最优解。

习　　题

一、选择题

1. 分支限界法在问题的解空间树中，按(　　)策略，从根结点出发搜索解空间树。

   A. 广度优先　　B. 活结点优先　　C. 扩展结点优先　　D. 深度优先

2. 下列不是分支限界法搜索方式的是(　　)。

A. 广度优先　B. 最小耗费优先　C. 最大效益优先　D. 深度优先

3. 分支限界法解旅行商问题时,活结点表的组织形式是(　　)。

A. 最小堆　B. 最大堆　C. 栈　D. 数组

4. 优先队列式分支限界法选取扩展结点的原则是(　　)。

A. 先进先出　B. 后进先出　C. 结点的优先级　D. 随机

5. 下列算法中不能解0-1背包问题的是(　　)。

A. 贪心法　B. 动态规划　C. 回溯法　D. 分支限界法

二、填空题

1. 以广度优先或最小耗费优先方式搜索问题解的算法称为____________。

2. 分支限界法主要有____________分支限界法和____________分支限界法。

3. 在对问题的解空间树进行搜索的方法中,每一个结点最多有一次机会成为扩展结点的是____________。

4. 优先队列式分支限界法是按照优先队列中规定的优先级选取____________的结点成为当前扩展结点。

5. 求解0-1背包问题的三个算法:动态规划,回溯法,分支限界法。其中不需要排序的是____________,需要排序的是____________、____________。

三、简答题

1. 简述分支限界法和回溯法的区别。

2. 简述队列式和优先队列式分支限界法的算法框架。

3. 利用单位重量价值优先队列式分支限界法求解0-1背包问题:$w = \{4,7,5,3\}$,$v = \{40,42,25,12\}$,背包容量$c=10$,计算背包装入物品的最大价值。

(1)画出算法生产的解空间树,并标注各个结点的优先级值。

(2)给出当前扩展结点的顺序。

(3)计算最优解。

四、算法设计题

1. 八皇后问题是著名的数学家高斯于1850年提出的。问题是:在8×8的棋盘上摆放八个皇后,使其不能互相攻击,即任意两个皇后都不能处于同一行、同一列或同一斜线上。

可以把八皇后问题扩展到n皇后问题,即在$n\times n$的棋盘上摆放n个皇后,使任意两个皇后都不能处于同一行、同一列或同一斜线上。设计一个队列式分支限界法,计算在$n\times n$个棋盘格上放置彼此不受攻击的n个皇后的一个放置方案。

2. 羽毛球队有男女运动员各n人。给定2个$n\times n$矩阵$\boldsymbol{P}$和$\boldsymbol{Q}$。P[i][j]是男运动员i和女运动员j配对组成混合双打的男运动员竞赛优势;Q[i][j]是女运动员i和男运动员j配对的女运动员竞赛优势。由于技术配合和心理状态等各种因素影响,P[i][j]不一定等于Q[i][j]。男运动员i和女运动员j配对组成混合双打的男女双方竞赛优势为P[i][j]×Q[i][j]。设计一个优先队列式分支限界法,计算男女运动员最佳配对法,使各组男女双方竞赛优势的总和达到最大。

3. 某售货员要到若干城市去推销商品,已知各城市之间的路程(旅费),他要选定一条从驻地出发,经过每个城市一遍,最后回到驻地的路线,使总的路程(总旅费)最小。设计一优先队列式分支限界法求解该旅行商问题。

第 8 章 线性规划

学习目标

◇ 掌握线性规划的一般形式、标准形式。
◇ 掌握求解线性规划问题的单纯性法。
◇ 掌握求解线性规划问题的对偶单纯性法。
◇ 培养解决问题的系统性和方法性。
◇ 增强解决问题的系统性和方法性,提升决策能力和风险管理技能。

线性规划(linear programming,LP)是运筹学中数学规划的一个重要分支,广泛应用于军事作战、经济分析、经营管理和工程技术等方面,为合理地利用有限的人力、物力、财力等资源做出的最优决策,提供科学的依据。1939 年苏联数学家、经济学家、1975 年诺贝尔经济学奖获得者利奥尼德·康托诺维奇在《组织和计划生产的数学方法》中初次提出了线性规划,1947 年美国数学家乔治·伯纳德·丹兹格(G. B. Dantzig)提出线性规划的一般模型,并给出求解方法——单纯形法。从此,线性规划在理论上趋向成熟。随着计算机计算能力的不断提高,在解决实际问题中,利用计算机就能处理成千上万个约束条件和决策变量的线性规划问题,从而极大地推动了线性规划的应用。

8.1 线性规划模型

8.1.1 模型举例

先来看几个例子。

例 8.1 生产计划问题。

某工厂生产甲、乙两种产品,销售后的利润分别为 4 千元/件与 3 千元/件。生产甲产品每件需要 A、B 两种原材料均为 1 t;生产乙产品每件需要 A、C 两种原材料分别为 2 t 和 1 t。若工厂 A、B、C 三种原材料分别有 6 t、4 t 和 2 t,问该厂应如何安排生产,才能使总利润最大?

解 建立数学模型。设该厂生产 x_1 件甲产品和 x_2 件乙产品时总利润 z 最大,则 x_1,x_2 应满足:

$$(\text{目标函数})\max z = 4x_1 + 3x_2$$

$$(\text{约束条件})\text{s.t.}\begin{cases}x_1+2x_2\leqslant 6\\x_1\leqslant 4\\x_2\leqslant 2\\x_1,x_2\geqslant 0\end{cases}$$

例8.2 投资组合问题。

某银行经理计划用一笔资金进行有价证券的投资。可供购买的证券以及其信用等级、到期年限、收益见表8.1,按照规定市政证券的收益可以免税,其他证券的收益需按50%的税率纳税,此外还有以下限制:

(1)政府及代办机构的证券总共至少要买进400万元;

(2)所购证券的平均信用等级不超过1.4(信用等级数字越小,信用程度越高);

(3)所购证券的平均到期年限不超过5年。

表8.1 证券投资收益表

证券名称	证券种类	信用等级	到期年限	到期税前收益/%
A	市政	2	9	4.3
B	代办机构	2	15	5.4
C	政府	1	4	5
D	政府	1	3	4.4
E	市政	5	2	4.5

若该经理有1 000万元资金,应如何投资?

解 建立数学模型。设投资证券A、B、C、D、E的资金为$x_i(i=1,2,3,4,5)$,投资收益为z,按照规定市政证券的收益可以免税,其他证券的收益需按50%的税率纳税,则目标函数$z=0.043x_1+0.027x_2+0.025x_3+0.022x_4+0.045x_5$。

条件(1):$x_2+x_3+x_4\geqslant 400$;

条件(2):$2x_1+2x_2+x_3+x_4+5x_5\leqslant 1.4(x_1+x_2+x_3+x_4+x_5)$;

条件(3):$9x_1+15x_2+4x_3+3x_4+2x_5\leqslant 5(x_1+x_2+x_3+x_4+x_5)$;

总资金1 000万元:$x_1+x_2+x_3+x_4+x_5\leqslant 1\,000$。

每个证券种类投资资金显然满足非负条件,即$x_i\geqslant 0$。

由此得数学模型:

$$\max z=0.043x_1+0.027x_2+0.025x_3+0.022x_4+0.045x_5$$

$$\text{s.t.}\begin{cases}x_2+x_3+x_4\geqslant 400\\0.6x_1+0.6x_2-0.4x_3-0.4x_4+3.6x_5\leqslant 0\\4x_1+10x_2-x_3-2x_4-3x_5\leqslant 0\\x_i\geqslant 0,i=1,2,3,4,5\end{cases}$$

例8.3 运输问题。

某食品公司经营糖果业务,公司下设三个工厂A_1、A_2,三个销售门市部B_1、B_2、B_3。已知工厂A_1的产量为7 t/天,工厂A_2的生产量为9 t/天,销售门市部B_1销量为4 t/天,B_2销量为5 t/天,B_3销量为7 t/天,调运的单位运输费用情况见表8.2。问:如何调运可使总费用最小?

表 8.2　产销运输费用单价表

产地	销地		
	B_1	B_2	B_3
A_1	3	9	2
A_2	1	4	3

解　A_1、A_2 的产量为(7+9)t/天=16 t/天，B_1、B_2、B_3 的销量为(4+5+7)t/天=16 t/天，这是一个产销平衡问题。设工厂 A_i 运往 B_j 的糖果数量为 x_{ij}吨/天，其中 $i=1,2,j=1,2,3,z$ 为调运的总费用，则上述问题可以建立如下数学模型：

$$\min z=3x_{11}+9x_{12}+2x_{13}+x_{21}+4x_{22}+3x_{23}$$

$$\text{s.t.}\begin{cases}x_{11}+x_{12}+x_{13}=7\\x_{21}+x_{22}+x_{23}=9\\x_{11}+x_{21}=4\\x_{21}+x_{22}=5\\x_{31}+x_{32}=7\\x_{ij}\geqslant 0,i=1,2,j=1,2,3\end{cases}$$

从以上的例子可以看出，它们都有一个共同点：目标函数和约束条件都是线性形式。下面给出线性规划问题的一般形式：

$$\begin{aligned}&\min(\max)z=\sum_{j=1}^{n}c_j x_j\\&\text{s.t.}\sum_{j=1}^{n}a_{ij}x_j\leqslant(=,\geqslant)b_i,i=1,2,\cdots,m\\&x_j\geqslant 0,j\in J\subseteq\{1,2,\cdots,n\}\\&x_j\text{任意},j\in\{1,2,\cdots,n\}-J\end{aligned}\tag{8-1}$$

其中，$z=\sum_{j=1}^{n}c_j x_j$ 是**目标函数**，目标函数可以是最大化 max，也可以是最小化 min，c_j 称为**价值系数**。$\sum_{j=1}^{n}a_{ij}x_j\leqslant(=,\geqslant)b_i,i=1,2,\cdots,m$ 是**约束条件**，约束条件可以是等式，也可以是不等式，a_{ij} 称为**技术系数**，b_i 称为**限额系数**。$x_j\geqslant 0,j\in J\subseteq\{1,2,\cdots,n\}$ 也是约束条件，常称为**非负条件**，而x_j 任意，没有非负约束，称为**自由变量**。

8.1.2　图解法

图解法利用函数图像的形式，非常直观地得到线性规划问题的解，由于要求画函数图像的精确性，因此只能用来求解二维的线性规划问题。现对上述例 8.1 使用图解法来求解。如图 8.1 所示，画出由约束条件和非负条件围成的区域 $E(OABCD)$，这个区域称为**可行域**，E 中的每个点(包括边界)都是问题的解，这样的解称为**可行解**。

目标函数 $z=4x+3y$ 是一组斜率为 $-4/3$ 的平行线，因此最大值应该在点 $C(4,1)$处取得。即上述的线性规划问题有唯一解 $x=4,y=1$，此时最大值 $z_{\max}=19$。

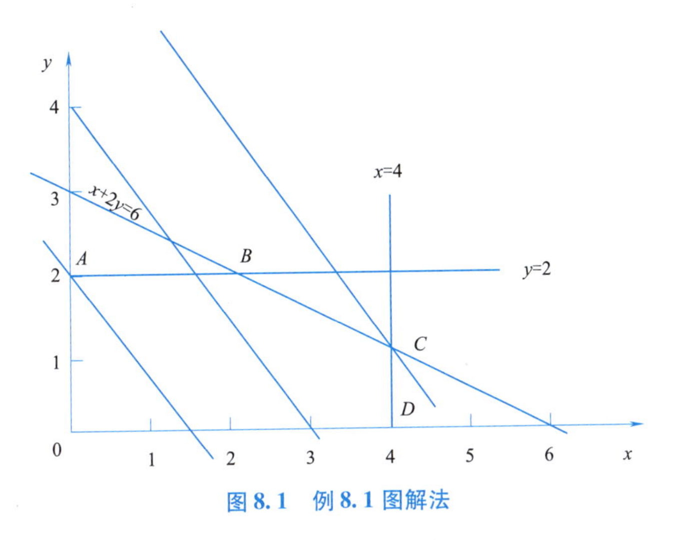

图 8.1 例 8.1 图解法

例8.4 把例 8.1 中的目标函数换成 $z=x+2y$，其他条件不变。

解 此时问题的可行域不变，但目标函数的斜率改变了，是一组和 BC 平行的直线，其最大值应该在 BC 这条线段上的任意点取得，如图 8.2 所示。此时该线性规划问题的最优解有无穷多个，$x=2+2t, y=2-t, 0\leqslant t\leqslant 1$，最优值 $z_{\max}=6$。

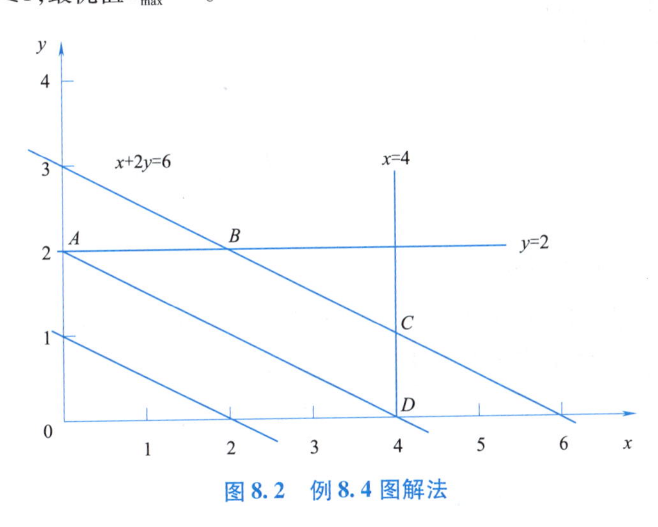

图 8.2 例 8.4 图解法

例8.5 考虑下述线性规划问题。

$$\max z=x+y$$

$$\text{s.t.}\begin{cases}-2x+y\leqslant 4\\ x-y\leqslant 2\\ x,y\geqslant 0\end{cases}$$

解 用图解法求解，如图 8.3 所示。从图 8.3 中可以看到，该问题可行域无界，目标函数值可以增加到无穷大。即该线性规划问题的解为无界解。

在例 8.1 中，如果将第一个约束条件改为 $x+y=2$，画图可知此时可行域为空集，无可行解，所以更无最优解。

从图解法中可以直观地看到，当线性规划问题的可行域非空时，它是有界或无界凸多边形。线性规划问题的解有四种情况：

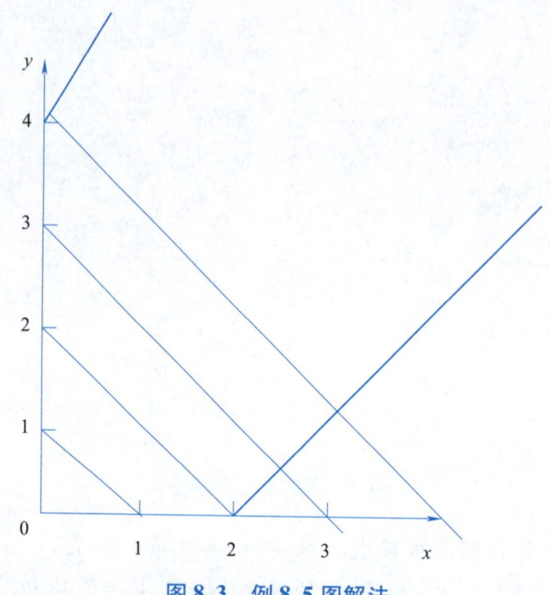

图 8.3 例 8.5 图解法

(1)有唯一最优解,且在可行域的某个顶点取得。

(2)有无穷组最优解,可行域的某条边中的点都是最优解。

(3)有可行解,但最优解是无界解。

(4)无可行解,更无最优解。

微视频 线性规划标准型

8.2 线性规划标准型

8.2.1 标准型的基本概念

式(8.1)是线性规划问题的一般形式,它有多种形式,可以将这多种形式统一变换为标准形式。以下形式称为线性规划问题的标准型。

$$\min z = \sum_{j=1}^{n} c_j x_j$$

$$\text{s.t.} \sum_{j=1}^{n} a_{ij} x_j = b_i, i = 1,2,\cdots,m \tag{8-2}$$

$$x_j \geqslant 0, j = 1,2,\cdots,n$$

其中$b_i \geqslant 0, i = 1,2,\cdots,m$。即在标准型中,目标函数取最小值,所有约束都是等式约束,右端常数是非负的,所有变量也是非负的。

对于不是标准型的线性规划问题,可以按照以下方式转化为标准型。

(1)将目标函数变为求最小值。若目标函数是 $\max z = \sum_{j=1}^{n} c_j x_j$,令 $z' = -z$,则目标函数转化为 $\min z' = \sum_{j=1}^{n} -c_j x_j$,显然与原问题是等价的。

(2)将右端常数变为非负的。若$b_i < 0$,将等式两边同时乘以 -1,若是等式$\sum_{j=1}^{n} a_{ij} x_j = b_i$,变为$\sum_{j=1}^{n} -a_{ij} x_j = -b_i$;若是不等式$\sum_{j=1}^{n} a_{ij} x_j \leqslant b_i$,变为$\sum_{j=1}^{n} -a_{ij} x_j \geqslant -b_i$;若是不等式$\sum_{j=1}^{n} a_{ij} x_j \geqslant b_i$,变为$\sum_{j=1}^{n} -a_{ij} x_j \leqslant -b_i$。

(3) 将不等式约束变为等式约束。若约束条件为 $\sum_{j=1}^{n} a_{ij}x_j \leqslant b_i$，则增加新的非负变量 y_i，将不等式替换为 $\sum_{j=1}^{n} a_{ij}x_j + y_i = b_i$，此非负变量 y_i 称为**松弛变量**；若约束条件为 $\sum_{j=1}^{n} a_{ij}x_j \geqslant b_i$，则增加新的非负变量 y_i，将不等式替换为 $\sum_{j=1}^{n} a_{ij}x_j - y_i = b_i$，此非负变量 y_i 称为**剩余变量**。

(4)将所有变量变为非负变量。若x_j是自由变量，则引入两个新的非负变量x_j'和x_j''，将x_j替换为$x_j' - x_j''$，若$x_j \leqslant 0$，则令$x_j' = -x_j$。

按照以上四步，任何非标准型的线性规划问题都可以转换为标准型，后面探讨线性规划问题的解法都是在标准型的基础上进行。

例8.6 写出下列线性规划模型的标准型。

$$\max z = 3x_1 + 2x_2 - x_3$$
$$\text{s. t.}\begin{cases} x_1 + x_2 - x_3 \leqslant 40 \\ 4x_1 + 6x_2 - 4x_3 \leqslant -50 \\ x_1 \geqslant 0, x_2 \leqslant 0, x_3 \text{任意} \end{cases}$$

解 首先令$z' = -z, x_2' = -x_2$，并将第二个约束条件两边同乘以-1，则原线性规划问题转换为

$$\min z' = -3x_1 + 2x_2' + x_3$$
$$\text{s. t.}\begin{cases} x_1 - x_2' - x_3 \leqslant 40 \\ -4x_1 + 6x_2' + 4x_3 \geqslant 50 \\ x_1 \geqslant 0, x_2' \geqslant 0, x_3 \text{任意} \end{cases}$$

再将第一个约束条件增加松弛变量x_4，第二个约束条件增加剩余变量x_5，并将自由变量x_3用两个非负变量x_3'和x_3''的差来替换，得

$$\min z' = -3x_1 + 2x_2' + x_3' - x_3''$$
$$\text{s. t.}\begin{cases} x_1 - x_2' - x_3' + x_3'' + x_4 = 40 \\ -4x_1 + 6x_2' + 4x_3' - 4x_3'' - x_5 = 50 \\ x_1, x_2', x_3', x_3'', x_4, x_5 \geqslant 0 \end{cases}$$

下面将式(8-2)改写为矩阵形式。记

$$\boldsymbol{A} = \begin{pmatrix} a_{11} & a_{12} & \cdots & a_{1n} \\ a_{21} & a_{22} & \cdots & a_{2n} \\ \vdots & \vdots & & \vdots \\ a_{m1} & a_{m2} & \cdots & a_{mn} \end{pmatrix}, \boldsymbol{b} = \begin{pmatrix} b_1 \\ b_2 \\ \vdots \\ b_m \end{pmatrix}, \boldsymbol{c} = \begin{pmatrix} c_1 \\ c_2 \\ \vdots \\ c_n \end{pmatrix}, \boldsymbol{x} = \begin{pmatrix} x_1 \\ x_2 \\ \vdots \\ x_n \end{pmatrix}$$

则标准型为

$$\begin{gathered} \min z = \boldsymbol{c}^{\mathrm{T}}\boldsymbol{x} \\ \text{s. t. } \boldsymbol{A}\boldsymbol{x} = \boldsymbol{b} \\ x_j \geqslant 0, j = 1, 2, \cdots, n \end{gathered} \tag{8-3}$$

也可以表示为向量形式。记 $\boldsymbol{A}$ 矩阵的第 j 列为 $\boldsymbol{p}_j$，即：

$$\boldsymbol{p}_j = \begin{pmatrix} a_{1j} \\ a_{2j} \\ \vdots \\ a_{mj} \end{pmatrix}, j = 1, 2, \cdots, n$$

则标准型为

$$\min z = \boldsymbol{c}^{\mathrm{T}}\boldsymbol{x}$$
$$\text{s. t. } \sum_{j=1}^{n} \boldsymbol{p}_j x_j = \boldsymbol{b} \tag{8-4}$$
$$x_j \geqslant 0, j = 1,2,\cdots,n$$

8.2.2 标准型的可行解的概念和性质

定义 8.1 在标准型中,满足约束条件和非负条件的解称为线性规划问题的**可行解**,使得目标函数达到最小值的解称为**最优解**。

定义 8.2 在标准型矩阵形式中,不妨设矩阵 $\boldsymbol{A}$ 的秩为 m,则 $\boldsymbol{A}$ 的 m 个线性无关的列向量 $\boldsymbol{B} = (P_{i1}, P_{i2}, \cdots, P_{im})$称为线性规划问题的**基**,其对应的变量$x_{i1}, x_{i2}, \cdots, x_{im}$称为**基变量**,其余的变量称为**非基变量**。

不失一般性,记基变量 $\boldsymbol{x}_B = (x_1, x_2, ..., x_m)^{\mathrm{T}}$,非基变量为 x_N,令 $x_N = 0$,等式约束变为 $\boldsymbol{B}\boldsymbol{x}_B = \boldsymbol{b}$,解得 $\boldsymbol{x}_B = \boldsymbol{B}^{-1}\boldsymbol{b}$。此时 $\boldsymbol{x} = (\boldsymbol{X}_B, \boldsymbol{x}_N)$,很显然满足约束条件 $\boldsymbol{A}\boldsymbol{x} = \boldsymbol{b}$,称为对应基 $\boldsymbol{B}$ 的**基解**。若此时 $\boldsymbol{x} \geqslant 0$,则称 $\boldsymbol{x}$ 是一个**基可行解**。同时,称对应的基 $\boldsymbol{B}$ 为**可行基**。

例 8.7 考虑例 8.1 的标准型:

$$\min z = -4x_1 - 3x_2$$
$$\text{s. t.} \begin{cases} x_1 + 2x_2 + x_3 = 6 \\ x_1 + x_4 = 4 \\ x_2 + x_5 = 2 \\ x_i \geqslant 0, i = 1,2,3,4,5 \end{cases}$$

则系数矩阵

$$\boldsymbol{A} = \begin{pmatrix} 1 & 2 & 1 & 0 & 0 \\ 1 & 0 & 0 & 1 & 0 \\ 0 & 1 & 0 & 0 & 1 \end{pmatrix},$$

取基 $\boldsymbol{B}_1 = (\boldsymbol{p}_1, \boldsymbol{p}_2, \boldsymbol{p}_3)$,对应基变量为$x_1, x_2, x_3$,非基变量为$x_4, x_5$。令$x_4 = x_5 = 0$,代入约束条件得:

$$\begin{cases} x_1 + 2x_2 + x_3 = 6 \\ x_1 = 4 \\ x_2 = 2 \end{cases}$$

解得$x_1 = 4, x_2 = 2, x_3 = -2$。其中$x_3$不满足非负条件,所以$\boldsymbol{x}_1 = (4,2,-2,0,0)^{\mathrm{T}}$是一个基解,但不是基可行解,$\boldsymbol{B}_1$不是可行基。

取基 $\boldsymbol{B}_2 = (\boldsymbol{p}_1, \boldsymbol{p}_2, \boldsymbol{p}_5)$,对应基变量为$x_1, x_2, x_5$,非基变量为$x_3, x_4$。令$x_3 = x_4 = 0$,代入约束条件得:

$$\begin{cases} x_1 + 2x_2 = 6 \\ x_1 = 4 \\ x_2 + x_5 = 2 \end{cases}$$

解得$x_1 = 4, x_2 = 1, x_5 = 1$。它们都满足非负条件,所以$\boldsymbol{x}_2 = (4,1,0,0,1)^{\mathrm{T}}$是一个基解,也是基可行解,$\boldsymbol{B}_2$是可行基。

引理 8.1 满足线性规划问题标准型的约束条件的解 $\boldsymbol{x} = (x_1, x_2, \cdots, x_n)^{\mathrm{T}}$是基解的充要条件是 $\boldsymbol{x}$

的非零分量对应的系数列向量线性无关。

证 (1)必要性:根据基解的定义可知。

(2)充分性:设 $\boldsymbol{x}$ 的 k 个为非零分量,其对应的系数列向量为$\boldsymbol{p}_{j1},\boldsymbol{p}_{j2},\cdots,\boldsymbol{p}_{jk}$线性无关,则 $k\leqslant m$。由于 $\boldsymbol{A}$ 的秩为 m,必存在$\boldsymbol{p}_{jk+1},\boldsymbol{p}_{jk+2},\cdots,\boldsymbol{p}_{jm}$,使得$\boldsymbol{p}_{j1},\boldsymbol{p}_{j2},\cdots,\boldsymbol{p}_{jm}$线性无关。此时,这 m 个列向量构成一个基 $\boldsymbol{B}$。$\boldsymbol{x}$ 是 $\boldsymbol{B}\boldsymbol{x}_B=\boldsymbol{b}$ 的解,而该解是唯一的,故 $\boldsymbol{x}$ 是关于 $\boldsymbol{B}$ 的基解。

定理 8.1 如果标准型有可行解,则必有基可行解。

证 设 $\boldsymbol{x}$ 是一个可行解,现在由 $\boldsymbol{x}$ 构造出一个基可行解:

不失一般性,设 $\boldsymbol{x}$ 的前 r 个分量$x_1,x_2,\cdots,x_r$为正分量,$r\leqslant n$。它们对应的列向量为$\boldsymbol{p}_1,\boldsymbol{p}_2,\cdots,\boldsymbol{p}_r$。如果这 r 个列向量线性无关,根据引理 8.1 可知,此时 $\boldsymbol{x}$ 就是基可行解。如果这 r 个列向量线性相关,则存在不全为 0 的$\alpha_1,\alpha_2,\cdots,\alpha_r$,使

$$\sum_{j=1}^{r}\alpha_j\boldsymbol{p}_j=0$$

再取$\alpha_{r+1}=\alpha_{r+2}=\alpha_n=0$,有

$$\sum_{j=1}^{n}\alpha_j\boldsymbol{p}_j=0$$

于是,对$\forall\delta$,有

$$\sum_{j=1}^{n}(x_j+\delta\alpha_j)\boldsymbol{p}_j=\sum_{j=1}^{n}x_j\boldsymbol{p}_j+\sum_{j=1}^{n}\delta\alpha_j\boldsymbol{p}_j=\sum_{j=1}^{n}x_j\boldsymbol{p}_j=\boldsymbol{b}$$

令 $\boldsymbol{\alpha}=(\alpha_1,\alpha_2,\cdots,\alpha_n)^{\mathrm{T}}$,若$x_j+\delta\alpha_j\geqslant0,j=1,2,\cdots,n$,则 $\boldsymbol{x}+\delta\boldsymbol{\alpha}$ 是一个可行解。

当$\alpha_j=0$ 时,不等式显然成立;

当$\alpha_j>0$ 时,要求 $\delta\geqslant-x_j/\alpha_j$;

当$\alpha_j<0$ 时,要求 $\delta\leqslant-x_j/\alpha_j$;

即当$\alpha_j\neq0$ 时,要求 $\delta\leqslant|x_j/\alpha_j|$;

设 $|x_{j_0}/\alpha_{j_0}|=\min\{|x_j/\alpha_j|:\alpha_j\neq0\},1\leqslant j_0\leqslant r$。

取$\delta^*=-|x_{j_0}/\alpha_{j_0}|$,令$\boldsymbol{x}_1=\boldsymbol{x}+\delta^*\boldsymbol{\alpha}$,根据前述的证明可知$\boldsymbol{x}_1$是一个可行解,且比 $\boldsymbol{x}$ 少一个非零的正分量。

按照这样的过程最多重复 $r-1$ 次就可以得到一个只含一个非零的正分量,其对应的系数列向量就只有一个,此时必定是线性无关的。根据引理 8.1 可知,此时的可行解就是基可行解。

定理 8.2 如果标准型有最优解,则一定存在一个基可行解是最优解。

证 只需补充证明:在定理 8.1 的证明中,当 $\boldsymbol{x}$ 是最优解时,$\boldsymbol{x}_1$ 也是最优解,注意到当$x_j=0$ 时有$\alpha_j=0$,故对足够小的 $\delta>0$,$\boldsymbol{x}+\delta\boldsymbol{\alpha}$ 和 $x-\delta\boldsymbol{\alpha}$ 都是可行解,从而

$$\boldsymbol{c}^{\mathrm{T}}\boldsymbol{x}\leqslant\boldsymbol{c}^{\mathrm{T}}(\boldsymbol{x}+\delta\boldsymbol{\alpha})=\boldsymbol{c}^{\mathrm{T}}\boldsymbol{x}+\delta\,\boldsymbol{c}^{\mathrm{T}}\boldsymbol{\alpha},$$
$$\boldsymbol{c}^{\mathrm{T}}\boldsymbol{x}\leqslant\boldsymbol{c}^{\mathrm{T}}(\boldsymbol{x}-\delta\boldsymbol{\alpha})=\boldsymbol{c}^{\mathrm{T}}\boldsymbol{x}-\delta\,\boldsymbol{c}^{\mathrm{T}}\boldsymbol{\alpha},$$

由此得到 $\delta\,\boldsymbol{c}^{\mathrm{T}}\boldsymbol{\alpha}=0$,从而 $\boldsymbol{c}^{\mathrm{T}}\boldsymbol{\alpha}=0$,而

$$\boldsymbol{c}^{\mathrm{T}}\boldsymbol{x}_1=\boldsymbol{c}^{\mathrm{T}}(\boldsymbol{x}+\delta^*\boldsymbol{\alpha})=\boldsymbol{c}^{\mathrm{T}}\boldsymbol{x}+\delta^*\boldsymbol{c}^{\mathrm{T}}\boldsymbol{\alpha}=\boldsymbol{c}^{\mathrm{T}}\boldsymbol{x},$$

所以$\boldsymbol{x}_1=\boldsymbol{x}+\delta^*\boldsymbol{\alpha}$ 也是最优解。

由定理 8.2 可知,求解线性规划问题只需考虑标准型的基可行解即可。系数矩阵 $\boldsymbol{A}$ 有 m 行 n 列,至多有C_n^m个可行基,所以至多有C_n^m个基可行解。若采用穷举法找出所有的基可行解,然后一一比较,一定能找出最优解。若 m、n 较大时,此法的时间复杂度太高,是行不通的。所以,后面讨论更有效的算法——单纯形法来求解。

8.3 单纯形法

单纯形法求解线性规划问题的基本步骤如下：

(1)确定初始的基可行解；

(2)检查当前的基可行解，判断若是最优解或无最优解，计算终止；否则做基变换，找一个非基变量换入，一个基变量换出，得到新的可行基和对应的基可行解，且要求目标函数的值减少(至少不能增加)。

(3)重复步骤(2)。

8.3.1 初始的基可行解的确定

从最简单情况开始，假设约束条件都是形如

$$\sum_{j=1}^{n} a_{ij}x_j \leqslant b_i, i = 1,2,\cdots,m$$

其中$b_i \geqslant 0(i=1,2,\cdots,m)$，按照转化标准型的方法，在约束条件中引入 m 个松弛变量$x_{n+i} \geqslant 0(i=1,2,\cdots,m)$，转化为

$$\sum_{j=1}^{n} a_{ij}x_j + x_{n+i} = b_i, i = 1,2,\cdots,m$$

此时，取$x_{n+i}(i=1,2,\cdots,m)$为基变量，就得到初始的基可行解为

$$\boldsymbol{x}_0 = (0,0,\cdots,0,b_1,b_2,\cdots,b_m)^{\mathrm{T}}$$

例如在例 8.7 中，将x_3,x_4,x_5作为基变量，令非基变量为 0，就可以得到初始的基可行解为$\boldsymbol{x}_0 = (0,0,6,4,2)^{\mathrm{T}}$，对应的初始可行基为$\boldsymbol{B}_0 = (\boldsymbol{p}_3,\boldsymbol{p}_4,\boldsymbol{p}_5)$。若系数矩阵不存在单位矩阵，那么可以强行添加非负的人工变量，这样也可以得到系数矩阵中的单位矩阵，从而方便地得到初始基可行解。关于这个方法在下一节中讨论。

8.3.2 最优性检验与解的判别

假设可行基为 $\boldsymbol{B}$，在标准型的约束等式 $\boldsymbol{Ax}=\boldsymbol{b}$ 的两边同乘 $\boldsymbol{B}^{-1}$，得

$$\boldsymbol{B}^{-1}\boldsymbol{Ax} = \boldsymbol{B}^{-1}\boldsymbol{b}$$

不失一般性，令 $\boldsymbol{A} = (\boldsymbol{B} \vdots \boldsymbol{N})$，$\boldsymbol{x} = (\boldsymbol{x}_B \vdots \boldsymbol{x}_N)^{\mathrm{T}}$，其中 $\boldsymbol{N}$ 为 $\boldsymbol{A}$ 中非基变量对应的列向量组成的矩阵，则上式可写成

$$\boldsymbol{x}_B + \boldsymbol{B}^{-1}\boldsymbol{N}\boldsymbol{x}_N = \boldsymbol{B}^{-1}\boldsymbol{b}$$

解得

$$\boldsymbol{x}_B = \boldsymbol{B}^{-1}\boldsymbol{b} - \boldsymbol{B}^{-1}\boldsymbol{N}\boldsymbol{x}_N \tag{8-5}$$

在目标函数中，令$\boldsymbol{c}^{\mathrm{T}} = (\boldsymbol{c}_B^{\mathrm{T}} \vdots \boldsymbol{c}_N^{\mathrm{T}})$，代入目标函数得

$$\begin{aligned} z &= \boldsymbol{c}^{\mathrm{T}}\boldsymbol{x} = \boldsymbol{c}_B^{\mathrm{T}}\boldsymbol{x}_B + \boldsymbol{c}_N^{\mathrm{T}}\boldsymbol{x}_N = \boldsymbol{c}_B^{\mathrm{T}}(\boldsymbol{B}^{-1}\boldsymbol{b} - \boldsymbol{B}^{-1}\boldsymbol{N}\boldsymbol{x}_N) + \boldsymbol{c}_N^{\mathrm{T}}\boldsymbol{x}_N \\ &= \boldsymbol{c}_B^{\mathrm{T}}\boldsymbol{B}^{-1}\boldsymbol{b} + (\boldsymbol{c}_N^{\mathrm{T}} - \boldsymbol{c}_B^{\mathrm{T}}\boldsymbol{B}^{-1}\boldsymbol{N})\boldsymbol{x}_N \\ &= \boldsymbol{c}_B^{\mathrm{T}}\boldsymbol{B}^{-1}\boldsymbol{b} + (\boldsymbol{c}_B^{\mathrm{T}} - \boldsymbol{c}_B^{\mathrm{T}}\boldsymbol{B}^{-1}\boldsymbol{B})\boldsymbol{x}_B + (\boldsymbol{c}_N^{\mathrm{T}} - \boldsymbol{c}_B^{\mathrm{T}}\boldsymbol{B}^{-1}\boldsymbol{N})\boldsymbol{x}_N \\ &= \boldsymbol{c}_B^{\mathrm{T}}\boldsymbol{B}^{-1}\boldsymbol{b} + (\boldsymbol{c}^{\mathrm{T}} - \boldsymbol{c}_B^{\mathrm{T}}\boldsymbol{B}^{-1}\boldsymbol{A})\boldsymbol{x} \end{aligned}$$

基 $\boldsymbol{B}$ 对应的基本可行解$\boldsymbol{x}_B^{(0)} = \boldsymbol{B}^{-1}\boldsymbol{b}$，$\boldsymbol{x}_N^{(0)} = 0$，对应的目标函数值为$z_0 = \boldsymbol{c}_B^{\mathrm{T}}\boldsymbol{B}^{-1}\boldsymbol{b}$，令

$$\sigma^{\mathrm{T}} = \boldsymbol{c}^{\mathrm{T}} - \boldsymbol{c}_B^{\mathrm{T}}\boldsymbol{B}^{-1}\boldsymbol{A} \tag{8-6}$$

代入式(8-6)得

$$z=z_0+\boldsymbol{\sigma}^{\mathrm{T}}\boldsymbol{x} \tag{8-7}$$

称 $\boldsymbol{\sigma}$ 的分量$\sigma_j(j=1,2,\cdots,n)$为检验数,显然基变量的检验数为0。

令$\boldsymbol{B}^{-1}\boldsymbol{A}=(\alpha_{ij})_{m\times n}$,$\boldsymbol{p}'_j=\boldsymbol{B}^{-1}\boldsymbol{p}_j=(\alpha_{1j},\alpha_{2j},\cdots,\alpha_{mj})^{\mathrm{T}}(j=1,2,\cdots,n)$,$\beta=\boldsymbol{B}^{-1}\boldsymbol{b}$。

定理 8.3 (最优解的判别定理) 给定基可行解$\boldsymbol{x}^{(0)}=(b'_1,b'_2,\cdots,b'_m,0,0,\cdots,0)^{\mathrm{T}}$,其中前 m 个为基变量,后 $n-m$ 个为非基变量:

(1)若所有非基变量检验数$\sigma_{m+j}\geqslant 0(j=1,2,\cdots,n-m)$,则$\boldsymbol{x}^{(0)}$是线性规划问题最优解。

(2)若满足条件(1),且存在某个非基变量的检验数$\sigma_{m+k}=0,1\leqslant k\leqslant n-m$,则线性规划问题有无穷组最优解。

(3)若存在某个非基变量的检验数$\sigma_{m+k}<0(1\leqslant k\leqslant n-m)$,且对 $i=1,2,\cdots,m$,有$\alpha_{i,m+k}\leqslant 0$,则线性规划问题有无界解(或称无最优解)。

证 (1)若所有的检验数$\sigma_j\geqslant 0,(j=1,2,\cdots,n)$,而任意可行解都有 $\boldsymbol{x}\geqslant 0$,所以$\boldsymbol{\sigma}^{\mathrm{T}}\boldsymbol{x}\geqslant 0$,结合上面的分析 $z=z_0+\boldsymbol{\sigma}^{\mathrm{T}}\boldsymbol{x}\geqslant z_0$,所以$z_0$为最优值,其对应的基可行解$\boldsymbol{x}^{(0)}$是最优解。

(2)此时将非基变量x_{m+k}换入基变量中,找到一个新的基可行解$\boldsymbol{x}^{(1)}$。因为$\sigma_{m+k}=0$,由式(8-7)可知,此时 $z=z_0$,所以$\boldsymbol{x}^{(1)}$也是最优解,从而$\boldsymbol{x}^{(0)}$、$\boldsymbol{x}^{(1)}$连线上的所有点 $\boldsymbol{x}$ 都有 $\boldsymbol{x}=\theta\boldsymbol{x}^{(0)}+(1-\theta)\boldsymbol{x}^{(1)}$,$z=\boldsymbol{c}^{\mathrm{T}}\boldsymbol{x}=\boldsymbol{c}^{\mathrm{T}}(\theta\boldsymbol{x}^{(0)}+(1-\theta)\boldsymbol{x}^{(1)})=\theta\boldsymbol{c}^{\mathrm{T}}\boldsymbol{x}^{(0)}+(1-\theta)\boldsymbol{c}^{\mathrm{T}}\boldsymbol{x}^{(1)}=z_0$,因此 $\boldsymbol{x}$ 也是最优解。

(3)若存在某个非基变量的检验数$\sigma_{m+k}<0(1\leqslant k\leqslant n-m)$,且对 $i=1,2,\cdots,m$,有$\alpha_{i,m+k}\leqslant 0$,取非基变量$x_{m+k}=M>0$,其余的非基变量仍为0,代入式(8-5),解得

$$x_i=\beta_i-\alpha_{i,m+k}M\geqslant 0,i=1,2,\cdots,m$$

这是一个可行解,其目标函数值为 $z=z_0+\sigma_{m+k}M$,当 $M\to+\infty$时,$z\to-\infty$,所以线性规划问题有无界解得证。

若存在某个非基变量检验数$\sigma_{m+k}<0(1\leqslant k\leqslant n-m)$,且对 $i=1,2,\cdots,m$,有$\alpha_{i,m+k}>0$,则说明目标值还存在下降的空间,此时目标值不是最优值,那如何得到最优值呢?这时就要进行基变换。同理,对于最大化问题来说,当非基变量检验数小于等于0时取得最优解。

8.3.3 基变换

当初始基可行解$\boldsymbol{x}_0$既不是最优解也不是无界解时,此时要找一个新的基可行解。具体做法是在保证线性无关条件下,从原可行基中换一个列向量,得到一个新的可行基,这个过程称为基变换。为此,分两步:

(1)确定换入变量;

(2)确定换出变量。

1. 确定换入变量

我们知道,当某个非基变量检验数小于0时,其目标值还存在下降的空间。当有多个非基变量检验数小于0时,为了使目标函数值下降得更快,直观上选取绝对值最大的检验数对应的非基变量作为换入变量。即:

$$\sigma_k=\max_j(|\sigma_j|,\sigma_j<0)$$

对应的x_k为换入变量。当然也可以在非基变量检验数小于0的条件下随意选择一个或按照下标最小原则选择一个。

2. 确定换出变量

设 $\boldsymbol{B}=(\boldsymbol{p}_1,\boldsymbol{p}_2,\cdots,\boldsymbol{p}_m)$ 是线性规划问题的可行基，对应的基可行解为 $\boldsymbol{x}^{(0)}$，将其代入式(8-4)的约束条件得：

$$\sum_{j=1}^{m} x_j^{(0)} \boldsymbol{p}_j = \boldsymbol{b} \tag{8-8}$$

而其余的非基变量对应的列向量 $\boldsymbol{p}_{m+1},\boldsymbol{p}_{m+2},\cdots,\boldsymbol{p}_n$ 均可由向量组 $\boldsymbol{p}_1,\boldsymbol{p}_2,\cdots,\boldsymbol{p}_m$ 线性表示。若某个非基变量 x_{m+k} 作为换入变量，其对应的列向量 $\boldsymbol{p}_{m+k}$ 必存在一组不全为 0 的系数 $\beta_{j,m+k}$ $(j=1,2,\cdots,m)$ 使得：$\boldsymbol{p}_{m+k}=\sum_{j=1}^{m}\beta_{j,m+k}\boldsymbol{p}_j$，即

$$\boldsymbol{p}_{m+k} - \sum_{j=1}^{m} \beta_{j,m+k} \boldsymbol{p}_j = 0 \tag{8-9}$$

将式(8-9)两边同乘 θ，再加上式(8-8)得

$$\sum_{j=1}^{m} x_j^{(0)} \boldsymbol{p}_j + \theta\left(\boldsymbol{p}_{m+k} - \sum_{j=1}^{m} \beta_{j,m+k} \boldsymbol{p}_j\right) = \boldsymbol{b}$$

整理得

$$\sum_{j=1}^{m} (x_j^{(0)} - \theta\beta_{j,m+k})\boldsymbol{p}_j + \theta \boldsymbol{p}_{m+k} = \boldsymbol{b} \tag{8-10}$$

取 θ 满足

$$\theta = \min_j\left(\frac{x_j^{(0)}}{\beta_{j,m+k}} \middle| \beta_{j,m+k} > 0\right) = \frac{x_l^{(0)}}{\beta_{l,m+k}}$$

该系数满足 $x_j^{(0)} - \theta\beta_{j,m+k}$ 某一个为 0，而其余非负，从而就过渡到另一个基可行解了。此时 x_l 为换出变量，将 θ 代入得

$$x_j^{(1)} = \begin{cases} x_j^{(0)} - \dfrac{x_l^{(0)}}{\beta_{l,m+k}}\beta_{j,m+k}, & j \neq l \\[2ex] \dfrac{x_l^{(0)}}{\beta_{l,m+k}}, & j = l \end{cases}$$

此时 $\boldsymbol{x}^{(1)}$ 中的 m 个非零分量对应的 m 个列向量为 $\boldsymbol{p}_j\,(j=1,2,\cdots,m,j\neq l)$，$\boldsymbol{p}_{m+k}$，则这组向量一定是线性无关的。否则，一定存在一组不全为 0 的系数 λ_j，使得

$$\boldsymbol{p}_{m+k} = \sum_{\substack{j=1 \\ j\neq l}}^{m} \lambda_j \boldsymbol{p}_j$$

成立。再结合 $\boldsymbol{p}_{m+k}=\sum_{j=1}^{m}\beta_{j,m+k}\boldsymbol{p}_j$，两式相减得到

$$\sum_{\substack{j=1 \\ j\neq l}}^{m} (\beta_{j,m+k} - \lambda_j)\boldsymbol{p}_j + \beta_{l,m+k}\boldsymbol{p}_l = 0$$

上式中至少 $\beta_{l,m+k}$ 不为 0，所以得到 $\boldsymbol{p}_1,\boldsymbol{p}_2,\cdots,\boldsymbol{p}_m$ 线性相关，这与 $\boldsymbol{B}$ 是可行基矛盾。根据可行基的定义可知，经过基变换得到的解 $\boldsymbol{x}^{(1)}$ 是基可行解。这样就完成了从一个基可行解转换到另一个基可行解，并使得目标函数值下降，该过程就是一次基变换。

8.3.4 单纯形表

将上述过程列成表格，就是单纯形表，具体见表 8.3。

表 8.3 初始单纯形表

$c_j \to$			c_1	$\cdots$	c_m	c_{m+1}	$\cdots$	c_n	θ_i
$\boldsymbol{c}_B$	$\boldsymbol{x}_B$	b	x_1	$\cdots$	x_m	x_{m+1}	$\cdots$	x_n	
c_1	x_1	b_1	1	$\cdots$	0	$a_{1,m+1}$	$\cdots$	$a_{1,n}$	θ_1
c_2	x_2	b_2	0	$\cdots$	0	$a_{2,m+1}$	$\cdots$	$a_{2,n}$	θ_2
$\vdots$	$\vdots$	$\vdots$	$\vdots$		$\vdots$	$\vdots$		$\vdots$	$\vdots$
c_m	x_m	b_m	0	$\cdots$	1	$a_{m,m+1}$	$\cdots$	$a_{m,n}$	θ_m
	z	z_0	0	0	0	σ_{m+1}	$\cdots$	σ_n	

$\boldsymbol{x}_B$列中填基变量,这里是$x_1,x_2,\cdots,x_m$;

$\boldsymbol{c}_B$列中填基变量价值系数,这里是$c_1,c_2,\cdots,c_m$,与基变量是相对应的;

b 列是约束方程右边的常数;

$\boldsymbol{c}_j$行是变量的价值系数;

$\boldsymbol{\theta}_i$列是确定换入变量后,按 θ 规则计算后填入;

最后一行计算目标函数和各非基变量的检验数,其计算公式为

$$\sigma_j = c_j - \sum_{i=1}^{m} c_i a_{ij},(j = 1,2,\cdots,n)$$

具体计算步骤如下:

(1)根据数学模型确定初始可行基和初始基可行解,建立初始单纯形表,见表 8.3。

(2)计算各非基变量x_j的检验数σ_j,若$\sigma_j \geqslant 0(j=m+1,\cdots,n)$,则已得到最优解,可终止计算。否则转入下一步。

(3)在$\sigma_j<0(j=m+1,\cdots,n)$中,若有某个$\sigma_k$,对应$x_k$的系数列向量$\boldsymbol{p}_k \leqslant 0$,则此线性规划问题有无界解,终止计算。否则,转入下一步。

(4)根据$\sigma_k = \max\limits_j(|\sigma_j|$,其中 $\sigma_j<0)$,确定x_k为换入变量,按 θ 规则计算

$$\theta = \min_i\left(\frac{b_i}{a_{ik}}\right) = \frac{b_l}{a_{lk}}$$

确定x_l为换出变量,转入下一步。

(5)以a_{lk}为主元素进行迭代(高斯消元法),把x_k所对应的列向量按下列形式变换

$$\boldsymbol{p}_k = \begin{pmatrix} a_{1k} \\ a_{2k} \\ \vdots \\ a_{lk} \\ \vdots \\ a_{mk} \end{pmatrix} \to \begin{pmatrix} 0 \\ 0 \\ \vdots \\ 1 \\ \vdots \\ 0 \end{pmatrix}$$

将$\boldsymbol{x}_B$中的x_l换为x_k,得到新的单纯形表。

重复(2)~(5),直到终止运算。

例8.8 将例 8.7 来用单纯形表 8.4 计算。

表 8.4 例 8.7 计算过程单纯形表

$c_j \rightarrow$			-4	-3	0	0	0	θ_i
$\boldsymbol{c}_B$	$\boldsymbol{x}_B$	b	x_1	x_2	x_3	x_4	x_5	
0	x_3	6	1	2	1	0	0	6
0	x_4	4	(1)	0	0	1	0	4
0	x_5	2	0	1	0	0	1	—
	z	0	-4	-3	0	0	0	
0	x_3	2	0	(2)	1	-1	0	1
-4	x_1	4	1	0	0	1	0	—
0	x_5	2	0	1	0	0	1	2
	z	-16	0	-3	0	4	0	
-3	x_2	1	0	1	1/2	$-1/2$	0	
-4	x_1	4	1	0	0	1	0	
0	x_5	1	0	0	$-1/2$	1/2	1	
	z	-19	0	0	3/2	5/2	0	

所有检验数均大于等于0,停止计算。得最优解为 $\boldsymbol{x}=(4,1,0,0,1)^{\mathrm{T}}$,最优目标值为 -19。

微视频 人工变量和两阶段法

8.4 人工变量和两阶段法

在上一节中讨论的是最简单情况,也就是初始单纯形表中存在单位矩阵,此时初始可行基很显然就可以找到,那如果初始单纯形表中不存在单位矩阵的情况呢?针对这个问题,可以采用添加人工变量的两阶段法来解决。

第一阶段:寻找基可行解。不考虑原问题目标函数,现在给原线性规划问题加入人工变量,构造仅含人工变量的目标函数并要求实现最小化作为第一阶段的目标函数。即:

$$
\begin{aligned}
\min w &= \sum_{i=1}^{m} y_i \\
\text{s.t.} \sum_{j=1}^{n} a_{ij} x_j + y_i &= b \\
x_j \geqslant 0, j &= 1,2,\cdots,n \\
y_i \geqslant 0, i &= 1,2,\cdots,m
\end{aligned}
\tag{8-11}
$$

用单纯形法求解上述模型,若得到 $w=0$,这说明原问题存在基可行解,可以进行第二阶段计算。否则原问题无可行解,应停止计算。

第二阶段:将第一阶段计算得到的最终表,除去人工变量。将目标函数行的系数,换为原问题的目标函数系数,作为第二阶段计算的初始表,后续继续用单纯形表计算。

从以上两阶段法的步骤可知,引入人工变量的目的是方便找到初始的基可行解。而对原问题来说,人工变量又是不该出现的变量,否则数学模型就改变了。所以,在第一阶段的优化目标要求人工变量值为0,从而要求最优值 $w=0$。若在第一阶段单纯形表迭代结束,基变量中还含有非零的人工变量,这就表示原问题无解。

例 8.9 用两阶段法求解下列线性规划问题。

$$\min z = -3x_1 + x_2 + x_3$$

$$\text{s. t.} \begin{cases} x_1 - 2x_2 + x_3 \leqslant 11 \\ -4x_1 + x_2 + 2x_3 \geqslant 3 \\ -2x_1 + x_3 = 1 \\ x_1, x_2, x_3 \geqslant 0 \end{cases}$$

解　首先将原问题化成标准型并添加人工变量，得到第一阶段模型为

$$\min w = x_6 + x_7$$

$$\text{s. t.} \begin{cases} x_1 - 2x_2 + x_3 + x_4 = 11 \\ -4x_1 + x_2 + 2x_3 - x_5 + x_6 = 3 \\ -2x_1 + x_3 + x_7 = 1 \\ x_i (i = 1, 2, \cdots, 7) \geqslant 0 \end{cases}$$

这里的x_4为松弛变量，x_5为剩余变量，x_6、x_7为人工变量。列单纯形表见表 8.5。

表 8.5　例 8.9 计算过程单纯形表

$c_j \to$			0	0	0	0	0	1	1	θ_i
c_B	x_B	b	x_1	x_2	x_3	x_4	x_5	x_6	x_7	
0	x_4	11	1	−2	1	1	0	0	0	11
1	x_6	3	−4	1	[2]	0	−1	1	0	3/2
1	x_7	1	−2	0	1	0	0	0	1	1
	w	4	6	−1	−3	0	1	0	0	
0	x_4	10	3	−2	0	1	0	0	−1	—
1	x_6	1	0	[1]	0	0	−1	1	−2	1
0	x_3	1	−2	0	1	0	0	0	1	—
	w	1	0	−1	0	0	1	0	3	
0	x_4	12	3	0	0	1	−2	2	−5	
0	x_2	1	0	1	0	0	−1	1	−2	
0	x_3	1	−2	0	1	0	0	0	1	
	w	0	0	0	0	0	0	1	1	

得到第一阶段最优值 $w=0$，所以去掉人工变量列，并将目标函数行的系数换为原问题的目标函数系数，继续第二阶段的计算，见表 8.6。

表 8.6　例 8.9 计算过程第二阶段单纯形表

$c_j \to$			−3	1	1	0	0	θ_i
c_B	x_B	b	x_1	x_2	x_3	x_4	x_5	
0	x_4	12	[3]	0	0	1	−2	4
1	x_2	1	0	1	0	0	−1	—
1	x_3	1	−2	0	1	0	0	—
	z	2	−1	0	0	0	1	
−3	x_1	4	1	0	0	1/3	−2/3	
1	x_2	1	0	1	0	0	−1	
1	x_3	9	0	0	1	2/3	−4/3	
	z	−2	0	0	0	1/3	1/3	

所有检验数均大于等于0,停止计算。得最优解为$\boldsymbol{x}=(4,1,9,0,0)^{\mathrm{T}}$,最优目标值为$-2$。

8.5 退化和循环

定义 8.3 若基可行解中所有的基变量值都大于0,则称这样的基可行解是**非退化的**,否则就是**退化的**。

单纯形法计算中用θ规则确定换出变量时,有时存在两个以上相同的最小比值,这样在下一次迭代中就有一个或几个基变量等于零,这样就出现退化解。这时换出变量$x_l=0$,迭代后的目标函数值不变,不同基表示为同一顶点。存在这样的特例,当出现退化时,进行多次迭代,而基从$\boldsymbol{B}_1$,$\boldsymbol{B}_2$……又返回到$\boldsymbol{B}_1$,这样计算过程出现了循环,便永远达不到最优解。

尽管计算过程的循环现象极少出现,但可能性还是有的。如何解决这一问题呢?先后有人提出了“摄动法”“字典序法”。1974年,勃兰特(Bland)提出了一种简便的规则,简称勃兰特规则:

(1)选取检验数$\sigma_j<0$中下标最小的非基变量x_k为换入变量,即

$$k=\min(j \mid \sigma_j<0)$$

(2)当按θ规则计算存在两个和两个以上最小比值时,选取下标最小的基变量为换出变量。按勃兰特规则计算时,一定能避免出现循环。

8.6 线性规划的对偶理论

8.6.1 对偶问题的提出

例 8.10 回到例8.1,现有另一家公司急需A、B、C这三种原材料,打算向该工厂购买,问:这三种原材料该如何定价才能使双方都满意?

解 设A、B、C这三种原材料每吨价格分别为y_1、y_2和y_3千元。对于公司来说,希望总花费最小,所以目标函数为

$$\min w=6y_1+4y_2+2y_3$$

对于工厂来说,卖掉原材料的利润应该不低于自己安排生产获得的利润,因此满足的条件为

$$y_1+y_2\geqslant 4$$

$$2y_1+y_3\geqslant 3$$

因此,该线性规划问题模型(模型Ⅰ)为

$$\min w=6y_1+4y_2+2y_3$$

$$\text{s.t.}\begin{cases}y_1+y_2\geqslant 4\\2y_1+y_3\geqslant 3\end{cases}$$

把8.1的数学模型(模型Ⅱ)也写出来:

$$\max z=4x_1+3x_2$$

$$\text{s.t.}\begin{cases}x_1+2x_2\leqslant 6\\x_1\leqslant 4\\x_2\leqslant 2\\x_1,x_2\geqslant 0\end{cases}$$

这两个线性规划问题特点如下:(1)目标函数一个max,一个min;(2)模型Ⅰ的目标函数中价值

系数c_i等于模型Ⅱ的约束条件的右端常数b_i；(3)模型Ⅰ的变量个数等于模型Ⅱ的约束条件个数，模型Ⅱ的变量个数等于模型Ⅰ的约束条件个数；(4)约束条件的系数矩阵互为转置，约束条件不等号方向相反。称Ⅱ是Ⅰ的对偶规划。

线性规划的对偶概念，在理论和实际应用上都有重要意义，下面进一步阐述。

8.6.2 对偶理论

定义 8.4 设有线性规划

$$\begin{aligned} &\max z = \boldsymbol{c}^{\mathrm{T}}\boldsymbol{x} \\ &\text{s.t. } \boldsymbol{A}\boldsymbol{x} \leqslant \boldsymbol{b} \\ &\boldsymbol{x}_j \geqslant 0, j = 1, 2, \cdots, n \end{aligned} \tag{8-12}$$

和

$$\begin{aligned} &\min w = \boldsymbol{b}^{\mathrm{T}}\boldsymbol{y} \\ &\text{s.t. } \boldsymbol{A}^{\mathrm{T}}\boldsymbol{y} \geqslant \boldsymbol{c} \\ &\boldsymbol{y}_i \geqslant 0, i = 1, 2, \cdots, m \end{aligned} \tag{8-13}$$

称式(8-13)是式(8-12)的**对偶线性规划**，简称**对偶**或**对偶规划**。称式(8-12)是**原始线性规划**，简称**原始规划**。

展开原始规划标准型式

$$\begin{gathered} \max z = c_1x_1 + c_2x_2 + \cdots + c_nx_n \\ \begin{pmatrix} a_{11} & a_{12} & \cdots & a_{1n} \\ \vdots & \vdots & & \vdots \\ a_{m1} & a_{m2} & \cdots & a_{mn} \end{pmatrix} \begin{pmatrix} x_1 \\ \vdots \\ x_n \end{pmatrix} \leqslant \begin{pmatrix} b_1 \\ \vdots \\ b_n \end{pmatrix} \\ x_1, x_2, \cdots, x_n \geqslant 0 \end{gathered} \tag{8-14}$$

展开对偶规划标准型式

$$\begin{gathered} \min w = y_1b_1 + y_2b_2 + \cdots + y_mb_m \\ (y_1 \quad \cdots \quad y_m) \begin{pmatrix} a_{11} & a_{12} & \cdots & a_{1n} \\ \vdots & \vdots & & \vdots \\ a_{m1} & a_{m2} & \cdots & a_{mn} \end{pmatrix} \geqslant (c_1 \quad \cdots \quad c_n) \\ y_1, y_2, \cdots, y_m \geqslant 0 \end{gathered} \tag{8-15}$$

它们的标准型式之间的关系见表 8.7。

表 8.7 原始规划和对偶规划标准型式之间关系表

	$x_1x_2\cdots x_n$	原始规划	$\min w$
y_1	$a_{11}a_{12}\cdots a_{1n}$	$\leqslant$	b_1
y_2	$a_{21}a_{22}\cdots a_{2n}$	$\leqslant$	b_2
$\vdots$	$\vdots\ \vdots\cdots\vdots$	$\vdots$	$\vdots$
y_m	$a_{m1}a_{m2}\cdots a_{mn}$	$\leqslant$	b_m
对偶规划	$\geqslant\geqslant\cdots\geqslant$	$\max z = \min w$	
$\max z$	$c_1c_2\cdots c_n$		

下面再讨论原始规划中有等式的情况。假设原始规划如下：

$$\max z = \sum_{j=1}^{n} c_j x_j$$

$$\text{s.t.} \sum_{j=1}^{n} a_{ij} x_j = b_i, i = 1,2,\cdots,m \tag{8-16}$$

$$x_j \geqslant 0, j = 1,2,\cdots,n$$

其中约束条件含有等式，可以将 $\sum_{j=1}^{n} a_{ij} x_j = b_i, i = 1,2,\cdots,m$ 变为

$$\sum_{j=1}^{n} a_{ij} x_j \geqslant b_i, i = 1,2,\cdots,m \text{ 和} \sum_{j=1}^{n} a_{ij} x_j \leqslant b_i, i = 1,2,\cdots,m$$

从而上述线性规划问题表示为

$$\max z = \sum_{j=1}^{n} c_j x_j$$

$$\text{s.t.} \sum_{j=1}^{n} a_{ij} x_j \geqslant b_i, i = 1,2,\cdots,m \tag{8-17}$$

$$-\sum_{j=1}^{n} a_{ij} x_j \geqslant -b_i, i = 1,2,\cdots,m \tag{8-18}$$

$$x_j \geqslant 0, j = 1,2,\cdots,n$$

设y'_i是对应(8-17)的对偶变量，y''_i是对应(8-18)的对偶变量，$i=1,2,\cdots,m$。按照上述原始规划和对偶规划的对应关系写出其对偶规划为

$$\min w = \sum_{i=1}^{m} b_i y'_i + \sum_{i=1}^{m} (-b_i y''_i)$$

$$\text{s.t.} \sum_{j=1}^{m} a_{ij} y'_i + \sum_{j=1}^{m} (-a_{ij} y''_i) \geqslant c_j, j = 1,2,\cdots,n$$

$$y'_i, y''_i \geqslant 0, i = 1,2,\cdots,m$$

合并整理后得

$$\min w = \sum_{i=1}^{m} b_i (y'_i - y''_i)$$

$$\text{s.t.} \sum_{j=1}^{m} a_{ij} (y'_i - y''_i) \geqslant c_j, j = 1,2,\cdots,n$$

$$y'_i, y''_i \geqslant 0, i = 1,2,\cdots,m$$

令$y_i = (y_i' - y_i'')$，则y_i无约束，代入上式得

$$\min w = \sum_{i=1}^{m} b_i y_i$$

$$\text{s.t.} \sum_{j=1}^{m} a_{ij} y_i \geqslant c_j, j = 1,2,\cdots,n \tag{8-19}$$

$$y_i \text{ 无约束}, i = 1,2,\cdots,m$$

总结下来，一般原始规划和对偶规划的关系见表 8.8。

表 8.8 原始规划和对偶规划关系表

原始规划	对偶规划
目标函数 max z	目标函数 min w
变量：n 个	n 个约束条件
变量：$\geqslant 0$	约束条件：$\geqslant$
变量：$\leqslant 0$	约束条件：$\leqslant$
变量：无约束	约束条件：$=$

续上表

原始规划	对偶规划
约束条件 m 个	m 个 变量
$\geqslant$	$\leqslant 0$
$\leqslant$	$\geqslant 0$
$=$	无约束
约束条件右端项	目标函数变量的系数
目标函数变量的系数	约束条件右端项

例8.11　写出下列线性规划问题的对偶规划。

$$\max z = 2x_1 - x_2 + 3x_3$$

$$\begin{cases} x_1 + 3x_2 - 2x_3 \leqslant 5 \\ -x_1 - 2x_2 + x_3 = 8 \\ x_1 \geqslant 0, x_2 \geqslant 0, x_3 \text{任意} \end{cases}$$

解　按照上述一般原始规划和对偶规划之间的关系直接写出对偶规划为

$$\min w = 5y_1 + 8y_2$$

$$\begin{cases} y_1 - y_2 \geqslant 2 \\ 3y_1 - 2y_2 \geqslant -1 \\ -2y_1 + y_2 = 3 \\ y_1 \geqslant 0, y_2 \text{任意} \end{cases}$$

定理 8.4　（对称性）对偶规划的对偶是原始规划。

证　将对偶规划式(8-13)等价地写成

$$\max w = -\boldsymbol{b}^{\mathrm{T}}\boldsymbol{y}$$

$$\text{s.t.} \quad -\boldsymbol{A}^{\mathrm{T}}\boldsymbol{y} \leqslant -\boldsymbol{c}$$

$$\boldsymbol{y}_i \geqslant 0, i = 1, 2, \cdots, m$$

写出其对应的对偶规划为

$$\min z = -\boldsymbol{c}^{\mathrm{T}}\boldsymbol{x}$$

$$\text{s.t.} \quad -\boldsymbol{A}\boldsymbol{x} \geqslant -\boldsymbol{b}$$

$$\boldsymbol{x}_j \geqslant 0, j = 1, 2, \cdots, n$$

即

$$\max z = \boldsymbol{c}^{\mathrm{T}}\boldsymbol{x}$$

$$\text{s.t.} \quad \boldsymbol{A}\boldsymbol{x} \leqslant \boldsymbol{b}$$

$$\boldsymbol{x}_j \geqslant 0, j = 1, 2, \cdots, n$$

上述规划即为原始规划。定理得证。

定理 8.5　（弱对偶性）若$\bar{\boldsymbol{x}}$是原始规划的可行解，$\bar{\boldsymbol{y}}$是对偶规划的可行解，则有$\boldsymbol{c}^{\mathrm{T}}\bar{\boldsymbol{x}} \leqslant \boldsymbol{b}^{\mathrm{T}}\bar{\boldsymbol{y}}$。

证　$\boldsymbol{c}^{\mathrm{T}}\bar{\boldsymbol{x}} \leqslant (\boldsymbol{A}^{\mathrm{T}}\bar{\boldsymbol{y}})^{\mathrm{T}}\bar{\boldsymbol{x}} = \bar{\boldsymbol{y}}^{\mathrm{T}}\boldsymbol{A}\,\bar{\boldsymbol{x}} \leqslant \bar{\boldsymbol{y}}^{\mathrm{T}}\boldsymbol{b} = \boldsymbol{b}^{\mathrm{T}}\bar{\boldsymbol{y}}$，证毕。

定理 8.6　（无界性）若原始规划（对偶规划）为无界解，则其对偶规划（原始规划）无可行解。

证　由弱对偶性显然得证。

但这个定理的逆不一定成立。当原始规划（对偶规划）无可行解时，则其对偶规划（原始规划）也可能无可行解。例如下述的两个线性规划问题就是对偶且都无可行解。

$$\max z = x_1 + x_2$$

$$\begin{cases} x_1 - x_2 \leqslant -1 \\ -x_1 + x_2 \leqslant -1 \\ x_1, x_2 \geqslant 0 \end{cases}$$

和

$$\min w = -y_1 - y_2$$

$$\begin{cases} y_1 - y_2 \geqslant 1 \\ -y_1 + y_2 \geqslant 1 \\ y_1, y_2 \geqslant 0 \end{cases}$$

定理 8.7 设$\boldsymbol{x}^*$是原始规划的可行解，$\boldsymbol{y}^*$是对偶规划的可行解，当$\boldsymbol{c}^{\mathrm{T}}\boldsymbol{x}^* = \boldsymbol{b}^{\mathrm{T}}\boldsymbol{y}^*$时，则$\boldsymbol{x}^*$、$\boldsymbol{y}^*$是最优解。

证 由弱对偶性，对于任意的可行解$\boldsymbol{x}$，都有$\boldsymbol{c}^{\mathrm{T}}\boldsymbol{x}^* = \boldsymbol{b}^{\mathrm{T}}\boldsymbol{y}^* \geqslant \boldsymbol{c}^{\mathrm{T}}\boldsymbol{x}$，所以$\boldsymbol{x}^*$是最优解。

同理，对于任意的可行解$\boldsymbol{y}$，都有$\boldsymbol{b}^{\mathrm{T}}\boldsymbol{y}^* = \boldsymbol{c}^{\mathrm{T}}\boldsymbol{x}^* \leqslant \boldsymbol{b}^{\mathrm{T}}\boldsymbol{y}$，所以$\boldsymbol{y}^*$是最优解。

定理 8.8 （对偶定理）若原始规划有最优解，则其对偶规划也有最优解，且最优值相等。

证 设$\boldsymbol{x}^*$是原始规划有最优解，其对应的可行基为$\boldsymbol{B}$，则所有的检验数$\boldsymbol{c}^{\mathrm{T}} - \boldsymbol{c}_B^{\mathrm{T}}\boldsymbol{B}^{-1}\boldsymbol{A} \leqslant 0$（注意这是最大化问题），令$\boldsymbol{y}^* = (\boldsymbol{c}_B^{\mathrm{T}}\boldsymbol{B}^{-1})^{\mathrm{T}}$，则$\boldsymbol{A}^{\mathrm{T}}\boldsymbol{y}^* \geqslant \boldsymbol{c}$，所以$\boldsymbol{y}^*$是对偶规划的可行解。对原始规划来说，$\boldsymbol{c}^{\mathrm{T}}\boldsymbol{x}^*$对应的目标函数值为$\boldsymbol{c}_B^{\mathrm{T}}\boldsymbol{B}^{-1}\boldsymbol{b}$，而对偶规划的目标函数值为$\boldsymbol{b}^{\mathrm{T}}\boldsymbol{y}^* = (\boldsymbol{b}^{\mathrm{T}}\boldsymbol{y}^*)^{\mathrm{T}} = \boldsymbol{c}_B^{\mathrm{T}}\boldsymbol{B}^{-1}\boldsymbol{b}$，所以$\boldsymbol{c}^{\mathrm{T}}\boldsymbol{x}^* = \boldsymbol{b}^{\mathrm{T}}\boldsymbol{y}^*$，由定理 8.7，$\boldsymbol{x}^*$、$\boldsymbol{y}^*$都是最优解，且最优值相等。

原始规划和对偶规划解的情况对应关系见表 8.9。

表 8.9 原始规划和对偶规划解的情况对应关系表

规　划		对偶规划		
		有最优解	有可行解且无界	无可行解
原始规划	有最优解	√	×	×
	有可行解且无界	×	×	√
	无可行解	×	√	√

8.6.3 对偶单纯形法

考虑线性规划问题的标准型

$$\begin{aligned} &\min z = \boldsymbol{c}^{\mathrm{T}}\boldsymbol{x} \\ &\text{s.t. } \boldsymbol{A}\boldsymbol{x} = \boldsymbol{b} \\ &\boldsymbol{x}_j \geqslant 0, \mathrm{j} = 1, 2, \cdots, n \end{aligned} \tag{8-20}$$

其对偶规划为

$$\begin{aligned} &\max w = \boldsymbol{b}^{\mathrm{T}}\boldsymbol{y} \\ &\text{s.t. } \boldsymbol{A}^{\mathrm{T}}\boldsymbol{y} \leqslant \boldsymbol{C} \\ &\boldsymbol{y}_i \text{ 任意}, i = 1, 2, \cdots, m \end{aligned} \tag{8-21}$$

设$\boldsymbol{B}$是原始规划式(8-20)的一个可行基，其对应的可行解为$\boldsymbol{x}_B = \boldsymbol{B}^{-1}\boldsymbol{b}, \boldsymbol{x}_N = 0$，检验数为$\boldsymbol{\sigma}^{\mathrm{T}} = \boldsymbol{c}^{\mathrm{T}} - \boldsymbol{c}_B^{\mathrm{T}}\boldsymbol{B}^{-1}\boldsymbol{A}$，目标函数值为

$$z_0 = \boldsymbol{c}_B^{\mathrm{T}}\boldsymbol{B}^{-1}\boldsymbol{b}$$

令$\boldsymbol{Y}^{\mathrm{T}} = \boldsymbol{C}_B^{\mathrm{T}}\boldsymbol{B}^{-1}$，

$$w_0 = \boldsymbol{b}^{\mathrm{T}}\boldsymbol{Y} = \boldsymbol{Y}^{\mathrm{T}}\boldsymbol{b} = \boldsymbol{C}_B^{\mathrm{T}}\boldsymbol{B}^{-1}\boldsymbol{b}$$

所以$z_0 = w_0$，由定理8.7，只要$\boldsymbol{Y}$是式(8-21)的可行解，则$\boldsymbol{X}$和$\boldsymbol{Y}$分别是式(8-20)和式(8-21)的最优解。而$\boldsymbol{\sigma}^{\mathrm{T}} = \boldsymbol{C}^{\mathrm{T}} - \boldsymbol{C}_B^{\mathrm{T}}\boldsymbol{B}^{-1}\boldsymbol{A} = \boldsymbol{C}^{\mathrm{T}} - \boldsymbol{Y}^{\mathrm{T}}\boldsymbol{A}$，$\boldsymbol{Y}$是式(8-21)的可行解等价于$\boldsymbol{\sigma} \geqslant 0$。

在满足$\boldsymbol{\sigma} \geqslant 0$的前提下，即$\boldsymbol{Y}$是式(8-21)的可行解，如果$\boldsymbol{X}$是式(8-20)的可行解，即$\boldsymbol{X}_B = \boldsymbol{B}^{-1}\boldsymbol{b} \geqslant 0$，则$\boldsymbol{X}$和$\boldsymbol{Y}$分别是式(8-20)和式(8-21)的最优解。所以对偶单纯形法的思路是保证检验数$\boldsymbol{\sigma} \geqslant 0$，通过迭代让$\boldsymbol{X}_B \geqslant 0$。具体步骤为

(1)在不用保证$\boldsymbol{X}_B \geqslant 0$的前提下，对线性规划问题进行变换，使列出的初始单纯形表的所有检验数$\boldsymbol{\sigma} \geqslant 0$，即对偶问题是即可行解。

(2)检查$\boldsymbol{b}$列的数字，若均为非负，则此时已得到最优解，计算结束。若$\boldsymbol{b}$列的数字存在负的分量，继续下面的计算。

(3)确定换出变量。

$\min\limits_i((\boldsymbol{B}^{-1}\boldsymbol{b})_i \mid (\boldsymbol{B}^{-1}\boldsymbol{b})_i < 0) = (\boldsymbol{B}^{-1}\boldsymbol{b})_l$对应的基变量$x_l$为换出变量。

(4)确定换入变量。

在单纯形表中检查x_l所在行的各系数$a_{lj}(j=1,2,\cdots,n)$。若所有的$a_{lj} \leqslant 0$，则无可行解，计算终止。若存在的$a_{lj} > 0$，计算

$$\theta = \min_j\left(\left|\frac{\sigma_j}{a_{lj}}\right|, a_{lj} < 0\right) = \left|\frac{\sigma_k}{a_{lk}}\right|$$

按θ规则，所对应列的非基变量x_k为换入变量。

(5)以a_{lk}为主元素，在单纯形表上进行迭代运算，得到新的单纯形表。

(6)重复步骤(2)～(5)。

下面举例说明。

例8.12　用对偶单纯形法求解

$$\min z = 2x_1 + 3x_2 + 4x_3$$

$$\begin{cases} x_1 + 2x_2 + x_3 \geqslant 3 \\ 2x_1 - x_2 + 3x_3 \geqslant 4 \\ x_1, x_2, x_3 \geqslant 0 \end{cases}$$

解　将模型转化为

$$\min z = 2x_1 + 3x_2 + 4x_3$$

$$\begin{cases} -x_1 - 2x_2 - x_3 + x_4 = -3 \\ -2x_1 + x_2 - 3x_3 + x_5 = -4 \\ x_1, x_2, x_3, x_4, x_5 \geqslant 0 \end{cases}$$

列单纯形表见表8.10。

表8.10　例8.12计算过程对偶单纯形表

$c_j \to$			2	3	4	0	0
c_B	x_B	b	x_1	x_2	x_3	x_4	x_5
0	x_4	−3	−1	−2	−1	1	0
0	x_5	−4	[−2]	1	−3	0	1
	z	0	2	3	4	0	0
0	x_4	−1	0	[−5/2]	1/2	1	−1/2
2	x_1	2	1	−1/2	3/2	0	−1/2

续上表

$c_j\rightarrow$			2	3	4	0	0
c_B	x_B	b	x_1	x_2	x_3	x_4	x_5
	z	4	0	4	1	0	1
3	x_2	2/5	0	1	−1/5	−2/5	1/5
2	x_1	11/5	1	0	7/5	−1/5	−2/5
	z	28/5	0	0	9/5	8/5	1/5

最终 **b** 列均为非负，检验数也均为非负，迭代终止，问题的最优解为

$$\boldsymbol{x}=(11/5,2/5,0,0,0)^{\mathrm{T}}$$

最优值为 28/5。

•微视频

整数线性规划

8.7 整数线性规划

在线性规划的实际问题中，有时要求最优解是整数情况，例如要求的解是机器的台数、人员的人数、物品的件数等。此时，如果仅仅是将所求的进行最优解四舍五入，这样可能不是可行解，或者是可行解但不是最优解。因此，对这样的问题要进一步的探讨。这类问题称为**整数线性规划**(integer linear programming,ILP)。

在整数规划中，要求所有的变量都限制为非负整数，就称为**纯整数规划**或**全整数规划**。如果仅一部分变量限制为非负整数，则称为**混合整数规划**。整数规划中还有一种最特殊的情况，就是限定变量只能取 0 或 1，就称为 **0-1 规划**。

下面主要讨论全整数规划问题，其他情况可以类似进行。在求解整数规划中，如果可行域是有界的，最先想到的一个最简单的办法是在可行域中把所有可能的整数组合情况枚举出来，然后依次比较目标函数值，从而确定出最优解。这种方法对于求解小规模的问题是可行的。但在大规模的整数规划问题中，组合情况非常多，达到 $O(n!)$，显然此时枚举法已经不可取了。

通常，更好的方法是先忽略整数限制条件，在最小化问题中，用单纯形法求出原问题的最优解，如果某个变量$x_k=a_k$(a_k为小数)，此时在原问题的基础上增加约束条件$x_k\leqslant\lfloor a_k\rfloor$和$x_k\geqslant\lfloor a_k\rfloor+1$，得到两个子问题 LP_1 和 LP_2，显然两个子问题的可行域与原整数规划可行域相比来说仅删去了$\lfloor a_k\rfloor<x_k<\lfloor a_k\rfloor+1$部分，显然不影响整数规划的最优解。针对各子问题继续同样地处理，这就是分支的过程。如果得到某个子问题的最优解全部是整数解，此时该子问题就不用继续往下分支了，并将此整数解对应的目标函数值作为上界，并剪掉其余所有大于此上界的子问题，这就是剪枝的过程。重复上述的过程，最终就可以求出原整数规划的最优解。该方法称为分支定界法(branch and bound method)。

例 8.13 求下列整数规划的解

$$\min z=-3x-5y$$

$$\begin{cases}-x+y\leqslant 3/2\\ 2x+3y\leqslant 11\\ x,y\geqslant 0,\text{且为整数}\end{cases}$$

解 在忽略整数的条件下，设线性规划问题为 LP，利用单纯形表法解得 LP 的最优解为$x_0=13/10$，$y_0=14/5$，最优值$z_0=-179/10$。添加约束 $x\leqslant 1$，得子问题 LP_1，添加约束 $x\geqslant 2$，得子问题 LP_2。分别求解 LP_1的最优解$x_1=1$，$y_1=5/2$，最优值$z_1=-31/2$，LP_2的最优解$x_2=2$，$y_2=7/3$，最优值$z_2=-53/3$。由于$z_2<z_1$，先对 LP_2继续计算，在 LP_2的基础上添加约束 $y\leqslant 2$，得子问题 LP_{21}，添加约束 $y\geqslant 3$，得子问

题 LP_{22}。分别求解 LP_{21} 的最优解 $x_{21}=5/2, y_{21}=2$，最优值 $z_{21}=-35/2$，LP_{22} 无可行解。$z_{21}<z_1$，继续 LP_{21} 的计算，在 LP_{21} 的基础上添加约束 $x\leqslant 2$，得子问题 LP_{211}，添加约束 $x\geqslant 3$，得子问题 LP_{212}。分别求解 LP_{211} 的最优解 $x_{211}=2, y_{211}=2$，最优值 $z_{211}=-16$，LP_{212} 的最优解 $x_{212}=3, y_{212}=5/3$，最优值 $z_{212}=-52/3$。LP_{211} 的分支结束，得到目标函数值 -16 作为上界，因此可以剪掉 LP_{211} 的分支。在 LP_{212} 的基础上添加约束 $y\leqslant 1$，得子问题 LP_{2121}，添加约束 $y\geqslant 2$，得子问题 LP_{2122}。分别求解 LP_{2121} 的最优解 $x_{2121}=4, y_{2121}=1$，最优值 $z_{2121}=-17$，LP_{2122} 无可行解。此时所有分支结束，因此求解结束，最优解 $x=4, y=1$，最优值 $z=-17$。整个计算过程如图 8.4 所示。

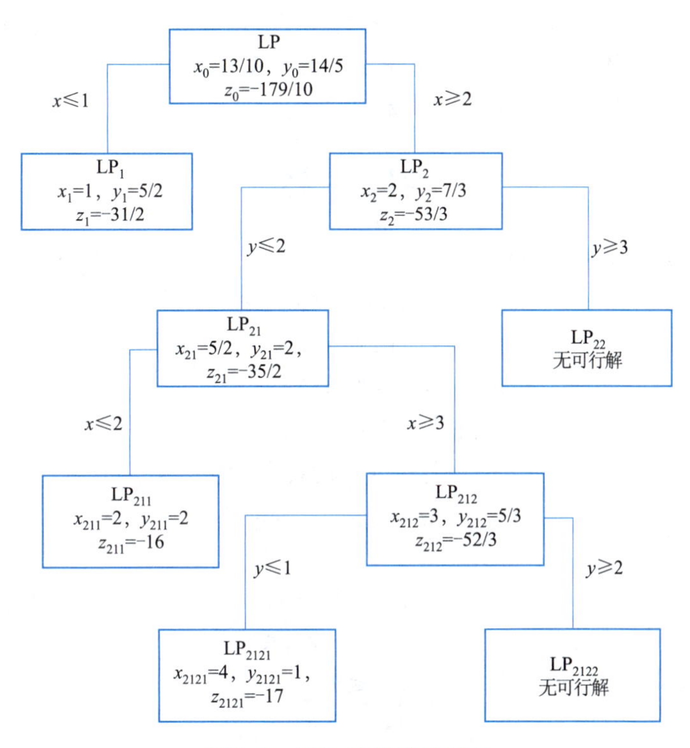

图 8.4　例 8.13 计算过程图

小　　结

本章系统介绍了线性规划问题的概念以及求解方法。线性规划问题的标准型为

$$\min z = \boldsymbol{c}^{\mathrm{T}}\boldsymbol{x}$$

$$\text{s.t. } \boldsymbol{Ax} = \boldsymbol{b}$$

$$\boldsymbol{x}_j \geqslant 0, j=1,2,\cdots,n$$

它的解有四种情况：①有唯一解；②有无穷组解；③无界解；④无可行解。求解线性规划问题的主要方法是单纯形法，其步骤是：①确定初始基可行解。②计算检验数，如果检验数全大于等于0，则最优解已求出。③否则在负的检验数中选择绝对值最大对应的非基变量作为换入变量，按照 θ 规则选择换出变量，然后以系数矩阵中换入列和换出行交叉点的元素为主元素进行基变换，进行一次基变换以后目标函数值就会变小。直到所有检验数非负为止。④当确定了换入列，但列中的系数矩阵中所有元素均为非正时，则该线性规划问题有无界解。

利用单纯形法求解线性规划问题时的一个难点就是如何确定初始可行基。当标准型的初始系数矩阵中不存在单位矩阵时,可以通过两阶段法求解。第一阶段强行添加人工变量,构造系数矩阵的单位矩阵来确定初始可行基,此时只需将第一阶段的目标函数仅包含人工变量的和并且最小化即可。通过单纯形法迭代后将人工变换全部换出,使得其目标函数值为0,此时就找到了原始问题的真正可行基,然后在第二阶段替换为原问题继续单纯形迭代即可。若第一阶段迭代后目标函数值不为0,即可判断原问题无可行解。

在单纯形迭代中可能会出现可行基循环的情况,此时可以采用勃兰特规则。

对偶理论给出了原始规划和对偶规划的关系,从而提出了对偶单纯形法。对偶单纯形法的思想是:在保证检验数全大于等于0的情况下,原问题可能不是可行解,此时通过对偶单纯形法(先确定换出变量,后确定换入变量)迭代将原问题的解变为可行解,这样最优解就求出来了。当确定换出变量,而无法确定换入变量时,该问题无可行解。

习　题

1. 写出下述线性规划的标准型。

$$\max z = 3x_1 - 2x_2 + x_3$$

$$\text{s.t.}\begin{cases} x_1 + 2x_2 - x_3 \leqslant 1 \\ 4x_1 - 2x_3 \leqslant 5 \\ x_2 - 5x_3 \leqslant -4 \\ x_1 - 3x_2 + 2x_3 = -10 \\ x_1, x_3 \geqslant 0, x_2\text{任意} \end{cases}$$

2. 设线性规划

$$\max z = 2x_1 + x_2$$

$$\text{s.t.}\begin{cases} -x_1 + 2x_2 \leqslant 4 \\ x_1 \leqslant 5 \\ x_1, x_2 \geqslant 0 \end{cases}$$

(1)画出它的可行域,用图解法求最优解。

(2)写出它的标准型,列出所有的基,指出哪些是可行基。通过列出所有的可行解及其目标函数值找到最优解。指出每个可行解对应的可行域的顶点。

3. 用单纯性法解下列线性规划。

(1) $\min z = -2x_1 + x_2 - x_3$

$$\text{s.t.}\begin{cases} 2x_1 + x_2 \leqslant 10 \\ -4x_1 - 2x_2 + 3x_3 \leqslant 10 \\ x_1 - 2x_2 + x_3 \leqslant 14 \\ x_1, x_2, x_3 \geqslant 0 \end{cases}$$

(2) $\min z = x_1 + x_2 - 3x_3$

$$\text{s.t.}\begin{cases} x_1 + x_2 - 2x_3 \leqslant 9 \\ x_1 + x_2 - x_3 \leqslant 2 \\ -x_1 + 2x_2 + x_3 \leqslant 4 \\ x_1, x_2, x_3 \geqslant 0 \end{cases}$$

(3) $\max z = 3x_1 + 5x_2 + 4x_3$

$$\text{s. t.}\begin{cases}2x_1 + 3x_2 + x_3 \leqslant 9\\ -x_1 + 2x_2 + x_3 = 12\\ 3x_1 + x_2 + x_3 \geqslant 5\\ x_1, x_2, x_3 \geqslant 0\end{cases}$$

4. 下表最终单纯形表(最小化)给出一个最优的基可行解 $\boldsymbol{x} = (3,2,0,4,0)$,试通过基变换找到另一个最优的基可行解,进而给出无穷多个最优解。

$c_j \to$			-1	-1	0	0	0	θ
$\boldsymbol{C}_B$	$\boldsymbol{X}_B$	b	x_1	x_2	x_3	x_4	x_5	
-1	x_1	3	1	0	1	0	-1	
0	x_4	4	0	0	3	1	-8	
-1	x_2	2	0	1	-1	0	2	
	z	-5	0	0	0	0	1	

5. 下表是一张最终单纯形表(最小化),能否判断它是否有无穷多个最优解?若能,请给出你的结论。

$c_j \to$			1	-1	0	0	θ
$\boldsymbol{C}_B$	$\boldsymbol{X}_B$	b	x_1	x_2	x_3	x_4	
-1	x_2	2	-1	1	1	0	
0	x_4	10	-3	0	-4	1	
	z	-2	0	0	1	0	

6. 写出下列线性规划的对偶。

$$\max z = 3x_1 - 2x_2 + x_3 + 4x_4$$

$$\text{s. t.}\begin{cases}x_1 + x_2 - x_3 - x_4 \leqslant 6\\ x_1 - 2x_2 + x_3 \geqslant 5\\ 2x_1 + x_2 - 3x_3 + x_4 = -4\\ x_1, x_2, x_3 \geqslant 0, x_4\text{任意}\end{cases}$$

7. 用对偶单纯形法解下列线性规划。

(1) $\min z = x_1 + 2x_2 + 3x_3$

$$\text{s. t.}\begin{cases}2x_1 - x_2 + 3x_3 \geqslant 6\\ x_1 + 2x_2 + x_3 \geqslant 4\\ x_1, x_2, x_3 \geqslant 0\end{cases}$$

(2) $\min z = 3x_1 + x_2 + x_3$

$$\text{s. t.}\begin{cases}x_1 + x_2 + x_3 \leqslant 8\\ x_1 - x_2 \geqslant 4\\ x_2 - x_3 \geqslant 3\\ x_1, x_2, x_3 \geqslant 0\end{cases}$$

附录A 习题参考答案

第1章 习题

一、选择题

1—5 DACAB

二、填空题

1. 确定性,可行性
2. 时间复杂度,空间复杂度
3. 问题规模,问题输入
4. 计算机算法
5. 最坏

三、求渐进表达式

1. $O(n)$
2. $O(n)$
3. $O(n^3)$
4. $O(\log_2 n)$
5. $O(1)$
6. $O(2^n)$

四、证明题

证明:对于 $n \geqslant 1$,有 $n! = n(n-1)(n-2)\cdots 1 \leqslant n^n$。因此可选 $c=1, n_0=1$,对于 $n \geqslant n_0$,有 $n! \leqslant n^n$。故 $n! = O(n^n)$。

五、简答题

1. 算法(algorithm)是一组明确的、可以执行的步骤的有序集合,它在有限的时间内终止并产生结果。

算法的特性有:

(1)有穷性(有限性):一个算法必须在有限个操作步骤内以及合理的有限时间内执行完成。

(2)确定性:算法中的每一个操作步骤都必须有明确的含义,不允许存在二义性。

(3)有效性(可行性):算法中描述的操作步骤都是可执行的,并能最终得到确定的结果。

(4)输入及输出:一个算法应该有零个或多个输入数据,有 1 个或多个输出数据。

2. 伪代码:

```
算法:删除数组中重复数
输入:数组 a,元素个数
输出:删除重复数的数组
k←0
for i←0 to  n  do
      flag←1
      for j←0 to k and flag do
          if a[i]=b[j]  then
                 flag←0
          end if
      end for
      if flag=1 then
            b[k]←a[i];
            k++
      end if
end for
输出 b 数组的前 k 元素
```

时间复杂度为 $O(n^2)$,空间复杂度为 $O(n)$。

3. 时间复杂度为 $O(n\log_2 n)$,空间复杂度为 $O(n)$。

第2章 习题

1. 蛮力法的设计思想是采用一定的策略依次列举待求解问题的所有可能解(穷举所有可能的解),并一一验证其是否满足问题的全部条件,若满足则找到问题的解。其优点是:

(1)适应范围广,所有问题都可以用它解决;

(2)容易实现,一般来说就是循环加判断的结构;

(3)问题规模不大时都可以用它来求解;

(4)有些问题只能用穷举法(如求一组数的最大值)。

2. 设计思想:穷举从 100 到 999 的三位数,按照$\overline{abc} = a^3 + b^3 + c^3$的条件验证。

```
#include <stdio.h>
void main(){
     int n,a,b,c;
     printf("三位水仙花数有:");
     for(n=100; n<1000; n++){
           a=n / 100;           //百位数
           b=(n / 10) % 10;     //十位数
           c=n % 10;            //个位数
           if(n == a* a* a + b* b* b + c* c* c){
                  printf("% d\t",n);
           }
     }
}
```

3.

```
#include <stdio.h>
int InversionNumber(int a[], int n){
     int i,j,count=0;                  //count为逆序数计数
     for(i=0; i<n-1; i++){
          for(j=i+1; j<n; j++){
               if(a[i]>a[j]){     //前面的数大于后面的数,即满足逆序数条件
                    count++;
               }
          }
     }
     return count;
}
void main(){
     int a[6]={3,3,1,4,5,2};
     printf("所求序列逆序数为:%d.\n",InversionNumber(a,6));
}
```

4. 设计思想:为保证移动的元素最少,应从数组尾部开始删。

```
#include <stdio.h>
void main(){
     int i,j,k,n=20;
     intr[20]={2,2,2,3,4,4,5,6,6,6,6,7,7,8,9,9,9,10,10,10};
     j=n-1;
     for(i=n-1; i>0; i--){
          if(r[i-1]!=r[i]){
               for(k=i+1; k+j-i<n; k++){
                    if(j == i) break;
                  r[k]=r[k+j-i];
               }
               n -= j-i;
               j=i-1;
          }
     }
     for(k=i+1; k+j-i<n; k++){
          if(j == i) break;
          r[k]=r[k+j-i];
     }
     n -= j-i;
     for(i=0; i<n; i++){
          printf("%d ",r[i]);
     }
}
```

5. 设计思想:全排列问题,将1~9作全排列,且要求1不能出现在第1位和4位。

```
#include <stdio.h>
#define A (a[4]*100+a[5]*10+a[6]) % a[7]
#define B ((a[1]*10+a[2])*a[3]+(a[4]*100+a[5]*10+a[6])/a[7]-(a[8]*10+a[9]))
void Swap(int *a,int *b) {int temp=*a; *a=*b; *b=temp;}  //交换函数
int a[]={0,1,2,3,4,5,6,7,8,9};   //0不用
void Perm(int begin,int end){
```

```
        int i;
        if(begin == end){//结束,得到一个排列,需要验证是否满足要求
            if(a[1] !=1 && a[4] !=1 && A == 0 && B == 0){
                printf("% d% d* % d +% d% d% d/% d - % d% d =0 \n",a[1],a[2],a[3],
a[4],a[5],a[6],a[7],a[8],a[9]);
            }
        }
        else {
            for(i =begin;i <= end;i ++)  {
                Swap(&a[begin],&a[i]);//将当前元素与第一个元素交换
                // 递归调用,保持第一个元素固定并生成其余元素的排列
                Perm(begin +1,end);
                Swap(&a[begin],&a[i]);// 进行回溯
            }
        }
    }
    int main(){
        Perm(1,9);
        return 0;
    }
```

6.

```
#include <stdio.h >
#define N 100010
int n,k;
long long s[N],cnt[N];
long long ans;
int main(){
int i;
   cnt[0] = 1;
   scanf("% d% d",&n,&k);
   for(i =1; i < =n; i + + ){
        scanf("% d",s +i);
        s[i] + = s[i - 1];
        ans + = cnt[s[i] % k];
        cnt[s[i] % k] + + ;
   }
   printf("% d",ans);
   return 0;
}
```

7.

```
#include <stdio. h >
int Index_BF(char s[], int n, char t[], int m){
    int i =0,j =0;
    while(i <n && j <m){
        if(s[i] == t[j]){
            i ++;
            j ++;
        } else {
            i =i - j + 2;
```

```
                j=1;
            }
        }
        if(j >= m) return i-m;      //匹配成功
        else return -1;             //匹配失败
}
void main(){
        char s[]="aaabcdab";
        char t[]="abc";
        printf("字符串%s在字符串%s中第%d位开始出现。",t,s,Index_BF(s,6,t,3)+1);
}
```

8.

```
#include <stdio.h>
#include <math.h>
#define N 7
#define INF 0x7FFFFFFF
typedef struct {
      double x;
      double y;
} Point;
Point P[]={{1,2},{-2,4},{0,6},{3,5},{2,-6},{-0.8,2.5},{0.5,3}};
double Distance(Point p1, Point p2){
      return sqrt(pow(p1.x-p2.x,2)+pow(p1.y-p2.y,2));
}
void PrintPoint(Point points[], int i){
      printf("(%lf,%lf)",points[i].x,points[i].y);
}
int index1,index2;
double MinDistance(int low,int high){
      int i,j;
      double d=INF,dij;
      if(low == high) return INF;
      if(low + 1 == high) return Distance(P[low],P[high]);
      for(i=0; i<N-1; i++){
            for(j=i+1; j<N; j++){
                  dij=Distance(P[i],P[j]);
                  if(d>dij){
                        d=dij;
                        index1=i;
                        index2=j;
                  }
            }
      }
      return d;
}
int main(){
      double d=MinDistance(0,N-1);
      printf("距离最近的两个点为:");
      PrintPoint(P,index1);
      printf("和");
```

```
    PrintPoint(P,index2);
    printf(",距离为%lf",d);
}
```

第3章　习题

1. 分治算法的基本思想包括三个部分：

(1)分：将规模大的问题划分为规模小的问题；

(2)治：对规模小的问题求解；

(3)合：将规模小的问题的解进行合并。

2. 设计思想：快速排序算法的一趟排序过程，相当于用数字0来对数组进行一次划分。

```
#include <stdio.h>
#define N 8
void main(){
    int a[]={2,-1,-2,2,4,-5,-3,8};
    int i=0, j=N-1;
    while(i<j){
        while(i<j && a[j]>0)//从右向左找第一个小于0的数
            j--;
        if(i<j)
            a[i++]=a[j];//直接替换掉最左元素
        while(i<j && a[i]<0)//从左向右找第一个大于0的数
            i++;
        if(i<j)
            a[j--]=a[i];//替换掉最右元素
    }
    for(i=0; i<N; i++){
        printf("%d ",a[i]);
    }
}
```

3. 设计思想：题目已知是单峰的，蛮力法就是从头开始依次查找第一次由递增变为递减的位置，该位置就是峰顶。该方法的时间复杂度为$O(n)$。用分治法，可以两两分组，当第一次出现分组的两个元素变成前一元素大于后一元素时，应比较这组的前一元素和前一组的后一个元素，大者就为峰顶。该方法的时间复杂度为：$O(n/2)$。具体代码实现如下：

```
#include <stdio.h>
#define N 8
int FindSummit(int a[], int n){
    int i;
    for(i=0; i<n; i+=2){
        if(a[i]>a[i+1]){
            return a[i-1]>a[i] ? a[i-1] : a[i];
        }
    }
}
void main(){
    int a[]={1,2,3,4,5,4,3,2};
    printf("序列的峰顶为:%d.\n",FindSummit(a,N));
}
```

4. 设计思想：假设 A[low,high]是递增排序好的数组。使用分治法：设 mid = (low,high)/2，现在中间元素 A[mid]有三种情况：

(1)当 A[mid] <= L 时，满足条件的 x 应该在[mid + 1,high]段继续寻找；

(2)当 A[mid] >= U 时，满足条件的 x 应该在[low,mid - 1]段继续寻找；

(3)当 L < A[mid] < U 时，应该从 mid 位置往前找到第一次 A[i] <= L 或者搜索到起点为止，从 mid 位置往后找到第一次 A[i] >= U 或搜索到终点为止。这中间的元素就满足要求。

具体实现代码如下：

```
#include <stdio.h>
#define N 8
int begin = -1, end = -1;
void FindRangeNumber(int a[], int low, int high,int L, int U){
    int mid = (low + high) / 2;
    int i;
    if(a[mid] <= L){
        FindRangeNumber(a,mid +1,high,L,U);
    }
    else if(a[mid] > = U){
        FindRangeNumber(a,low,mid -1,L,U);
    }
    else {
        for(i =mid -1; i > = low; i --){
            if(a[i] <= L) break;
        }
        begin = i + 1;
        for(i =mid +1; i <= high; i ++){
            if(a[i] > = U) break;
        }
        end = i - 1;
    }
}
void main(){
    int a[] = {1,3,4,5,6,7,8,9};
    int i,L =2, U =9;
    FindRangeNumber(a,0,7,L,U);
    printf("数组中满足% d<x<% d 的数有:",L,U);
    for(i =begin; i <= end; i ++){
        printf("% d ",a[i]);
    }
}
```

5. 设计思想：寻找比中位数大的数，累加的和为 $S1$，全部数的累加和为 S，最终的结果为 $2S1 - S$。问题就过渡为寻找比中位数大的数，参照书中选择第 k 小的数的例子，其中令 $k = n/2$ 即可。

6. 设计思想：

(1)找出数组中的最大值和最小值，书中已有讲解。

(2)参照书中平面内点的最近距离例子，本题相当于一维直线上最近点的距离。如果用蛮力法，则用两重 for 循环，依次找出相邻点之间的距离，并进行比较得出，时间复杂度为 $O(n^2)$。用书中的分治法方案，可以得到 $O(n\log_2 n)$的时间复杂度。

7. 设计思想：首先利用距离公式，计算出每个点与原点的距离 $\sqrt{x_i^2+y_i^2}$，然后相当于在 n 个数中找出最小的 $\lfloor\sqrt{n}\rfloor$ 个数，参照书中选择第 k 小的数的例子，其中令 $k=\lfloor\sqrt{n}\rfloor$ 即可。

8. 利用二分归并法的思想，略。

第4章 习题

1. 动态规划法是一种用来解决一类最优化问题的算法思想，使用时要满足三个前提条件：①最优子结构；②无后效性；③有重叠的子问题。其中前两个条件必须满足，第三个条件不是必需的，但满足了第三个条件才能体现出动态规划法的优越性。设计动态规划法的基本步骤是：

(1)分析最优解的性质，判断该问题是否满足动态规划法的前提条件。

(2)若满足则合适地划分子问题，看子问题重叠的程度，若子问题重叠度不高，则无须用动态规划法，因为此时它很难在时间复杂度上有实质的提升；否则适合用动态规划法。

(3)分析各子问题结构特征，包括阶段、状态、决策和最优值函数等，根据子问题之间的依赖关系写出动态规划法的基本递推方程，包括边界条件。

(4)采用自底向上或自顶向下的实现技术，从最小子问题开始迭代计算，直到原问题规模为止，计算中用备忘录保留各子问题优化函数的最优值和标记函数值。

(5)利用备忘录和标记函数值通过追溯得到问题的最优解。

由于需要用备忘录来存放中间结果，所以动态规划法一般使用较多的存储空间，对于某些规模较大的问题，这往往成为限制动态规划法使用的瓶颈因素。

2. 解：按问题变量个数划分阶段，将原问题看成三阶段决策问题。设状态变量分别为 s_1,s_2,s_3，并记 $s_1=10$，取问题中的变量 x_1,x_2,x_3 为决策变量。令最优值函数为 $f_k(s_k)$，

设 $s_3=x_3^2$，$s_2=s_3+x_2^2$，$s_1=s_2+x_1^2\leqslant 10$，动态规划递推方程和边界条件为

$$f_{k+1}(y)=\max_{x_{k+1}^2\leqslant y}\{f_k(y-x_{k+1}^2)+g_{k+1}(x_{k+1})\},k=0,1,2$$

$$f_0(y)=0,\qquad y=0,1,\cdots,10$$

下面给出优化函数的求解过程，如下表所示：

k	y										
	0	1	2	3	4	5	6	7	8	9	10
1	2	4	4	4	7	7	7	7	7	11	11
2	7	12	14	14	18	20	20	20	23	23	24
3	15	19	24	26	26	30	32	32	35	37	37

标记函数的计算过程：

k	y										
	0	1	2	3	4	5	6	7	8	9	10
1	0	1	1	1	2	2	2	2	2	3	3
2	0	1	1	1	2	2	2	2	2	2	3
3	0	1	1	1	1	1	1	1	2	2	2

最大值为37，解为 $x_1=1,x_2=2,x_3=2$。

3. 将三角形采用二维数组 a 存放,前面的三角形对应的二维数组如下:

20

30　　40

60　　50　　70

40　　10　　80　　30

从顶部到底部查找最小路径,那么结点(i,j)的前驱结点只有(i-1,j-1)和(i-1,j)两个:

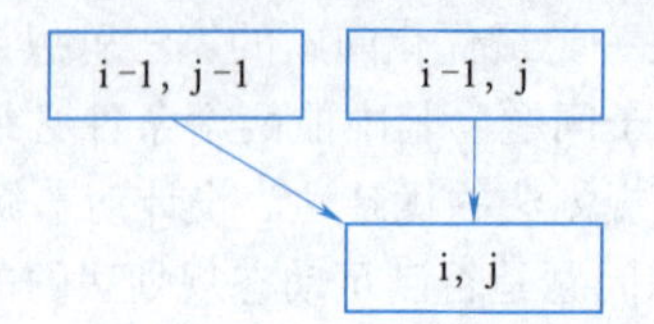

设 dp[i][j]表示从顶部 a[0][0]查找到(i,j)结点时的最小路径和。分两种情况来讨论:

(1)一般情况:dp[i][j] = min(dp[i-1][j-1],dp[i-1][j]) + a[i][j]。

(2)特殊情况:两个边界,即第 1 列和对角线,达到它们中结点的路径只有一条而不是两条。dp[i][0] = dp[i-1][0] + a[i][0],dp[i][i] = dp[i-1][i-1] + a[i][i]。

总结出来,状态转移方程如下:

dp[0][0] = a[0][0]　　　　　　　　　　顶部边界

dp[i][0] = dp[i-1][0] + a[i][0]　　　　考虑第 1 列的边界,$1 \leqslant i \leqslant n-1$

dp[i][i] = dp[i-1][i-1] + a[i][i]　　　考虑对角线的边界,$1 \leqslant i \leqslant n-1$

dp[i][j] = min(dp[i-1][j-1],dp[i-1][j]) + a[i][j]　　$i>1$ 的其他情况

最后求出的最小路径和 ans = min(dp[n-1][j])($0 \leqslant j < n$)。

下面寻找具体的解。用 pre[i][j]表示查找到(i,j)结点时最小路径上的前驱结点,由于前驱结点只有两个,即(i-1,j-1)和(i-1,j),用 pre[i][j]记录前驱结点的列号即可。在求出 ans 后,通过 pre[n-1][k]反推求出反向路径,最后正向输出该路径。C++语言代码如下:

```
#include <stdio.h>
#include <vector>
#include <string.h>
using namespace std;
#define MAXN 100
//问题表示
int a[MAXN][MAXN];
int n;
//求解结果表示
int ans=0;
int dp[MAXN][MAXN];
int pre[MAXN][MAXN];
int Search()                                    //求最小和路径 ans
{    int i,j;
     dp[0][0]=a[0][0];
     for(i=1;i<n;i++)                           //考虑第 1 列的边界
     {    dp[i][0]=dp[i-1][0]+a[i][0];
          pre[i][0]=i-1;
     }
     for (i=1;i<n;i++)                          //考虑对角线的边界
     {    dp[i][i]=a[i][i]+dp[i-1][i-1];
```

```
            pre[i][i]=i-1;
        }
        for(i=2;i<n;i++)                    //考虑其他有两条达到路径的结点
        {   for(j=1;j<i;j++)
            {   if(dp[i-1][j-1]<dp[i-1][j])
                {   pre[i][j]=j-1;
                    dp[i][j]=a[i][j]+dp[i-1][j-1];
                }
                else
                {   pre[i][j]=j;
                    dp[i][j]=a[i][j]+dp[i-1][j];
                }
            }
        }
        ans=dp[n-1][0];
        int k=0;
        for (j=1;j<n;j++)                   //求出最小 ans 和对应的列号 k
        {   if (ans>dp[n-1][j])
            {   ans=dp[n-1][j];
                k=j;
            }
        }
        return k;
}
void Disppath(int k)                        //输出最小和路径
{   int i=n-1;
    vector<int> path;                       //存放逆路径向量 path
    while (i>=0)//从(n-1,k)结点反推求出反向路径
    {   path.push_back(a[i][k]);
        k=pre[i][k];                        //最小路径在前一行中的列号
        i--;//在前一行查找
    }
    vector<int>::reverse_iterator it; //定义反向迭代器
    for (it=path.rbegin();it!=path.rend(); ++it)
        printf("% d ",* it);                //反向输出构成正向路径
    printf("\n");
}
int main()
{   int k;
    memset(pre,0,sizeof(pre));
    memset(dp,0,sizeof(dp));
    scanf("% d",&n);                        //输入三角形的高度
    for (int i=0;i<n;i++)                   //输入三角形
        for (int j=0;j<=i;j++)
            scanf("% d",&a[i][j]);
    k=Search();                             //求最小路径和
    Disppath(k);                            //输出正向路径
    printf("% d\n",ans);                    //输出最小路径和
    return 0;
}
```

4. 设 f(i,j) 表示从第 i 行第 j 列的格子按要求移动到终点的路径条数。由题意,机器人只能右移或下移,所以递推方程为

$$f(i,j) = f(i,j+1) + f(i+1,j) \quad 1 \leqslant i < m,\ 1 \leqslant j < n$$

特殊情况:

当 $i = m$ 时,$f(m,j) = f(m,j+1), 1 \leqslant j < n$;

当 $j = n$ 时,$f(i,n) = f(i+1,n), 1 \leqslant i < m$;

当 $i = m, j = n$ 时,$f(m,n) = 1$。

用二维数组 dp[m][n]来存放 f(i,j) $(1 \leqslant i \leqslant m,\ 1 \leqslant j \leqslant n)$的值。

C 语言代码如下:

```
#include <stdio.h>
int main(){
    int m,n,i,j;
    printf("请输入地图的大小 m,n:");
    scanf("%d%d",&m,&n);
    int dp[m][n];
    for(i=0; i<m; i++){
        dp[i][n-1]=1;//最右边一列
    }
    for(j=0; j<n; j++){
        dp[m-1][j]=1;//最下面一行
    }
    for(i=m-2; i >= 0; i--){
        for(j=n-2; j >= 0; j--){
            dp[i][j]=dp[i+1][j]+dp[i][j+1]; //一般情况
        }
    }
    printf("从起点(0,0)到终点(%d,%d)的路径一共有%d条。",m,n,dp[0][0]);
    return 0;
}
```

5. 设 $n=5, k=5$,对应的拆分方案有:

① 5 = 5。

② 5 = 4 + 1。

③ 5 = 3 + 2。

④ 5 = 3 + 1 + 1。

⑤ 5 = 2 + 2 + 1。

⑥ 5 = 1 + 1 + 1 + 2。

⑦ 5 = 1 + 1 + 1 + 1 + 1。

为了防止重复计数,让拆分数保持从大到小排序。正整数 5 的拆分数为 7。采用动态规划求解整数拆分问题。设 $f(n,k)$为 n 的 k 拆分的拆分方案个数:

(1)当 $n=1, k=1$ 时,显然 $f(n,k) = 1$。

(2)当 $n<k$ 时,有 $f(n,k) = f(n,n)$。

(3)当 $n=k$ 时,其拆分方案又将正整数 n 无序拆分成最大数为 $n-1$ 的拆分方案,以及将 n 拆分成 1 个 $n(n=n)$的拆分方案,后者仅仅一种,所以有 $f(n,n) = f(n,n-1) + 1$。

(4)当 $n>k$ 时,根据拆分方案中是否包含 k,可以分为两种情况:

①拆分中包含 k 的情况：即一部分为单个 k，另外一部分为 $\{x1,x2,\cdots,xi\}$，后者的和为 $n-k$，后者中可能再次出现 k，因此是 $(n-k)$ 的 k 拆分，所以这种拆分方案个数为 $f(n-k,k)$。

②拆分中不包含 k 的情况：则拆分中所有拆分数都比 k 小，即 n 的 $(k-1)$ 拆分，拆分方案个数为 $f(n,k-1)$。

状态转移方程：

$$f(n,k)=\begin{cases}1, & \text{当 } n=1 \text{ 或 } k=1 \\ f(n,n), & \text{当 } n<k \\ f(n,n-1)+1, & \text{当 } n=k \\ f(n-k,k)+f(n,k-1), & \text{其他情况}\end{cases}$$

显然，求 $f(n,k)$ 满足动态规划问题的最优性原理、无后效性和有重叠子问题性质。所以特别适合采用动态规划法求解。设置动态规划数组 dp，用 dp[n][k]存放 $f(n,k)$。

以下是 C 语言代码：

```
#include <stdio.h>
#define MAXN 500
int dp[MAXN][MAXN];                //动态规划数组
void Split(int n,int k)            //求解算法
{
    for (int i =1;i <=n;i ++)
        for(int j =1;j <=k;j ++)
        {
            if (i ==1 || j ==1)
                dp[i][j] =1;
            else if (i <j)
                dp[i][j] =dp[i][i];
            else if (i ==j)
                dp[i][j] =dp[i][j -1] +1;
            else
                dp[i][j] =dp[i][j -1] +dp[i -j][j];
        }
}
void main()
{
    int n =5,k =5;
    Split(n,k);
    printf("(% d,% d) =% d\n",n,k,dp[n][k]);//输出:7
}
```

6. 设字符串 A、B 的长度分别为 m、n，分别用字符串 a、b 存放。设计一个动态规划二维数组 dp，其中 dp[i][j]表示将 a[0..i-1]（1≤i≤m）与 b[0..j-1]（1≤j≤n）的最优编辑距离（即 a[0..i-1]转换为 b[0..j-1]的最少操作次数）。有两种特殊情况：

（1）当 B 串空时，要删除 A 中全部字符转换为 B，即 dp[i][0]=i（删除 A 中 i 个字符，共 i 次操作）；

（2）当 A 串空时，要在 A 中插入 B 的全部字符转换为 B，即 dp[0][j]=j（向 A 中插入 B 的 j 个字符，共 j 次操作）。对于非空的情况，当 a[i-1]=b[j-1]时，这两个字符不需要任何操作，即 dp[i][j]=dp[i-1][j-1]。当 a[i-1]≠b[j-1]时，以下三种操作都可以达到目的：

（1）将 a[i-1]替换为 b[j-1]，有：dp[i][j]=dp[i-1][j-1]+1（一次替换操作的次数计为 1）。

(2)在 a[i-1]字符后面插入 b[j-1]字符,有:dp[i][j]=dp[i][j-1]+1(一次插入操作的次数计为1)。

(3)删除 a[i-1]字符,有:dp[i][j]=dp[i-1][j]+1(一次删除操作的次数计为1)。

此时 dp[i][j]取三种操作的最小值。状态转移方程如下:

dp[i][j]=dp[i-1][j-1]　　当 a[i-1]=b[j-1]时

dp[i][j]=min(dp[i-1][j-1]+1,dp[i][j-1]+1,dp[i-1][j]+1)　当 a[i-1]≠b[j-1]时

最后得到的 dp[m][n]即为所求。

C 语言实现代码如下:

```
#include <stdio.h>
#include <string>
using namespace std;
#define min(x,y) ((x)<(y)? (x):(y))
#define MAX 200
#define min(x,y) ((x)<(y)? (x):(y))
//问题表示
string a="sfdqxbw";
string b="gfdgw";
//求解结果表示
int dp[MAX][MAX];
void solve()                        //求 dp
{
      int i,j;
      for (i=1;i<=a.length();i++)
       dp[i][0]=i;                  //把 a 的 i 个字符全部删除转换为 b
      for (j=1; j<=b.length(); j++)
       dp[0][j]=j;                  //在 a 中插入 b 的全部字符转换为 b
      for (i=1; i<=a.length(); i++)
            for (j=1; j<=b.length(); j++)
      {
            if (a[i-1]==b[j-1])
                  dp[i][j]=dp[i-1][j-1];
            else
                  dp[i][j]=min(min(dp[i-1][j],dp[i][j-1]),dp[i-1][j-1])+1;
      }
}
void main()
{
     solve();
     printf("求解结果\n");
     printf("    最少的字符操作次数: %d\n",dp[a.length()][b.length()]);
}
```

第5章　习题

一、选择题

1—5　BCDAD

二、简答题

1. 贪心法的基本要素包括:

(1)最优子结构:问题的最优解可以由子问题的最优解推导出来。

(2)贪心选择性质:在做出选择时,总是选择当前状态下最优的解决方案。

(3)无后效性:当前的选择不会影响以后的选择。

2. (1)解决的问题不同。

动态规划:动态规划所需要解决的问题是一个大问题被划分为许多重叠的子问题,子问题的解决可以被复用,因此动态规划需要处理的其实是子问题的最优解,然后根据子问题的最优解构建整体最优解。

贪心法:贪心法通常解决的问题是在做决策时,当前时刻的最优选择对后续的决策所造成的影响是可估计的,可以通过贪心策略来得到全局的最优解。这种策略是一种"即时"的策略,它做出的每个决策都必须是可行的,累计在一起才能得到整体最优解。

(2)能否获得最优解。

动态规划:动态规划递归求解子问题并重用其解以避免重复计算,动态规划保证最优解,但速度较慢且更复杂。

贪心法:贪心法在每一步都做出局部最优选择,而不考虑未来后果,贪心法通常更快更简单,但可能并不总是提供最优解。

(3)算法复杂度不同。

动态规划:动态规划算法的时间复杂度和空间复杂度都相对较高,需要实现具体的算法优化,比如空间压缩等。

贪心法:贪心法通常比较简单,其时间复杂度可以做到线性级别,而且空间复杂度一般也比较低。

(4)共同点是两种都具有最优子结构性质,可用来求解最优化问题。

3. 贪心法不能解决 n 皇后问题、0-1 背包问题。

4. (1)哈夫曼算法是构造最优编码树的贪心法。其基本思想是,首先所有字符对应 n 棵树构成的森林,每棵树只有一个结点,根权为对应字符的频率。然后,重复下列过程 $n-1$ 次:将森林中的根权最小的两棵树进行合并产生一个新树,该新树根的两个子树分别是参与合并的两棵子树,根权为两个子树根权之和。

(2)哈夫曼树:

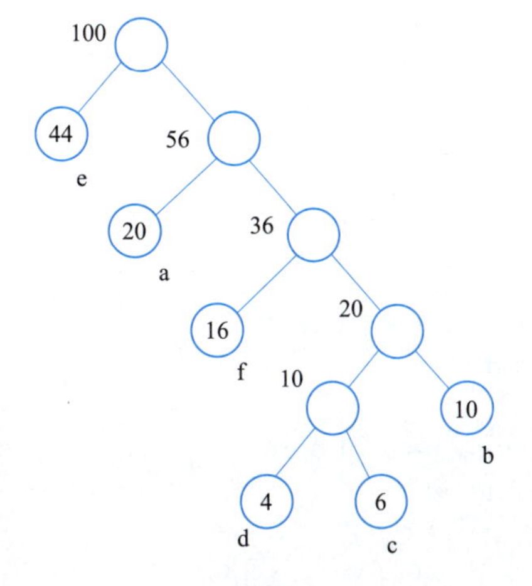

由此可以得出 a,b,c,d,e,f 的一组最优的编码:01,0000,00010,00011,1,001。

三、算法设计题

1. 租独木舟问题。

```
#include <stdio.h>
#include <stdio.h>
#include <algorithm>
using namespace std;
int n, m, a[30005];
int main(){
    scanf("%d%d",&m,&n); //m:每条船最大载重量 n:总共 n 个人
    for(int i=0;i<n;i++)
        scanf("%d",&a[i]);
    sort(a,a+n); //将 n 个人按照体重 a[i]从大到小排序
    int j=0,k=n-1,ans=0;
    while(j<=k){
        if(a[j]+a[k]<=m){
            j++;
        }
        k--,ans++;
    }
    printf("%d\n",ans);
    return 0;
}
```

2. 取数游戏问题。

```
#include <stdio.h>
//使用贪心法解决取数游戏问题
int maxSum(int arr[], int n){
    int left=0, right=n - 1;
    int sum1=0, sum2=0;
    int turn=1;
    while (left <= right){
        if (turn){
            if (arr[left]>arr[right]){
                sum1 += arr[left];
                left++;
            } else {
                sum1 += arr[right];
                right--;
            }
        } else {
            if (arr[left]>arr[right]){
                sum2 += arr[left];
                left++;
            } else {
                sum2 += arr[right];
                right--;
            }
        }
```

```
            turn = 1 - turn;
        }
        return sum1;
}
int main() {
    int arr[] = {3, 9, 1, 2};
    int n = sizeof(arr) / sizeof(arr[0]);
    printf("最大总和为: % d\n", maxSum(arr, n));
    return 0;
}
```

3. 删数问题。

```
#include <stdio.h>
#include <stdlib.h>
#include <string.h>
#define N 100
void Delete(char num[],int n,int k){
     int last = n - 1;
     int numMark[N];//用作标记的数组,成员记为 1 表示删除,记为 0 表示未删除
     for(int i = 0;i < N;i ++)  //初始化标记数组
          numMark[i] = 0;
     int next = 0;//记录下一个未标记删除的下标
     for(int i = 1;i <= k;i ++){                //删除 k 个数
          for(int j = 0;j < n;j ++){            //遍历数组
               if(j == last){//如果是最后一个元素,那么直接删除
                    numMark[last] = 1;
                    last --;//删除最后一个元素后,缩小后边界
                    break;
               }
               while(next <= j ||numMark[next] == 1){//找到 j 之后第一个未被标记的下标
                    next ++;
               }
               if(numMark[j]!= 1&&num[j] > num[next]){   //如果发现降序,则删除
                    numMark[j] = 1;
                    break;
               }
          }
          next = 0;
     }
     for(int i = 0;i < n;i ++){ //输出未被删除的数
          if(numMark[i] == 0){
               printf("% c",num[i]);
          }
     }
}

int main(){
     char num[N];
     int n,k;
     int i = 0;
```

```
    printf("请输入数字数组:");
    while(1){
        num[i]=getchar();
        if(num[i]=='\n')
            break;
        i++;
    }
    n=i;  //记录下共有整数n位
    printf("请输入需要删除的数字个数(k):");
    scanf("%d",&k);
    Delete(num,n,k);
    return 0;
}
```

4. 加油站问题。

```
#include <stdio.h>
#define S 100  //S是全程长度
void main()
{
    int i, j, n, k=0, total, dist;
    int x[]={10, 20, 35, 40, 50, 65, 75, 85, 100};  //加油站距离起点的位置
    int a[10];  //选择加油点的位置
    n= sizeof(x)/sizeof(x[0]);  //沿途加油站的个数
    printf("请输入最远行车距离(15<=n<100):");
    scanf("%d",&dist);
    total= dist;  //总行驶的里程
    j= 1;  //选择的加油站个数
    while(total<S)  //如果汽车未走完全程
    {
        for(i=k; i<n; i++)
        {
            if(x[i]>total)  //如果距离下一个加油站太远
            {
                a[j]= x[i-1];  //则在当前加油站加油
                j++;
                total= x[i-1]+dist;  //计算加完油能行驶的最远距离
                k= i;
                break;
            }
        }
    }
    for(i=1; i<j; i++)  //输出加油点
        printf("%4d",a[i]);
}
```

第6章　习题

一、简答题

1. 回溯法是一种通过不断地尝试各种可能的解决方案来求解问题的方法;在回溯法中,通常使

用深度优先搜索的方式来遍历所有的解空间。它通过递归的方式尝试所有的可能解，并在每一步选择一个可行的解进行进一步探索。如果当前的解不可行，就回溯到上一步选择其他的解，直到找到一个可行的解或者所有的解都尝试完毕。

2. 子集树形式的递归回溯法的伪代码框架如下：

```
backtrack(x, i)
begin
    if  i >n then
          print(x)
    else
          for j←start(i) to end(i) do //控制分支的数目,枚举 i 所有可能的路径
               x[i]←h[j]
               if Constraint(i) and Bound(i) then  //满足限界函数和约束条件
                    backtrack(x,i +1)
               end if
          end for
    end if
end
```

3. 回溯法常用于解决需要大规模遍历操作的问题：

(1)组合问题：N 个数里面按一定规则找出 k 个数的集合；

(2)切割问题：一个字符串按一定规则有几种切割方式；

(3)子集问题：一个 N 个数的集合里有多少符合条件的子集；

(4)排列问题：N 个数按一定规则全排列，有几种排列方式；

(5)棋盘问题：n 皇后、解数独等。

4. 为了避免那些不可能产生最优解的问题状态，要不断利用约束条件和限界函数来剪枝那些实际上不可能产生所需解的活结点，以减少问题的计算量。具有剪枝函数的深度优先生成法称为回溯法。一般利用约束条件剪枝不可行解的分支，利用限界函数剪枝得不到最优解的分支来优化回溯法。

二、算法填空题

1. (1)isValid(chessboard,n,row,i)

(2)chessboard[row][i] =1

(3)chessboard[row][i] =0

2. (1)x[i] ==1

(2)sum = sum + data[i]

(3)sum = sum - data[i]

(4)sum + remain_sum(i +1) > =c

第7章　习题

一、选择题

1—5　ADACA

二、填空题

1. 分支限界法

2. 队列式，优先队列式

3. 分支限界法
4. 优先级最高
5. 动态规划，回溯法，分支限界法

三、简答题

1. 分支限界法和回溯法的区别如下：

方法	求解目标	存储结构	扩展方式	搜索策略
回溯法	找出满足条件的所有解	栈：动态存储根到当前扩展结点的路径，占用空间较小	结点可以多次成为扩展结点，一般仅通过约束条件剪枝	深度优先
分支限界法	找出满足条件下的某个/最优解	队列/优先队列：需要存储所有活结点的路径，占用空间较大	结点只能成为一次扩展结点，一般通过约束条件和目标函数限界来剪枝	广度/LC 优先

2.

（1）队列式分支限界法：常规的广度优先策略，将活结点表组织成一个队列，并按队列先进先出原则选取下一个结点成为当前扩展结点，以队列储存活结点。

（2）优先队列式分支限界法/最小耗费优先分支限界法：将活结点表组成一个优先队列，按照优先队列中指定的结点优先级，选取优先级最高的结点作为当前扩展结点，以优先队列储存活结点。

3.

（1）解空间树以及各个结点的背包装入物品价值的上界值即优先级值。

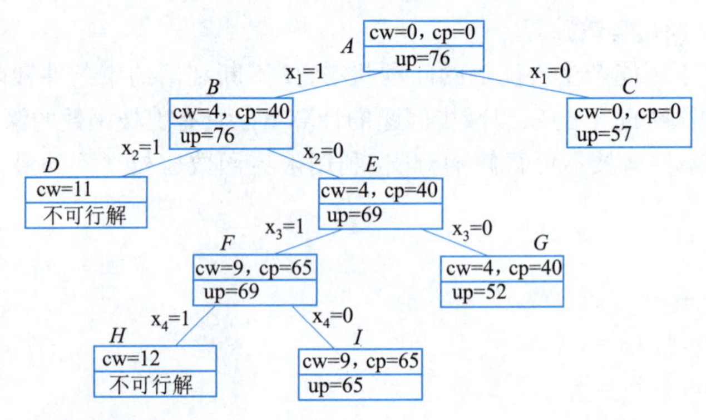

（2）当前扩展结点的顺序：结点（cw，vp，up）

[A(0,0,76)] B(4,40,76) ，C(0,0,57)

[B(4,40,76) ，C(0,0,57)] D(不可行解)，E(4,40,69)

[E(4,40,69) ，C(0,0,57)] F(9,65,69)，G(4,40,52)

[F(9,65,69) ，C(0,0,57)，G(4,40,52)] H(不可行解)，I(9,65,65)

（3）最优解：$\boldsymbol{x}=(1,0,1,0)$，bestv = 65。

四、算法设计题

1. 八皇后问题的队列式分支限界法。

```
#include <stdio.h>
#define N 8
int isSafe(int board[N][N], int row, int col) {
    int i, j;
    //检查同一列上是否有皇后
```

```
    for (i=0; i<row; i++) {
        if (board[i][col]) {
            return 0;
        }
    }
    //检查左上对角线是否有皇后
    for (i=row, j=col; i >= 0 && j >= 0; i--, j--) {
        if (board[i][j]) {
            return 0;
        }
    }
    //检查右上对角线是否有皇后
    for (i=row, j=col; i >= 0 && j<N; i--, j++) {
        if (board[i][j]) {
            return 0;
        }
    }
    return 1;
}
int solveNQueensUtil(int board[N][N], int row) {
    if (row == N) { //打印解
        for (int i=0; i<N; i++) {
            for (int j=0; j<N; j++) {
                printf("%d ", board[i][j]);
            }
            printf("\n");
        }
        printf("\n");
        return 1;
    }
    int res=0;
    for (int i=0; i<N; i++) {
        if (isSafe(board, row, i)) {
            board[row][i]=1;
            res=solveNQueensUtil(board, row + 1) || res;
            board[row][i]=0; //回溯
        }
    }
```

2. 运动员最佳配对问题优先队列式分支限界法。

```
#include <stdio.h>
#include <stdlib.h>

#define N 21
int n;                              //存放男女运动员的个数
int P[N][N],Q[N][N];                //分别用于存放男女运动员的竞赛优势
int x[N];                           //x[N]用于存放男运动员N配对后的双方竞赛优势
int opt[N];                         //记录每个男生匹配后可达到的最大双方竞赛优势
int tempValue=0,maxValue=0;         //tempValue为竞争优势,maxValue为最大竞争优势
void compute(){                     //计算竞争优势
```

```
        tempValue = 0;
        for(int i = 1;i <= n;i ++){
            tempValue += P[i][x[i]]* Q[x[i]][i];
        }
        if(tempValue > maxValue){
            maxValue = tempValue;
            for(int i = 1;i <= n;i ++){
                opt[i] = x[i];
            }
        }
    }
    void traceback(int t){           //回溯法
        int i,j,temp;
        if(t > n){
            compute();
        }
        for(i = t;i <= n;i ++){
            temp = x[i];
            x[i] = x[t];
            x[t] = temp;
            traceback(t + 1);
            temp = x[i];
            x[i] = x[t];
            x[t] = temp;
        }
    }
    int main(){
        freopen("input.txt","r",stdin);
        freopen("output.txt","w",stdout);
        scanf("%d",&n);
        for(int i = 1;i <= n;i ++){
            x[i] = i;
        }
        for(int i = 1;i <= n;i ++){
            for(int j = 1;j <= n;j ++){
                scanf("%d",&P[i][j]);
            }
        }
        for(int i = 1;i <= n;i ++){
            for(int j = 1;j <= n;j ++){
                scanf("%d",&Q[i][j]);
            }
        }
        traceback(1);
        printf("%d\n",maxValue);
        return 0;
    }
```

3. 旅行商问题优先队列式分支限界法。

```
#include <stdio.h>
```

```
#include <stdlib.h>
#define MAX_CITY 100
#define INF 999999
typedef struct {
    int city;
    int cost;
} Node;
typedef struct {
    int path[MAX_CITY];
    int cost;
} Solution;
int n; //城市数量
int cost[MAX_CITY][MAX_CITY]; //城市之间的旅行花费
int bestCost = INF; //最优解的花费
Solution bestSolution; //最优解
void BranchAndBound(int level, Solution * currentSolution) {
    if (level == n) {
        if (currentSolution->cost < bestCost) {
            bestCost = currentSolution->cost;
            bestSolution = * currentSolution;
        }
        return;
    }
    Node * nodes = (Node * )malloc(sizeof(Node) * n);
    int nodeCount = 0;
    for (int i = 0; i < n; i++) {
        if (currentSolution->path[i] == -1) {
            nodes[nodeCount].city = i;
            nodes[nodeCount].cost = currentSolution->cost + cost[level][i];
            nodeCount++;
        }
    }
    //使用冒泡排序对结点进行排序
    for (int i = 0; i < nodeCount - 1; i++) {
        for (int j = 0; j < nodeCount - i - 1; j++) {
            if (nodes[j].cost > nodes[j + 1].cost) {
                Node temp = nodes[j];
                nodes[j] = nodes[j + 1];
                nodes[j + 1] = temp;
            }
        }
    }
    for (int i = 0; i < nodeCount; i++) {
        int city = nodes[i].city;
        currentSolution->path[city] = level;
        currentSolution->cost = nodes[i].cost;
        if (currentSolution->cost < bestCost) {
            BranchAndBound(level + 1, currentSolution);
        }
```

```
            currentSolution -> path[city] = -1;
            currentSolution -> cost = nodes[i].cost - cost[level][city];
        }
        free(nodes);
}
int main() {
        printf("Enter the number of cities: ");
        scanf("% d", &n);
        printf("Enter the travel cost between cities: \n");
        for (int i = 0; i < n; i ++) {
            for (int j = 0; j < n; j ++) {
                scanf("% d", &cost[i][j]);
            }
        }
        Solution initialSolution;
        for (int i = 0; i < MAX_CITY; i ++) {
            initialSolution.path[i] = -1;
        }
        initialSolution.cost = 0;
        BranchAndBound(0, &initialSolution);
        printf("The best cost is: % d\n", bestCost);
        printf("The best path is: ");
        for (int i = 0; i < n; i ++) {
            printf("% d ", bestSolution.path[i]);
        }
        printf("\n");
        return 0;
}
```

第8章　习题

1. 原线性规划问题标准型为

$$\min -3x_1 + 2x_2' - 2x_2'' - x_3$$

$$\text{s. t.} \begin{cases} x_1 + 2x_2' - 2x_2'' - x_3 + x_4 = 1 \\ 4x_1 - 2x_3 + x_5 = 5 \\ x_2'' - x_2' + 5x_3 - x_6 = 4 \\ -x_1 + 3x_2' - 3x_2'' - 2x_3 = 10 \\ x_1, x_2', x_2'', x_3, x_4, x_5, x_6 \geqslant 0 \end{cases}$$

2. 解:

(1)图解法略。

(2) $\min \ -2x_1 - x_2$

$$\text{s. t.} \begin{cases} -x_1 + 2x_2 + x_3 = 4 \\ x_1 + x_4 = 5 \\ x_1, x_2, x_3, x_4 \geqslant 0 \end{cases}$$

它的基有 $\boldsymbol{B}_1=\begin{pmatrix}-1 & 2\\ 1 & 0\end{pmatrix}$,$\boldsymbol{B}_2=\begin{pmatrix}-1 & 1\\ 1 & 0\end{pmatrix}$,$\boldsymbol{B}_3=\begin{pmatrix}-1 & 0\\ 1 & 1\end{pmatrix}$,$\boldsymbol{B}_4=\begin{pmatrix}2 & 0\\ 0 & 1\end{pmatrix}$,$\boldsymbol{B}_5=\begin{pmatrix}1 & 0\\ 0 & 1\end{pmatrix}$。

它们对应的解为 $\boldsymbol{x}_1=(5,9/2,0,0)^{\mathrm{T}}$,$\boldsymbol{x}_2=(5,0,9,0)^{\mathrm{T}}$,$\boldsymbol{x}_3=(-4,0,0,5)^{\mathrm{T}}$,$\boldsymbol{x}_4=(0,2,0,5)^{\mathrm{T}}$,$\boldsymbol{x}_5=(0,0,4,5)^{\mathrm{T}}$,

所以除了 $\boldsymbol{B}_3$ 不是可行基以外,其他都是可行基。所以除了 $\boldsymbol{x}_3$ 不是可行解以外,其他都是可行解。对应的目标函数值为 $z_1=14.5$,$z_2=10$,$z_4=2$,$z_5=0$。所以最优解为:$\boldsymbol{x}=(5,9/2,0,0)^{\mathrm{T}}$ 时,$z=14.5$。

3. 解:

(1)化为标准型为

$$\min z=-2x_1+x_2-x_3$$

$$\text{s. t.}\begin{cases}2x_1+x_2+x_4=10\\ -4x_1-2x_2+3x_3+x_5=10\\ x_1-2x_2+x_3+x_6=14\\ x_1,x_2,x_3,x_4,x_5,x_6\geqslant 0\end{cases}$$

列单纯形表如下:

$c_j\rightarrow$			-2	1	-1	0	0	0	θ
$\boldsymbol{c}_B$	$\boldsymbol{x}_B$	b	x_1	x_2	x_3	x_4	x_5	x_6	
0	x_4	10	[2]	1	0	1	0	0	5
0	x_5	10	−4	−2	3	0	1	0	—
0	x_6	14	1	−2	1	0	0	1	14
	z	0	−2	1	−1	0	0	0	
−2	x_1	5	1	1/2	0	1/2	0	0	—
0	x_5	30	0	0	3	2	1	0	10
0	x_6	9	0	−5/2	[1]	−1/2	0	1	9
	z	−10	0	2	−1	1	0	0	
−2	x_1	5	1	1/2	0	1/2	0	0	10
0	x_5	3	0	[15/2]	0	7/2	1	−3	2/5
−1	x_3	9	0	−5/2	1	−1/2	0	1	—
	z	−19	0	−1/2	0	1/2	0	1	
−2	x_1	24/5	1	0	0	4/15	−1/15	1/5	
1	x_2	2/5	0	1	0	7/15	2/15	−2/5	
−1	x_3	10	0	0	1	2/3	1/3	0	
	z	−96/5	0	0	0	11/15	1/15	4/5	

此时,检验数都大于0,得到的解 $\boldsymbol{x}=(24/5,2/5,10,0,0,0)^{\mathrm{T}}$,最优值为 $-96/5$。

(2)化为标准型为

$$\min z=x_1+x_2-3x_3$$

$$\text{s. t.}\begin{cases}x_1+x_2-2x_3+x_4=9\\ x_1+x_2-x_3+x_5=2\\ -x_1+2x_2+x_3+x_6=4\\ x_1,x_2,x_3,x_4,x_5,x_6\geqslant 0\end{cases}$$

列单纯形表如下：

$c_j \to$			1	1	−3	0	0	0	θ
c_B	x_B	b	x_1	x_2	x_3	x_4	x_5	x_6	
0	x_4	9	1	1	−2	1	0	0	—
0	x_5	2	1	1	−1	0	1	0	—
0	x_6	4	−1	2	(1)	0	0	1	4
	z	0	1	1	−3	0	0	0	
0	x_4	17	−1	5	0	1	0	2	
0	x_5	6	0	3	0	0	1	1	
−3	x_3	4	−1	2	1	0	0	1	
	z	−12	−2	7	0	0	0	3	

此时，$\lambda_1 = -2 < 0$，但$\alpha_{11} = -1 < 0$，$\alpha_{12} = 0$，$\alpha_{13} = -1 < 0$，所以原问题无下界，无最优解。

(3)化为标准型为

$$\min z = -3x_1 - 5x_2 - 4x_3$$

$$\text{s. t.} \begin{cases} 2x_1 + 3x_2 + x_3 + x_4 = 9 \\ -x_1 + 2x_2 + x_3 = 12 \\ 3x_1 + x_2 + x_3 - x_5 = 5 \\ x_1, x_2, x_3, x_4, x_5 \geqslant 0 \end{cases}$$

使用两阶段法。首先添加人工变量，得到第一阶段模型：

$$\min z = x_6 + x_7$$

$$\text{s. t.} \begin{cases} 2x_1 + 3x_2 + x_3 + x_4 = 9 \\ -x_1 + 2x_2 + x_3 + x_6 = 12 \\ 3x_1 + x_2 + x_3 - x_5 + x_7 = 5 \\ x_i (i = 1, 2, \cdots, 7) \geqslant 0 \end{cases}$$

列单纯形表如下：

$c_j \to$			0	0	0	0	0	1	1	θ
c_B	x_B	b	x_1	x_2	x_3	x_4	x_5	x_6	x_7	
0	x_4	9	2	(3)	1	1	0	0	0	3
1	x_6	12	−1	2	1	0	0	1	0	6
1	x_7	5	3	1	1	0	−1	0	1	5
	z	17	−2	−3	−2	0	1	0	0	
0	x_2	3	2/3	1	1/3	1/3	0	0	0	9
1	x_6	6	−7/3	0	1/3	−2/3	0	1	0	18
1	x_7	2	4/3	0	(2/3)	−1/3	−1	0	1	3
	z	8	1	0	−1	1	1	0	0	
0	x_2	2	0	1	0	1/2	(1/2)	0	−1/2	4
1	x_6	5	−3	0	0	−1/2	1/2	1	−1/2	10
0	x_3	3	2	0	1	−1/2	−3/2	0	3/2	—

续上表

$c_j\rightarrow$			0	0	0	0	0	1	1	θ
$\boldsymbol{c}_B$	$\boldsymbol{x}_B$	b	x_1	x_2	x_3	x_4	x_5	x_6	x_7	
	z	5	3	0	0	1/2	-1/2	0	3/2	
0	x_5	4	0	2	0	1	1	0	-1	
1	x_6	3	-3	-1	0	-1	0	1	0	
0	x_3	9	2	3	1	1	0	0	0	
	z	3	3	1	0	1	0	0	1	

此时第一阶段的最终表中还有人工变量$x_6=1\neq0$，所以原问题无最优解。

4. 对该单纯形表将x_3作为入基变量继续迭代得：

$c_j\rightarrow$			-1	-1	0	0	0	θ
$\boldsymbol{c}_B$	$\boldsymbol{x}_B$	b	x_1	x_2	x_3	x_4	x_5	
-1	x_1	3	1	0	1	0	-1	3
0	x_4	4	0	0	[3]	1	-8	4/3
-1	x_2	2	0	1	-1	0	2	—
	z	-5	0	0	0	0	1	
-1	x_1	5/3	1	0	0	-1/3	5/3	
0	x_3	4/3	0	0	1	1/3	-8/3	
-1	x_2	10/3	0	1	0	1/3	-2/3	
	z	-5	0	0	0	0	1	

此时得到另一个最优解$\boldsymbol{x}'=(5/3,10/3,4/3,0,0)$，则$\alpha\boldsymbol{x}+(1-\alpha)\boldsymbol{x}'(0\leqslant\alpha\leqslant1)$都是最优解。

5. 不能，虽然它有个非基变量的检验数为0，但如果继续迭代时，此时找不到换入变量，也就得不到另一个最优解。故它没有无穷组最优解。

6. 解：

$$\max z=3x_1-2x_2+x_3+4x_4$$

$$\text{s. t.}\begin{cases}x_1+x_2-x_3-x_4\leqslant6\\x_1-2x_2+x_3\geqslant5\\2x_1+x_2-3x_3+x_4=-4\\x_1,x_2,x_3\geqslant0,x_4\text{任意}\end{cases}$$

对偶问题为

$$\min z=6y_1+5y_2-4y_3$$

$$\text{s. t.}\begin{cases}y_1+y_2+2y_3\geqslant3\\y_1-2y_2+y_3\geqslant-2\\-y_1+y_2-3y_3\geqslant1\\-y_1+y_3=4\\y_1\geqslant0,y_2\leqslant0,y_3\text{任意}\end{cases}$$

7. 解：

(1) $\min z = x_1 + 2x_2 + 3x_3$

$$\text{s.t.}\begin{cases}2x_1 - x_2 + 3x_3 \geqslant 6\\ x_1 + 2x_2 + x_3 \geqslant 4\\ x_1, x_2, x_3 \geqslant 0\end{cases}$$

将模型转化为

$$\min z = x_1 + 2x_2 + 3x_3$$

$$\text{s.t.}\begin{cases}-2x_1 + x_2 - 3x_3 + x_4 = -6\\ -x_1 - 2x_2 - x_3 + x_5 = -4\\ x_1, x_2, x_3, x_4, x_5 \geqslant 0\end{cases}$$

列单纯形表如下：

$c_j \to$			1	2	3	0	0
$\boldsymbol{c}_B$	$\boldsymbol{x}_B$	b	x_1	x_2	x_3	x_4	x_5
0	x_4	−6	−2	1	−3	1	0
0	x_5	−4	−1	−2	−1	0	1
	z	0	1	2	3	0	0
1	x_1	3	1	−1/2	3/2	−1/2	0
0	x_5	−1	0	−5/2	1/2	−1/2	1
	z	3	0	5/2	3/2	1/2	0
1	x_1	16/5	1	0	7/5	−2/5	−1/5
2	x_2	2/5	0	1	−1/5	1/5	−2/5
	z	4	0	0	2	0	1

最终 b 列均为非负，检验数也均为非负，迭代终止，问题的最优解为

$$\boldsymbol{x} = (16/5, 2/5, 0, 0, 0)^{\mathrm{T}}$$

最优值为 4。

(2) $\min z = 3x_1 + x_2 + x_3$

$$\text{s.t.}\begin{cases}x_1 + x_2 + x_3 \leqslant 8\\ x_1 - x_2 \geqslant 4\\ x_2 - x_3 \geqslant 3\\ x_1, x_2, x_3 \geqslant 0\end{cases}$$

将模型转化为

$$\min z = 3x_1 + x_2 + x_3$$

$$\text{s.t.}\begin{cases}x_1 + x_2 + x_3 + x_4 = 8\\ -x_1 + x_2 + x_5 = -4\\ -x_2 + x_3 + x_6 = -3\\ x_1, x_2, x_3, x_4, x_5, x_6 \geqslant 0\end{cases}$$

列单纯形表如下：

$c_j \to$			3	1	1	0	0	0
$\boldsymbol{c}_B$	$\boldsymbol{x}_B$	b	x_1	x_2	x_3	x_4	x_5	x_6
0	x_4	8	1	1	1	1	0	0
0	x_5	-4	[-1]	1	0	0	1	0
0	x_6	-3	0	-1	1	0	0	1
	z	0	3	1	1	0	0	0
0	x_4	4	0	2	1	1	1	0
3	x_1	4	1	-1	0	0	1	0
0	x_6	-3	0	[-1]	1	0	0	1
	z	12	0	4	1	0	-3	0
0	x_4	-2	0	0	3	1	1	2
3	x_1	7	1	0	-1	0	1	-1
1	x_2	3	0	1	-1	0	0	-1
	z	24	0	0	5	0	-3	4

此时$x_4 = -2 < 0$,但所有的$a_{lj} \geqslant 0$,所以无可行解。

参考文献

[1]张小东. 算法设计与分析[M]. 北京:人民邮电出版社,2022.

[2]王晓东. 计算机算法设计与分析[M]. 北京:电子工业出版社,2021.

[3]王红梅. 算法设计与分析[M]. 北京:清华大学出版社,2022.

[4]科尔曼. 算法基础:打开算法之门[M]. 王宏志,译. 北京:机械工业出版社,2017.

[5]骆吉洲. 算法设计与分析[M]. 北京:机械工业出版社,2014.

[6]李恒武. 算法分析与设计[M]. 北京:清华大学出版社,2023.

[7]李少芳,卓明秀. 算法分析与设计[M]. 北京:清华大学出版社,2023.

[8]千锋教育高教产品研发部. 数据结构与算法:C 语言篇[M]. 北京:人民邮电出版社,2022.